秸秆类生物质资源在能源及环境领域的应用探析

郭毅萍 著

中国水利水电出版社

www.waterpub.com.cn

·北京·

内 容 提 要

本书介绍了秸秆类生物质资源在能源和环境领域的一些应用基础研究。本书分为两部分：第一部分阐述了能源的发展历程以及秸秆类生物质资源在能源领域中的应用现状及特点，重点研究了秸秆类生物质资源在生物厌氧发酵制氢过程中存在的问题及一些处理方法和思路，针对秸秆类生物质在生物发酵制氢过程中存在的产氢效率不高以及生物质预处理成本高和利用效率低的问题，对生物质发酵产氢过程的重要参数进行了优化，并探讨了相关机理；第二部分初步探究了秸秆类生物质在环境领域的应用，考察了秸秆作为吸附剂对废水中重金属污染的处理能力的影响以及秸秆作为主要还田物质对土壤中重金属转移能力的影响。

本书可以为秸秆类生物质在相关领域的应用提供依据，同时可作为相关专业学生的参考用书。

图书在版编目（ＣＩＰ）数据

秸秆类生物质资源在能源及环境领域的应用探析 /
郭毅萍著. -- 北京 ：中国水利水电出版社，2020.7
ISBN 978-7-5170-8641-3

Ⅰ．①秸… Ⅱ．①郭… Ⅲ．①秸秆－生物能源－资源
利用－研究 Ⅳ．①S38

中国版本图书馆CIP数据核字(2020)第111247号

策划编辑：石永峰　责任编辑：周益丹　加工编辑：韩莹琳　封面设计：梁　燕

书　名	秸秆类生物质资源在能源及环境领域的应用探析 JIEGAN LEI SHENGWUZHI ZIYUAN ZAI NENGYUAN JI HUANJING LINGYU DE YINGYONG TANXI
作　者	郭毅萍　著
出版发行	中国水利水电出版社 （北京市海淀区玉渊潭南路 1 号 D 座　100038） 网址：www.waterpub.com.cn E-mail：mchannel@263.net（万水） 　　　　sales@waterpub.com.cn 电话：（010）68367658（营销中心）、82562819（万水）
经　售	全国各地新华书店和相关出版物销售网点
排　版	北京万水电子信息有限公司
印　刷	三河市华晨印务有限公司
规　格	170mm×240mm　16 开本　16.5 印张　207 千字
版　次	2020 年 7 月第 1 版　2020 年 7 月第 1 次印刷
定　价	72.00 元

前　　言

在能源环境问题亟待解决的今天，生物质作为一种廉价易得的可再生资源，逐渐成为世界资源的主导者。作者自 2005 年攻读硕士研究生开始接触生物质资源，后历经硕博连读、出国访学以及高校工作，逐渐形成秸秆类生物质资源应用的研究方向。此研究方向的形成也与作者所生长居住的河南省有很大关系。河南为农业大省，秸秆类生物质资源丰富。作者亲眼见到秸秆的生长、收割、少量利用以及不恰当的丢弃甚至焚烧，所以非常希望将这一生命力旺盛、坚韧的可再生资源物尽其用。

本书得到了 973 计划前期研究专项"秸秆类生物质微生物高效转化的基础研究（2006CB708407）"、国家自然科学基金面上项目"秸秆生物质发酵产氢系统底物盐酸-混合酶两步水解催化动力学及机理（90610001）"、华北水利水电大学高层次人才科研启动项目"秸秆类生物质在环境能源领域的开发利用（201002031）"以及河南省自然科学基金面上项目"秸秆还田和作物轮作对添加秸秆生物炭的土壤中重金属形态迁移及生物有效性的影响（182300410136）"的资助。本书第一部分秸秆类生物质在能源领域的应用为作者攻读硕博研究生阶段的研究内容；第二部分秸秆类生物质在环境领域的应用为作者参加工作以后指导研究生工作的研究内容，在此对为本书实验内容作出贡献的王小敏和龚诗雯表示感谢。本书的完成得到了郑州大学樊耀亭教授和华北水利水电大学刘秉涛教授的悉心指导和大力支持，在此表示衷心的感谢。同时感谢河南省水环境模拟与治理重点实验室、河南省水体污染与土壤损害修复工程技术研究中心提供的支持和帮助。

本书除了介绍秸秆类生物质资源在能源和环境领域的一些应用现状和面临的问题，还展示了作者在解决这些问题时所涉及的研究思路和研究内容。希望本书能够为秸秆类生物质应用的研究者提供一些启发，为秸秆类生物质的应用贡献一份绵薄之力。

在本书的撰写过程中，作者参阅了大量相关文献和资料，在此对相关作者致以诚挚谢意。由于作者水平有限，书中疏漏与欠妥之处在所难免，敬请读者批评指正。

郭毅萍

2019 年 10 月

目　　录

第二部分　环境领域

第一部分　能源领域

第1章　绪论

1.1　能源概述

能源是人类社会赖以生存和发展的重要物质基础。能源、材料和信息被称为支撑人类社会发展的三大支柱，并且能源已经成为人类文明进步的先决条件。在人类历史上，人类文明的每一次重大进步都伴随着能源的改进和更替。以著名的三次科技革命为例，第一次科技革命的标志是 1750 年蒸汽机的发明和应用，以蒸汽动力为主要标志；第二次科技革命的标志是 1870 年电力的发明和应用，主要是电动机和发电机的应用；第三次科技革命的标志是 20 世纪四五十年代原子能技术、航天技术、电子计算机的应用。科技革命的核心都是通过能源技术的应用，极大地提高社会生产力，促进社会经济结构和社会生活结构的变化，推进世界经济和人类社会的发展。

1.1.1　能源的含义

《科学技术百科全书》记载，能源是可从其获得热、光和动力之类能量的资源。这个定义明确了能源是我们用来获取光、热以及动力这些能量的东西。这是从能源的用途来定义的。在《大英百科全书》中，能源被定义为一个包括燃料、流水、阳光和风的术语，人类用适当的转换手段便可让它为自己提供所需的能量。这个定义的侧重点是能源的种类。而在中国的《能源百科全书》中，能源被定义为可以直接或经转换提供人类所需的光、热、动力等任一形式能量的载能体资源。

总结来说，能源是一种多种形式的且可以相互转换的能量的源泉，确切而简单地说，能源就是自然界中能为人类提供某种形式能量的物质资源。这就是能源的含义。能源是一种资源，但是两者有明显的概念区别。资源是在一定时期和地点，在一定条件下具有开发价值、能够满足或提高人类当前和未来生存和生活状况的自然因素和条件，一般称为自然资源，有时简称资源，它包括气候资源、水资源、矿物资源、生物资源以及能源等。能源是能够向人类提供某种形式能量的自然资源，包括所有的燃料、流水、阳光、地热、风等，通过适当的转换手段可使其为人类的生产和生活提供所需的能量。例如，煤和石油等化石能源燃烧时提供热能，流水和风力可以提供机械能，太阳的辐射可转化为热能或电能，这些都属于能源。

1.1.2　能源的分类

按照不同的分类方法，能源可以分为以下几类。

1. 按能源利用状态

按能源利用状态，能源可分为常规能源和新能源。

（1）常规能源：已被广泛应用，并且使用技术已经比较成熟的能源，如煤炭、石油、天然气等。

（2）新能源：这个定义是相对而言的，不同的历史时期会发生变化，这取决于应用历史和使用规模，一般认为新发现且被利用的能源为新能源，如核能、氢能、太阳能、地热能、风能等，随着这些能源的大规模应用，在未来有些新能源将列入常规能源的范畴。

2. 按能源来源

按能源来源，能源可分为来自地球以外的能源、来自地球本身的能源、由月球、太阳等天体对地球的引力而产生的能量。

（1）来自地球以外的能源：主要是太阳能，实际上，煤炭、石油、天然气、水能、风能等都间接来自太阳能。

（2）来自地球本身的能源，如地热能、原子核能，因为核燃料铀、钍等存在于地球自然界。

（3）由月球、太阳等天体对地球的引力而产生的能量，如潮汐能。

3. 按能源的形态特征或转换与应用的层次

这种分类方式也是世界能源委员会推荐的能源类型分类方式。按这种分类方式，能源可分为固体燃料、液体燃料、气体燃料、水能、电能、太阳能、生物质能、风能、核能、海洋能和地热能。

4. 按能源形态

按能源形态，能源可分为一次能源和二次能源。

（1）一次能源：它是指直接取自自然界没有经过加工转换的各种能量和资源，包括原煤、原油、天然气、核能、太阳能、水力、风力、波浪能、潮汐能、地热、生物质能和海洋能等。另外，一次能源又分为再生能源和非再生能源。其实再生和非再生都是相对而言的，如果这种资源再次形成需要的时间相对来说很长，那么就称其为非再生能源。一般认为矿产资源是非可再生资源，我们对这些资源的使用过程就是它损耗的过程。

（3）二次能源：它是指一次能源经过加工转换后得到的能源，包括电能、汽油、柴油、液化石油气和氢能等。二次能源又分为过程性能源和含能体能源。过程性能源是指能量比较集中的物质运动过程，或称能量过程，是在流动过程中产生的能量，例如电能就是应用最广泛的过程性能源；含能体能源是指包含能量的物质，可以直接储存运送，例如汽油和柴油就是现在应用最广泛的含能体能源。

1.1.3 能源的发展历史

人类利用能源的历史也是人类认识和征服自然的历史，主要包括以下几个发展阶段。

1. 天然能源的原始利用

几十万年以前，人类学会了用火。在漫长的岁月里，一直以柴草为生活能量的主要来源，燃火用于烧饭、取暖和照明。后来，逐渐学会将畜力、风力、水力等自然动力用于生产和交通运输。这种初级形式的能源利用直到19世纪中期都没有太大突破。在1860年的世界能源消费结构中，薪柴和农作物秸秆仍占能源消费总量的73.8%左右。唐朝诗人白居易的《卖炭翁》中的诗句"卖炭翁，伐薪烧炭南山中"，就是对当时社会能源状况的一个生动描述。

2. 煤炭

2000 多年以前，人类就知道煤炭可以作为燃料。在 14 世纪的中国和 17 世纪的英国，采煤业都已相当发达，但煤炭长期未能在世界能源消费结构中占据主导地位。18 世纪 70 年代，英国的瓦特发明以煤炭为燃料的蒸汽机。蒸汽机的广泛应用使煤炭迅速成为第二代主体能源。煤炭在世界一次能源消费结构中所占的比重，从 1860 年的 25%，上升到 1920 年的 62%，发展非常迅速。

3. 石油

人类很早就发现了石油，最早认识石油性能和记载石油产地的古籍，是历史学家班固所著的《汉书·地理志》。书中写道："高奴县有洧水可燃。"高奴县指现在的陕西延安一带，洧水是延河的一条支流。宋代学者沈括所著的《梦溪笔谈》中也有更详尽的描述，即"鄜、延境内有石油，旧说'高奴县出脂水'，即此也。生于水际，沙石与泉水相杂，惘惘而出"。但是直到 19 世纪，石油工业才逐渐兴起。1854 年，美国宾夕法尼亚州打出了世界上第一口油井，是现代石油工业的开端。

1886 年，德国人本茨和戴姆勒研制出第一辆以汽油为燃料、由内燃机驱动的汽车。至此，进入大规模使用石油的汽车时代。石油和天然气逐渐取代煤炭，在世界能源消费构成中占据主要地位。1965 年，在世界能源消费结构中，石油首次超过煤炭占居首位，成为第三代主体能源。截至 1979 年，石油所占的比重达到 54%，相当于煤炭的 3 倍。

4. 电力

1881 年，美国建成世界上第一个发电站，同时还研制出电灯等实用的用电设备。从此以后，电力的应用领域越来越广，发展规模也越来越大，人类社会逐步进入电气化时代。石油、煤炭、天然气等化石燃料被转换成更加便于输送和利用的电能，进一步推动工业革命的发展，并带来了巨大的技术进步。

5. 核能

核能是人类历史上的一项伟大发明，它的发展离不开早期西方科学家的探索发现，他们为核能的应用奠定了基础。核能的发展可追溯至 19 世纪末英国物理学家汤姆逊发现了电子；1895 年德国物理学家伦琴发现了 X 射线；1896 年法国物理学家贝克勒尔发现了放射性；1898 年居里夫人发现了新的放射性元素钋；1902

年居里夫人经过 4 年的艰苦努力又发现了放射性元素镭；1905 年爱因斯坦提出了质能转换公式；1914 年英国物理学家卢瑟福通过实验，确定氢原子核是一个正电荷单元，称为质子；1935 年英国物理学家查得威克发现了中子；1938 年德国科学家奥托哈恩用中子轰击铀原子核，发现了核裂变现象。至此，这一领域的发展已经经历了将近半个世纪。终于在 1942 年 12 月 2 日美国芝加哥大学成功启动了世界上第一座核反应堆，1945 年 8 月 6 日和 9 日美国将两颗原子弹先后投在了日本的广岛和长崎，这是能源应用领域的划时代的事件。在 1945 年之前，人类在能源利用领域只涉及物理变化和化学变化。第二次世界大战时，原子弹诞生了，人类开始将核能应用于军事、能源、工业、航天等领域。1954 年苏联建成了世界上第一座核电站——奥布灵斯克核电站，之后美国、英国、法国、中国、日本、以色列等国相继展开对核能应用前景的研究。核能迅速发展起来，并在世界能源结构中占据重要位置。

6. 可再生能源

到 20 世纪 90 年代，核能发电站提供的电力占全世界发电总量的 17% 左右。

进入 21 世纪以来，太阳能、风能、海洋能、生物质能等可再生能源发展很快，并且逐渐走向成熟和规模化，所占的比重也有望大幅度提高，为人类解决能源和环保问题开辟了新的途径。

从图 1-1-1 可以直观地看出世界主要能源结构比例的发展变化情况以及未来的发展趋势。

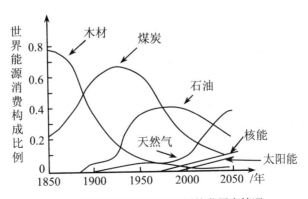

图 1-1-1　世界能源消费构成比例的发展变情况

1.1.4 能源的利用现状

能源的利用过程就是能量的转化过程。这个转化过程遵守自然界中的能量转化和守恒定律，在能量的转化过程中，未能做有用功的部分称为无用功，通常以热的形式表现，如煤燃烧放热使蒸汽温度升高的过程是化学能转化为蒸汽热力学能的过程；高温蒸汽推动发电机发电的过程就是使热力学能转化为电能的过程；电能通过电动机转化为机械能，电能通过灯泡灯管转化为光能等。煤炭、石油和天然气等常用能源提供的能量都是随化学变化而产生的。目前世界上最重要并且最普遍的能源利用方式是将能源转化为电能，下面就介绍一下各国主要用于发电的能源，其实与世界能源的分布状况也是基本一致的。

1.1.4.1 世界一些国家主要用于发电的能源

目前，世界各国主要用于发电的能源有煤炭、石油、天然气、核能、水能，还有少量的风能、太阳能和地热能等。这些也是目前能够利用的主要能源资源。由于各国的政治、经济、社会、资源、地理环境以及科学技术等方面的不同情况，用于发电的能源构成的差异也较大。

在煤炭资源丰富的发展中国家，其能源消费中一般煤炭所占比重较大，比如南非和中国的煤炭消费比例占70%以上，波兰占60%以上，印度占50%以上。而发达国家比如美国和澳大利亚，虽然地域广阔，煤炭资源丰富，但是其消费比重分别只有25%和45%左右。另外在发达国家中，石油在其消费结构中所占比重均在35%以上，比如美国、德国、法国和加拿大都在40%左右，英国和澳大利亚将近40%，日本在50%左右，意大利将近60%。天然气资源丰富的国家，天然气在消费结构中所占比例均在35%以上，其中，俄罗斯超过50%，伊朗和沙特超过40%，英国达到35%。化石能源缺乏的国家根据自身特点发展核电及水电。其中日本核能在能源消费结构中所占比例超过15%，法国核能消费比例超过40.1%，韩国和乌克兰核能消费比例都接近15%；水资源丰富的国家如加拿大水力所占比例将近15%，巴西水力所占比例将近20%。在世界前20个能源消费大国中，煤炭在能源消费结构中占第一位的有5个，占第二位的有6个，占第三位的有9个。当前就全世界而言，石油在能源消费结构中占第一位，但其所占比例正在缓慢下降；煤炭占第二位，其所占比例也在下降；天然气占第三位，其所占比例持续上升，前景良好。

1.1.4.2 中国主要能源分布

我国的发电能源以煤为主，其次是水能，核电的比重相对较小，并且各地区的发电结构受各地区一次能源的制约，比如水能在西南、中南、西北地区所占比重较高，而在华北、东北地区所占比重小，因此要开展"西电东送"工程，充分利用水能这个清洁能源。我国的煤炭分布情况是秦山、大别山以北煤炭储量占全国总储量的90%以上，其中晋、陕、蒙3省的煤炭储量就占全国的65%。煤矿所在地就是煤炭资源丰富的地区，比如大同、阳泉、太原煤矿是在山西，山西也是我国最大的煤炭产地；内蒙古的赤峰、东盛、霍林河、易敏河；陕西的神府；黑龙江的鹤岗、鸡西；吉林的通化；河北的峰峰；河南的平顶山；新疆的哈密；四川的攀枝花；贵州的六盘水；安徽的淮南、淮北。

1.1.4.3 各种发电能源的概况

1. 煤炭

煤炭是我国的基本能源和重要原料，特别是随着国际能源尤其是石油资源的日趋紧张，煤炭产业在我国经济中越来越受到重视。近年来无论是从生产产量还是从价格和效益来看，我国的煤炭产业都在经历一个前所未有的繁荣期。我国的煤炭品种齐全、资源比较丰富，但是资源勘探程度低，勘察工作的科学性和细致性不够，经济开采储量和人均产有量少，资源破坏和浪费严重，同时生态环境和水资源严重制约了煤炭资源的开发。虽然在未来的几十年内我国非煤能源比重会有所增加，但以煤炭产业为主的能源结构不会发生根本性变化，然而煤炭在我国消费能源中的比重总体呈现下降趋势，比如由1953年的94.4%下降到2018年的59.0%。

2. 石油

目前，世界能源结构处于"石油为王"的时代。无论是在军事战争中，还是在大国经济博弈中，石油资源都具有十分重要的战略地位。随着人口的增长和社会及科技的发展，石油产量总体一直保持增长趋势，1997—2018年，全球石油产量从$34.69 \times 10^8 t$增加到$44.74 \times 10^8 t$，提高了28.97%，增幅达到$10.05 \times 10^8 t$，年

均增长约 $3000 \times 10^4 t$。石油产量增长主要来自以中东产油国为主的欧佩克生产国和美国。过去 30 年间，欧佩克产油国的石油产量占全球的份额一直维持在 40%以上。自 2007 年以来，全球三大产油国——美国、沙特阿拉伯王国和俄罗斯的石油产量均呈现出增长态势，其中美国的产量增速最为明显，2018 年美国为全球第一大石油生产国，其石油产量占全球总产量的 15.0%。

石油资源在全球各地区的分布严重不均，中东拥有全球约一半的探明储量，中南美洲丰富的石油资源约占全球储量的 20%。其中排名前十位国家的探明储量之和约占全球储量的 84.8%。中国的石油储量只占全球的 1.1%，排名第 14 位。

随着我国经济的高速发展，石油消费量剧增，目前我国是仅次于美国的全球第二大石油消费国、第一大石油进口国。预计未来数年内中国将超越欧盟的总消费量，并继续缩小与美国之间的差距。在人均消费量方面，中东的主要产油国远高出其他国家，如沙特阿拉伯王国达到了 4.62 吨/年。欧美和日韩等发达国家的人均消费量也较高。我国的人均石油消费为 0.37 吨/年，只有美国的 1/7。

3. 天然气

近几年来，随着能源结构向低碳化方向的发展，我国天然气利用的步伐也在不断加快，天然气在能源结构中的比例不断攀升。2003 年，我国天然气在一次能源结构中的占比还只有 2.5%，到 2012 年其占比已经上升到 5.2%。相比较石油的使用量由于受其产量和来源的限制而大大降低，煤炭的使用百分比有所回升，代表发展方向的可再生能源的比例有较大提高。2017 年，我国天然气消费量占一次能源消费量的 6.6.%，与世界平均水平相比，还有很大差距。在世界一次能源消费结构中，天然气平均占比为 24%，10 多年来都保持相对稳定。

世界各国天然气消费主要用于城市燃气、一些工业用气和发电等方面。天然气的消费结构取决于各国的资源可得性、经济结构以及与可替代能源的竞争水平等因素。比如美国的天然气消费结构在各方面都比较均衡并且稳定，韩国天然气主要用在工业及城市用气，英国以城市用气为主，日本则以发电为主。目前，世界上存在 3 种典型的天然气消费结构模式，分别是以美国为代表的均衡结构模式，以英国和荷兰为代表的城市燃气为主的结构模式，以及以日本和韩国为代表的发电为主的结构模式。

近年来，我国铺设了多条天然气管道，基本覆盖了全国的大部分地区，有力地促进了天然气在我国的消费。随着天然气行业的迅速发展，我国天然气利用的结构也发生了巨大变化，消费结构不断优化，但与目前世界利用结构相比还是有很大不同的。2000 年以前，我国天然气的消费以化工和工业燃料为主，占比将近80%。到 2012 年，城市燃气已成为我国第一大用气领域，占比约 39%，工业和化工用气比例分别从 2000 年的 41%和 37%下降到 29%和 18%，同时发电用气比例快速上升，从 4%升至 18%。2018 年，我国城市燃气天然气用气量约为 990 亿立方米，占天然气总用气量的比重达到 35.8%；工业用气占 32.9%；发电用气占22.2%；化工用气占比为 9.0%。

尽管近几年来我国天然气利用取得了较快发展，但仍然存在着发展速度较快、消费市场跟不上、基础设施落后以及利用效率低等问题。伴随着我国经济的飞速发展，天然气产业也进入了大发展时期，但与世界平均水平相比，还有较大的差距。2012 年，我国天然气消费量仅占世界消费量的 4.33%，人均天然气消费量仅占世界人均天然气消费量的 13%，差距显著。我国的天然气工业目前仍处于初级阶段，全国性的天然气消费市场也正在培育之中。由于天然气入户所需投资多、线路长，工程量非常大，因此进展很缓慢，目前用上天然气的城市居民占比还不到 1/10，发展潜力巨大。另外，我国现有的天然气利用项目都存在不同程度的利用效率低的问题。天然气作为清洁、高效的能源，其燃烧热值约为煤气燃烧热值的 3 倍，但如此高热量的能源在我们的天然气项目消费中往往只能利用它热量的很小一部分。天然气作为工业燃料直接在锅炉中燃烧，会将产生的大量热能浪费在烟气中。其中燃气中央空调与直接用作工业燃料相比，可以适当地提高利用效率，但就天然气在直燃式燃气空调的利用来看，其热力学效率仍然较低。目前用大型燃气轮机发电的效率已经达到 40%，而燃气轮机和蒸汽轮机结合发电的发电总效率可以达到 60%。国际上目前利用天然气效率最高的技术是分布式能源的热电冷三联供技术，即先利用天然气发电，然后将发电后的余热用于供热制冷，再将更低温度的废水用于供应生活热水，这种利用方式的热效率为 80%以上。

总之，天然气开发利用具有较高的综合经济效益，近几年才是天然气产业快速发展的时刻，然而天然气的已探明使用年限只有 60 年左右。

4. 核能

核能实际上在地球上有着丰富的资源储备，地球上可供开发的核燃料资源所能提供的能量是化石燃料的 10 多万倍。除此之外，引起核能备受关注的原因还有以下几点：

（1）核能发电不像化石燃料发电那样排放巨量的污染物质到大气中，因此核能发电不会造成空气污染，不会产生加重地球温室效应的二氧化碳。

（2）核能发电所使用的铀燃料，除了发电外，暂时没有其他的用途，不会造成资源紧张。

（3）核能具有能量密度高的特点，1g 铀释放的能量相当于 2.4t 标准煤释放的能量，也就是说核燃料能量密度比起化石燃料的要高上几百万倍，故核能电厂所使用的燃料体积小，运输与储存都很方便，比如一座 100 万 kW 核电厂，一年所烧的核燃料只有 20～30t，一航次的飞机就可以完成运送工作，运行维护费用低；而一座 100 万 kW 的煤电厂，一年要烧掉 200～300 万 t 煤，需要每天 1 列 40 节车厢的火车运输，所需运力耗费巨大。

（4）在核能发电的成本中，燃料费用所占的比例较低，核能发电的成本不容易受到国际经济形势的影响，因此其发电成本较其他发电方法更为稳定。

但是任何事物有利必有弊，核能的利用存在的缺点也始终是争议的话题。核能电厂会产生高放射性废料（也称为使用过的核燃料），虽然所占体积不大，但因其具有放射线，必须慎重处理，有时候面对相当大的政治困扰；核能发电厂热利用效率较低，因此比起一般化石燃料电厂会排放更多的废热到环境里，故核能电厂的热污染比较严重；核能电厂投资成本太大，电力公司要承担的财务风险较高；因技术原因，核能电厂不适宜在尖峰、离峰时刻做随载运转；兴建核电厂容易引发政治歧见纷争，是各国敏感的事件话题。1945 年，美国在日本投射的两颗原子弹，1986 年的切尔诺贝利核事故，以及 2011 年的日本福岛核电站事故，都警示世界各国在核能的应用过程中要加倍警醒和注意。近年来，根据世界各国经济建设和科技社会发展形势预测，由于能源资源逐渐匮乏和温室效应使全球气候变暖的严峻形势，加上核能所具有的有益于环境保护的明显优势以及它自身作为能源的有利条件，核电事业进入了蓬勃发展的时期。核能作为先进能源的一种，必将在满足未来能源的需求中扮演重要的角色。

由于核能发电具有经济性、安全性和无污染性三大优势，核能发电具有很好的发展前景。就我国而言，目前我国的核电仅占到全国能源总量的 2%，为配合国家能源结构调整，我们首先要发展的就是核电。预计到 2030 年核电装机规模将达 1.2～1.5 亿 kW，核电发电量占比将提升至 8%～10%。这说明在未来很长一段时间内，核电将是提升非化石能源发电占比的重要力量。

相信随着技术的不断更新完善，发展核能存在的隐患将会越来越少，而核能将会更好地为人类服务，核能注定主导未来。然而核能也不是无限丰富的，根据目前对消耗量和探明储量及技术水平等情况的分析，有关专家估计核能的可使用年限大概只有 260 年。

5. 水电

水电是可再生能源中唯一能够形成供给规模、改善结构、保证安全以及恢复大气和生态环境的优质能源。它可再生、无污染并且运行费用低，便于进行电力调峰，有利于提高资源利用率和经济社会的综合效益。在地球传统能源日益紧张的情况下，世界各国普遍优先开发水电，大力利用水能资源。虽然 2009 年的哥本哈根联合国气候变化大会是继 1997 年京都会议之后又一具有划时代意义的关于全球性气候的会议，但它被喻为"拯救人类的最后一次机会"的一次会议，它的召开使其立刻成为全球关注的焦点，尽管会议仅达成了不具有法律约束力的《哥本哈根协议》，但正如时任联合国秘书长潘基文所说的"本次会议是朝着正确的方向迈出了一步"。此次会议召开之后，我国为应对气候变化立即制定了明确的减排目标，即到 2020 年我国单位国内生产总值二氧化碳排放量比 2005 年下降 40%～45%，并决定通过大力发展可再生清洁能源，从而到 2020 年实现我国非化石能源占一次能源消费的比重达到 15%。为实现这一承诺，我国决定采取的关键措施之一就是大力发展可再生能源和核能。2018 年，我国一次能源结构中，原煤占 69%，其次就是水电，占比 10%，原油和天然气分别为 7% 和 6%，核电和风电均占比 3%。水电作为可再生的清洁能源，在我国能源发展史上占有极其重要的地位，支撑着我国经济社会的可持续发展。

水电是清洁的可再生能源已经是有目共睹的事实，那么水电与化石能源相比，其节能减排作用到底有多大？水电专家潘家铮院士曾经算了一笔账，得到了在我国当前形势下 1 度电相当于燃烧 0.5kg 煤的结论，其实 1 度电相当于 355g 标准煤释放的热量，但是由于我国原煤的质量不一，平均热量大约为 20920kJ/kg，低于标准煤的 29288kJ/kg，因此 1 度水电可以替代 497g 原煤，即 1 度水电大概可节约 0.5kg 原煤。以我国也是世界上最大的水电工程即三峡大坝开发工程为例，三峡水电站的发电量相当于 7 座 260 万 kW 的燃煤火电站，换句话说每年可减少燃煤 5000 万 t，减少排放二氧化碳约 1 亿 t，一氧化碳约 1 万 t，二氧化硫约 200 万 t，氮氧化合物约 37 万 t 以及其他大量的工业废物，这对减轻我国和周边国家及地区的环境污染和酸雨等危害有巨大作用。故就现状来看，水电开发是目前实现节能减排的技术上最可行的方案。

很多国家一直高度重视发展水电，最早大力开发水电的是西方发达国家，比如美国早在 20 世纪初就兴建了一批大坝，当时水电占全美电力供应的比重已达到 40%，仅华盛顿州全州的水电装机容量至 1997 年就已达到了 2183 万 kW，占总发电装机容量（2625.3 万 kW）的 83.2%，现在美国的所有河流中只有黄石河一条河流尚未开发。据统计，世界上已有 165 个国家明确将继续发展水电，其中有 110 个国家规划建设水电规模将达 3.38 亿 kW。发达国家因已经基本完成了水电开发任务，其工作重点投入到了对已建水电站的更新改造、增加水库的泄洪设施、提高防洪能力、调整电站运行调度以及实施生态保护和修复等中，如北美、欧洲等不少国家即位于此列；发展中国家中多数已制定了规划，大约在 2025 年基本完成水电开发任务，如亚洲、南美地区的一些国家等；一些经济条件比较困难的国家和地区，如非洲的不少国家，虽然有些也有丰富的水力资源，一直致力于发展水电，但限于资金、技术等条件，大力开发水电仍然有许多困难；还有一些政局不稳定的国家，虽然急需发展水电，但限于国力等条件，进展非常缓慢。

截至 2018 年，全球水电装机容量累计达到 1292GW，水电项目的发电量在 2018 年达到创纪录的 4200TWh，这是可再生能源领域的最高贡献。我国是世界最大的水电生产国，装机容量为 352.3GW。巴西现已成为第二大水电生产国，装机容量在 2018 年达到 104.1GW，超过美国的 102.7GW。

我国河流众多，径流丰沛、落差巨大，其中水能蕴藏量为 1 万 kW 以上的河

流就有 3800 多条，可以说水能资源蕴藏量十分丰富，约占全世界水能资源总量的
1/6，居世界第一位，同时技术可行的经济可开发水能资源也位列世界第一位，其
次为俄罗斯、巴西和加拿大等国家。根据径流量和落差估算，中国河流水能资源
蕴藏量为 6.944 亿 kW，全部开发后预计年发电量可达到 60829 亿 kW·h。这些水
能资源得到全部开发是有很大难度的，但技术上可行的经济可开发水能资源的装
机容量预计约为 5.416 亿 kW，可实现年发电量 24740 亿 kW·h。从第一座水电站
的建设到今天，我国水电发展也已有百年的历史，可分为三个阶段。第一阶段为
中华人民共和国成立前，虽然有发展水电的需求，但由于经济和技术等方面的诸
多限制，在水电建设的大发展面前只能是望洋兴叹，那时，我国高于 15m 以上的
水库大坝只有 22 座，并且洪灾和旱灾是当时我国面临的两大灾难，即使有大力发
展水电的必要性，但国内不稳定的形势使其发展不可实现。从中华人民共和国成
立至改革开放开始这一段时间为第二阶段，我国在这一阶段修建了大量的水库大
坝，是国际上建造水库大坝最活跃的国家，但是当时修建水库大坝的主要目的是
防洪、灌溉等，主要是用于应对洪灾和旱灾。由于水电与火电相比具有建设投资
周期长、技术难度大和见效较慢等缺点，因此水电总体上发展缓慢，技术落后。
第三阶段是从改革开放至今，尤其是进入 21 世纪以来，特别是电力体制改革的推
进调动了全社会参与水电开发建设的积极性，我国的水电事业进入了加速发展时
期。三峡、小浪底和二滩等一系列大型水库大坝的建成，表明我国水电事业在这
一阶段飞速发展，实现了质的突破，由开始的追赶世界水平到现在很多水电建设
方面的技术居于国际先进或领先水平，不少水库大坝已经经过了 1998 年大洪水、
汶川大地震等严峻自然灾害的考验。2004 年，以公伯峡 1#机组投产为标志，我国
水电装机容量突破 1 亿 kW，从而超过美国成为世界水电第一大国。溪洛渡、向
家坝、小湾、拉西瓦等一大批巨型水电站相继开工建设。这一阶段建设的水电站
设计质量高、建设速度快、施工质量好，同时在成熟的开发技术和管理模式下取
得了突出的综合效益。目前，我国不但是世界水电装机第一大国，也是世界上在
建规模最大、发展速度最快的国家，并且已逐步成为世界水电建设创新的中心。

　　水利水电作为国民经济和社会发展的基础产业，具有工程建设周期长、投资
大、协作部门多，同时受自然资源、地形、地质、水文气象条件的影响很大等特

点。同时水利水电工程项目建议书的编制，应贯彻国家有关基本建设的方针政策和水利行业及相关行业的法规，并应符合相关技术标准；水利水电项目也受当地的经济发展水平、交通及其他资源市场条件的影响，所以水利水电项目建议书应当根据国民经济和社会发展规划与地区经济发展规划的总要求，在经批准（审查）的江河流域（区域）综合利用规划或专业规划的基础上提出开发目标和任务，对项目的建设条件需要进行调查和必要的勘测工作，并对资金筹措等进行分析，择优选定建设项目和项目的建设规模、建设地点和建设时间，同时论证工程项目建设的必要性，初步分析项目建设的可行性和合理性。

一切事物都不可避免地有两面性，水电站的建立也会产生一些负面影响，例如会引起坝后水流量减少，增加泥沙沉积，降低江水自净能力；同时水电站的建立需要淹没某些地段，引发移民、搬迁文物问题，移民问题已经是水电站建立面临的一个重要问题；另外，江水环境的变化将对鱼类产卵、回游产生影响；淹没地段容易产生滑坡；高坝容易诱发地震，等等。近几年对水电站开发的争议愈加激烈，有人认为在满足有限的能源增长需求率面前，修建水电站尤其是大型的水电站所付出的地质资源、生态资源和民族文化资源成本太高。以三峡水电站为例，早在 1956 年毛泽东的诗词《水调歌头·游泳》中就写出了修建三峡水电站希冀——"一桥飞架南北，天堑变通途。更立西江石壁，截断巫山云雨，高峡出平湖"，其中的"高峡出平湖"就是对三峡水电站的设想，三峡水电站是世界上规模最大的水电站，也是中国有史以来最大的工程，但是这个最大的工程所引发的文物保护、生态保护以及大规模的移民搬迁等诸多问题，使它从一开始筹建便始终伴随巨大的争议，加上规划设计及一些国家因素，直到 1994 年才正式动工兴建，到 2009 年才全部完工。三峡水电站的功能有 10 多种，包括防洪、发电、改善航运、南水北调等。尽管如此，它所引发的一系列自然以及社会的问题，至今仍然是许多学者关注的焦点。从三峡工程的兴建到现在已经过了十几年，从现在的情况看，三峡工程兴建的不良影响相对来说还算少的，而它的益处也渐渐显现出来，因此从辩证法的角度来讲，就目前的情况来看，可以说当初的这个决策是科学合理的，希望在将来这个结论仍然是成立的。

6. 风电

风电是目前技术最成熟、最具商业化开发前景的新能源发电技术，它在 19 世纪末登上历史舞台，在 100 多年的发展中，一直是新能源领域的"孤独求败"，因为其具有造价低的优点而成为各国争相发展的新能源首选且难逢对手。风力发电是风能利用的一种重要形式，风能是可再生、无污染、能量大、前景广的能源。风电技术装备是风电产业的重要组成部分，也是风电产业发展的基础和保障。根据数据统计，至 2015 年，中国风电已超越核电成为继火电和水电后的第三大主力电源。

风力发电有很强的地域性，不是任何地方都可以建站的。它必须建在风力资源丰富的地方，即风速大、持续时间长的地方。风力资源大小与地势、地貌有关，山口和海岛常是优选地址。如新疆达板城，年平均风速为 6.2m/s；内蒙古辉腾锡勒，年平均风速为 7.2m/s；江西鄱阳湖，年平均风速为 7.6m/s；河北张北，年平均风速为 6.8m/s；辽宁东港，年平均风速为 6.7m/s；广东南澳，年平均风速为 8.5m/s；福建平潭岛全县年平均风速为 8.4m/s；平潭县海潭岛，年平均风速为 8.5m/s，年可发电风时数为 3343h，为目前中国之冠。（以上数字引自"全国风力发电信息中心的并网风电场介绍"。）

风电的特点有以下几点：

（1）风能是取之不尽、用之不竭的清洁、无污染、可再生能源。

（2）风力发电具有很强的地域性，不是任何地方都可以建站。

（3）风的季节性和不稳定性决定了风力发电在整个电网中处于"配角"地位。

利用风力发电，以丹麦应用最早，而且使用较普遍。丹麦虽只有 500 多万人口，却是世界风能发电大国和发电风轮生产大国，世界 10 大风轮生产厂家有 5 家在丹麦，世界 60% 以上的风轮制造厂都在使用丹麦风轮的制造技术，是名副其实的"风车大国"。丹麦具有风电开发优势。首先，风力资源十分丰富，10m 高处平均风速为 4.9～5.6m/s，Weibull 系数为 1.74。对于轴心高度为 50m 的风机，50m 处风速可达 6.5m/s（按照理论估算和工程实践的经验，对于风机的最佳出力状态，50m 处的最佳风速为 7.5m/s）。其次，丹麦全国的风能资源分布特点为陆上地区由东向西，风力资源逐渐变强，西部地区拥有最丰富的风力资源，风能密度处于 300～400W/m2 之间。最后，除了丰富的陆上风力资源，得天独厚的地理环境使丹麦还拥有充裕的海上风力资源。靠近海岸的浅海地区，平均水深 5～15m，50m 高度平均风速为 8.5～9m/s，为未来 10 年丹麦风电发展提供了重要的资源保证。

然而，由于风速是随时变化的，因此风电的不稳定性会给电网带来一定影响。目前许多电网内都建设有调峰用的抽水蓄能电站，使风电的这个缺点可以得到克服。同时随着大型风电厂的不断增多，占用的土地面积也日益扩大，产生的社会矛盾日益突出，如何解决这一问题，也成为当前面临的困难。中国的风力资源极其丰富，风电发展势头良好，发展前景广阔。但是风力有很强的地域性和季节性，不宜单独使用，这也是制约其发展的最大瓶颈。

风电应用在国内近年日益受到重视的就是风电并网与消纳问题，国家能源局发布的《能源行业加强大气污染防治工作方案》中提出，要采用安全、高效、经济先进的输电技术，推进电力外输通道建设，进一步扩大"北电南送、西电东送"的规模。当然电价问题也是近年来争论不休的问题之一，在限电问题仍较严重、CDM（清洁发展机制）收益大幅缩水、设备和零部件制造企业过度牺牲盈利换取市场份额等问题尚未解决时贸然下调风电电价，势必造成风电投资意愿减弱的结果，并直接影响风电市场容量的稳步增长，有关部门应保持稳定的上网电价水平，提高风电投资的积极性。回顾近几年风电行业的总体发展情况可以看出，国家从多个方面都在对风电行业进行有力的支持并已初步显现出成效，各企业和业内人士也均对今后风电发展的势头增添了更多的信心。风电能够带动各地区传统能源消费比重的逐渐下调，风电产业的发展状况对于国家能源结构的调整意义重大。困扰我国多个地区的雾霾问题若要从根本上加以解决，风电必将是最为关键的环节之一。风电有望成为雾霾的克星，与光伏、燃气等一起为清洁能源行业的发展壮大做出积极贡献。

7. 太阳能

太阳能是最理想的新能源，照射在地球上的太阳能非常巨大，大约 40min 照射在地球上的太阳能，便足以供全球人类一年的能量消费。太阳能才是真正取之不尽、用之不竭的能源，太阳能发电绝对干净且不产生公害。太阳能的不足之处有两个：一个是照射的能量分布密度小，要占用巨大的面积；另外一个是受天气情况、四季、昼夜等气象条件的影响。但总的来说，太阳能优点还是极大的。太阳能发电具有布置简便、维护方便、应用面较广等特点。现在全球装机总容量已经开始追赶传统的风力发电，在德国，太阳能发电接近全国发电总量的 5%～8%。但是太阳能发电的时间局限性导致了对电网的冲击，这也是能源界亟待解决的一个问题。

太阳能发电分为光热发电和光伏发电。其中光伏发电技术较为成熟，运行可靠，我们通常所说的太阳能发电指的就是太阳能光伏发电，简称"光电"。目前，全国光伏系统的累计装机容量已近 20 万 kW，主要为偏远地区以及特殊行业供电。光伏发电是利用半导体界面的光生伏特效应而将光能直接转变为电能的一种技术，这种技术的关键元件是太阳能电池，太阳能电池主要有单晶硅、多晶硅和非晶态硅 3 种。单晶硅转变效率最高，为 20%以上，但是价格也最高；多晶硅的转变效率次之，价格上也相对低些；非晶态硅的效率最低，只有 2%左右，也最廉价，一般用于一些小系统，比如计算器上的辅助电源就是非晶电池。当然还有更高效率的太阳能电池，光电变换效率可达 30%，快赶上燃煤发电的效率了，但是价格非常昂贵，只限于在卫星和航天器上使用。国际上光伏发电技术的研究已有 100 多年的历史，我国 1958 年开始研究，目前已成为世界上光伏电池的最大生产国家，但是由于国内政策支持力度还不够，国内消费光伏电池的规模非常有限。

光热发电是利用太阳能热发电，就是利用大规模阵列抛物或蝶形镜面收集太阳能热，通过换热装置提供蒸汽，结合传统汽轮发电机的工艺，从而达到发电的目的；采用光热发电技术，避免了昂贵的硅晶光电转换工艺，可以大大降低发电成本，是新能源利用的一个重要方向。太阳能光热发电形式有槽式、塔式和蝶式（又叫盘式）3 种系统，目前只有槽式线聚焦系统实现了商业化，其他两种还处在示范阶段，有实现商业化的可能和前景。另外，在利用太阳能热方面，我国也处于世界前列，是世界上最大的太阳能热水器的生产国和应用国，太阳能热水器现在遍布城市乡村，尤其是在乡村的应用很广泛，几乎每户房顶上都有。

总的来说,太阳能是一种丰富的优质能源,可以说是取之不竭,用之不尽。我国地域宽广,在太阳能利用方面有着很大的优势,尤其是西藏地区的光照强度高,太阳能资源居我国首位,也是世界上太阳能最丰富的地区之一,太阳能利用的人口覆盖率达到82%,走在西藏街头,支着太阳能热水灶烧开水的人家随处可见,街道两旁都是太阳能路灯。其实新能源在西藏无处不在,尼洋河上有一座座小型水电站、地热发电站、太阳能发电站,这些都是西藏能长久保持天蓝云淡的重要因素,西藏拉萨市的羊八井镇已经成为中国新能源示范地区,因为这里除了有西藏最大的光伏发电站以外还有地热发电站,可以说在新能源利用方面做到了"上天入地"。就目前来看太阳能发电的技术难题有两个:一个是要提高太阳能光电变换效率并降低其成本,另一个是要实现太阳能发电同现在的电网联网。如果解决不了这两个难题,对太阳能的大规模开发利用只能是望洋兴叹。

其实风电、光电作为我国现在能源产业大力发展的项目,一直都存在着间歇性的弊病,不能持续不停地供应成了这两种环保能源发展的最大问题,而提高储能技术成为了解决这个问题的唯一方法。自2000年以来,我国以风电、光电为主的可再生能源发电装机规模迅猛增加。目前我国风电和光电累计并网容量分别跃居世界第一和第二位。这是因为这两种资源的发展前景是"风光无限好",中国电机工程学会在发布的报告中指出,未来我国风电、光电的发展空间巨大。然而前途虽光明,但道路却很曲折,据悉,我国风电、光电存在着"大规模发展、集中式建设、远距离输送"的特点,比如我国是世界上唯一开展大规模风电基地(装机容量超过1000万kW)建设的国家,且主要集中在"三北"地区(华北、东北和西北地区),同时远远超过电网建设的速度,加之当地负荷水平低,出现了没有相应的用电需求的情况,因此"弃风、弃光"现象比较普遍。"弃风、弃光"从技术层面来讲,就是电源建了,电网没有建,输出能力受到限制,换句话说就是发得多、用得少,在某种情况下,发电大于用电,这是大家都不愿意看到的。因此,在风电、光电同时大规模出现时,由于受其他约束条件的限制,电网就得相应压缩风电、光电的占比,这就引出了一个问题,风电、光电存在间歇性、随机性的"天然弊病",比如有风无风、风大风小,都会影响风电出力;再比如青天白日,光电可以运转自如，可黑夜阴云，光电就会"怠工"，所以占比不能过高，且需要用其他电源如水电进行匹配，否则就会对电网的稳定性产生影响。而大容量储能技术，不仅可以平滑风电、光电的功率波动、促进其大规模消纳和接入，也可以对电网进行调峰调频、增强电网安全稳定运行的能力。储能本身不是新兴的技术，但从产业角度来说却是刚刚出现，正处在起步阶段。到目前为止，中国没有达到类似美国、日本将储能当作一个独立产业加以看待并出台专门扶持政策的程度，尤其在缺乏为储能付费机制的前提下，储能产业的商业化模式尚未成形，然而随着风电与光电的发展，未来我国储能行业前景可期。

1.1.5　生物质能源的利用现状

生物质能源是一种数量巨大、取之不尽、用之不竭的燃料，它其实也是来自太阳能，它是太阳能以化学能形式储存在生物质中的一种能量形式。生物质作为载体，直接或间接地来源于植物的光合作用。地球上生物质资源数量庞大，种类繁多，一般包括木材及林产等工业加工废弃物和农业生产废弃物。按照生物质的主要化学性质，生物质资源主要分为糖类、淀粉和木质纤维素类生物质；按原料来源，生物质资源主要分为农作物及其生产废弃物、林业加工废弃物、生活垃圾和工业生产垃圾，另外还有一些能源植物。

生物质资源的明显优势有以下几点：

（1）可再生性。生物质资源属可再生资源，生物质能通过植物的光合作用可以再生，与风能、太阳能等同属可再生能源，资源丰富，可保证能源的永续利用。

（2）低污染性。生物质的硫含量、氮含量低、燃烧过程中生成的 SO_X、NO_X较少；生物质作为燃料时，由于它在生长时需要的二氧化碳相当于它排放的二氧化碳的量，因而对大气的二氧化碳净排放量近似于零，可有效地减轻温室效应。

（3）广泛分布性。缺乏煤炭的地域可充分利用生物质能。

（4）生物质燃料总量十分丰富。生物质能一直是人类赖以生存的重要能源，它是仅次于煤炭、石油和天然气而居于世界能源消费总量第 4 位的能源，在整个能源系统中占有重要地位。有关专家估计，生物质能极有可能成为未来可持续能源系统的组成部分，到21世纪中叶，采用新技术生产的各种生物质替代燃料将占全球总能耗的40%以上。根据生物学家估算，地球陆地每年生产1000～1250亿t生物质；海洋年生产500亿t生物质。生物质能源的年生产量远远超过全世界总能源的需求量，相当于目前世界总能耗的10倍。我国可开发为能源的生物质资源在2010年就有3亿t。随着农林业的发展，特别是炭薪林的推广，生物质资源的来源还将越来越多。

我国是一个农业大国，在小麦、玉米、稻谷、豆类等农作物生产过程中会产生大量的农作物秸秆。这些秸秆中的大部分不能被利用，在很多地区还因就地焚烧而产生污染，这些农作物秸秆是我国潜在的生物质资源的重要来源之一。另外森林砍伐和加工剩余物、禽畜粪便、有机废水等生物质资源的利用水平也很低。随着能源危机的日趋严重，这些废弃生物质资源的清洁高效利用具有十分广阔的发展前景。

目前人类对生物质能的利用，包括直接用作燃料的农作物秸秆、薪柴等；间接作为燃料的农林废弃物、动物粪便、垃圾及藻类等，它们通过微生物作用生成沼气，或采用热解法制造液体和气体燃料，也可制造生物炭。生物质能是世界上最为广泛的可再生能源。据估计，每年地球上仅通过光合作用生成的生物质总量就达1500～1750亿t，其能量约相当于20世纪90年代初全世界总能耗的3～8倍，但是尚未被人们合理利用，多半直接当薪柴使用，其结果是效率低且影响生态环境。现代生物质能的利用是通过生物质的厌氧发酵制取甲烷，用热解法生成燃料气、生物油和生物炭，用生物质制造乙醇和甲醇燃料，以及利用生物工程技术培育能源植物，发展能源农场等。生物质发电就是利用生物质所具有的生物质能进行发电，是可再生能源发电的一种，包括农林废弃物直接燃烧发电、农林废弃物气化发电、垃圾焚烧发电、垃圾填埋气发电以及沼气发电。自从20世纪70年代爆发石油危机后，各国都大力发展生物质发电。总的来说，目前生物质能的利用主要有沼气、压缩成型固体燃料、气化生产燃气、气化发电、生产燃料酒精及热裂解生产生物柴油等。图1-1-2展示了生物质资源目前的一些主要应用。

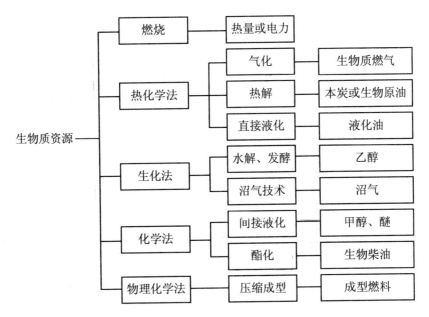

图 1-1-2 生物质资源的主要应用

另外，生物质能技术的研究与开发已成为世界重大热门课题之一，受到世界各国政府与科学家的关注。许多国家都制定了相应的开发研究计划，如日本的阳光计划、印度的绿色能源工程、美国的能源农场和巴西的酒精能源计划等，其中生物质能源的开发利用占有相当的比重。2017 年，国外的生物质能技术和装置多数已达到商业化应用程度，实现了规模化产业经营，以美国、瑞典和奥地利三国为例，生物质转化为高品位能源利用已具有相当可观的规模，分别占该国一次能源消耗量的 4%、16% 和 10%。在美国，生物质能发电的总装机容量已超过10000MW，单机容量达 10～25MW；美国纽约的斯塔藤垃圾处理站投资 2000 万美元，采用湿法处理垃圾，回收沼气用于发电，同时生产肥料。巴西是乙醇燃料开发应用最有特色的国家，实施了世界上规模最大的乙醇开发计划，2010 年，乙醇燃料已占该国汽车燃料消费量的 50% 以上。美国开发出利用纤维素废料生产酒精的技术，建立了 1MW 的稻壳发电示范工程，年产酒精 2500t。

我国是一个人口大国，又是一个经济迅速发展的国家，21 世纪将面临着经济增长和环境保护的双重压力，因此改变能源生产和消费方式，开发利用生物质能等可再生的清洁能源资源对建立可持续的能源系统，促进国民经济发展和环境保护具有重大意义。同时开发利用生物质能尤其对中国农村具有特殊意义，根据 2017 年数据，中国有 6 亿人口生活在农村，秸秆和薪柴等生物质能是农村的主要生活燃料，尽管煤炭等商品能源在农村的使用迅速增加，但生物质能仍占有重要地位。1998 年农村生活用能总量为 3.65 亿 t 标准煤，其中秸秆和薪柴为 2.07 亿 t 标准煤，占 56.7%。因此，发展生物质能技术，为农村地区提供生活和生产用能，是帮助这些地区脱贫致富，实现小康目标的一项重要任务。1991—1998 年，农村能源消费总量从 5.68 亿 t 标准煤发展到 6.72 亿 t 标准煤，增加了 18.3%，年均增长 2.4%。而同期农村使用液化石油气和电炊的农户由 1578 万户发展到 4937 万户，增加了 2 倍多，年增长达 17.7%，增长率是总量增长率的 6 倍多，可见随着农村经济发展和农民生活水平的提高，农村对于优质燃料的需求日益迫切。传统能源利用方式已经难以满足农村现代化需求，生物质能优质化转换利用势在必行。生物质能高新转换技术不仅能够大大加快村镇居民实现能源现代化的进程，满足农民富裕后对优质能源的迫切需求，而且也可在乡镇企业等生产领域中得到应用。由于我国地广人多，常规能源不可能完全满足广大农村日益增长的需求，而且由于国际上正在制定各种有关环境问题的公约，限制二氧化碳等温室气体排放，这对以煤炭为主的我国是很不利的。因此，立足于农村现有的生物质资源，研究新型转换技术，开发新型装备既是农村发展的迫切需要，又是减少排放温室气体、保护环境、实施可持续发展战略的需要。生物质能利用不能简单地看作是一项能源工程，虽然目前它的占比偏小，但是生物质资源转换为能源的潜力可达 10 亿 t 标准煤，它更是一项环保民生工程、"三农"工程和城乡基础设施工程，其环保、民生和社会属性要远远高于能源属性。同时，生物质能还是当前二氧化碳减排成本最低的一种能源利用方式。

虽然在新能源应用领域中，相比光伏、风电以及核电等新能源的出尽风头，生物质能似乎一直被排除在主流大门之外。然而近期发布的《可再生能源市场报告 2018》对生物质能源给予了特别关注，认为生物质能源是可再生能源中被忽视的"巨人"。报告数据显示，2017 年在全球消费的可再生能源中，有半数源自现代生物质能，其贡献是太阳能光伏和风能总和的 4 倍。那么生物质能贡献巨大却鲜被提及的原因到底是甘当配角还是有哪些现实困境？2017年，国内生物质能源利用量约为4100万t标准煤，仅占可再生能源利用量的6.6%，约占能源消费总量的1%，在第九届中国生物质综合利用发展论坛暨发电技术交流会上，有专家曾指出，生物质能占比进一步缩小，其直接原因是风电、太阳能发电发展速度太快。虽然风电和太阳能发电近年来得到迅猛发展，但其并不能成为可靠能源，相较于其他新能源，生物质能利用具有多重意义。生物质能是可再生能源领域最重要、可以发挥更多作用的能源品种。我国生物质资源可转换为能源的潜力约为4.6亿t标准煤，今后随着造林面积扩大和经济社会发展，生物质资源转换为能源的潜力可达10t标准煤。目前，我国生物质发电装机容量已达1488万kW，每年产出生物质天然气0.64亿m^3，生物质成型燃料1000万t，生物液体燃料320万t、生物燃料乙醇260万t、生物柴油60万t。从行业现状来看，除生物质发电利用规模达到"十三五"既定目标要求以外，别的利用方式距离目标仍有较大差距。

对生物质能源来说实现其热电联产应是推广重点。社会各界对生物质能源的综合效益（比如环保、民生、社会、扶贫、经济等）要有一个正确认识，若单从可再生能源的经济性来讲，它是不具备市场竞争力的，也是没有发展前途的。生物质能是清洁低碳的可再生能源，它已被证实是社会发展的必然需求，现阶段要解决的是其产业的高质量发展问题，这就需要在国家层面统筹考虑生物质能产业在国家生态文明建设、生态环境保护、乡村振兴战略和改善农村人居环境中应发挥的作用。在风电光伏退坡机制以及油价下跌等多期作用叠加下，多数行业中无论是国企还是民企都存在不少困难。但同时，去煤化、碳减排、供热需求大等因素对于生物质能行业有正向作用。与风电、光伏等其他可再生能源相比，生物质能的主要利用方式不是发电，它的主要用途是为国家的经济发展提供清洁热能和交通燃料。生物质能的利用要侧重于用户端，在消费侧与其他可再生能源和清洁能源之间形成一个多能互补的高效能源利用体系。有专家认为农林生物质热电联产及清洁供热是生物质能源发展很有前景的一个方向。从国外发展来看，生物质热电联产具有较大规模，特别是丹麦、德国、瑞典等国家，生物质能供热技术成熟，在供热领域发挥重要作用。生物质气化在工业供热上有很大的发展，在某种程度上可以替代天然气，是为数不多的不用靠国家或省级推动就可以经济运行的非常有效的方式，其下一步的攻关重点是加快推动生物质热电联产，新建生物质发电项目也要采取热电联产方式，鼓励生物质锅炉供热，加快相关研究和示范项目建设。现已开始要求北方地区将生物质发电项目改造成热电联产模式，未来这应是推广重点。从产业整体状况分析，生物质发电及生物质燃料目前仍是政策引导扶持期，相比其他可再生能源产业，生物质能的技术进步、产业发展和应用处于初级阶段，还需加大力度、加快速度推动。政策对于未来的可再生能源发展至关重要。为了实现减缓气候变化长期目标和其他可持续发展目标，必须加速发展可再生能源在热力行业、电力行业和交通运输业的应用，生物质能在上述 3 个行业的增长总量可以与其他可再生能源在电力行业的增长总量相媲美。近几年国家也出台了不少针对生物质能发展的产业政策，但到了执行层面（县市级）就大打折扣，实施起来非常困难。国家鼓励发展生物质热电联产，但地方政府照搬燃煤供热价格政策体系，且热力管网由第三方实行特许经营，这就为推广生物质热电联产模式设置了很难逾越的壁垒，希望行业主管部门在完善生物质能产业政策时，更多地考虑一下政策如何更快、更好、更容易落地。《中国可再生能源展望 2018》报告预测，到 2030 年，生物质能源产业市场规模至少达到 2.5 万亿元。以生物质天然气为例，若国家配套政策到位，到 2030 年生物质天然气市场规模至少在 500 亿 m^3，可占到当时国内天然气消费市场的 8%～10%。目前，生物质能产业规模偏小也有自身的原因，如企业管理和科技水平低下、质量和配套性差等，甚至个别企业经营管理不规范，排放不达标现象时有发生，这些因素都制约着产业的健康和可持续发展。多年来，受制于原材料收集困难、投资成本高、企业赢利难、产业化不顺等原因，生物质能的发展一度陷入困局。不过，智能化、自动化、分布式多联产等新词已经与生物质装备制造、生物质发电等行业发生了紧密联系，相信生物质能相关从业企业将依靠科技创新以及大数据、"互联网+"等信息技术，助推产业转型升级。

1.2　秸秆类生物质能源的应用现状

秸秆是自然界存在的一类丰富的木质纤维素高分子化合物资源，是植物光合作用的产物，其主要成分包括纤维素、半纤维素和木质素。农作物秸秆是农业生产的副产品，也是我国农村的传统燃料。秸秆资源与农业主要是种植业生产关系十分密切。我国是农业生产大国，目前每年各种农作物的秸秆产量将近 8 亿 t，其中用于直接还田或者作为饲料过腹还田的秸秆占 32%左右，另外还有约 10%用于造纸、建筑材料或其他用途，剩下的大部分由于得不到有效的利用，没有什么经济价值而被丢弃、焚烧，不仅造成了资源浪费，还严重污染了环境，引起了全社会的广泛关注。2015 年 11 月，国家发展改革委、财政部、农业部、环境保护部四部委联合发出通知，要求各地进一步加强秸秆综合利用与禁烧工作，力争到 2020 年全国秸秆综合利用率超过 85%。2016 年 1 月 16 日，国家秸秆产业技术创新战略联盟在北京成立，联盟拟通过打造以企业为主体、以市场为导向、产学研相结合的技术创新体系，解决我国秸秆产业面临的主要问题和技术瓶颈，提高秸秆的综合利用水平。河南作为全国主要的粮食生产大省，也是全国秸秆产量最多的地区之一，秸秆利用技术的发展对河南省具有尤为重要的意义。目前秸秆利用技术主要包括肥料化技术、饲料化技术、能源化应用、工业原料化应用以及秸秆生物炭等，在这里主要对能源化应用进行介绍。

国内外的秸秆生物质能技术经过几十年的研究和发展，能源化应用主要有：已经普及的节能灶和小沼气；处于示范、推广阶段的厌氧处理粪便和秸秆气化集中供气技术；处于中试阶段的生物质能压制成型及其配套技术；正在研究中的纤维素原料制取酒精、热化学液化技术、供热发电和燃气催化制氢等技术。秸秆类生物质能源可提供的能量主要有电能、热能和交通能源。

1.2.1 秸秆发电技术

1.2.1.1 国外秸秆发电现状

为了减少能源的对外依赖、提高能源供应安全性，欧洲国家对可再生能源非常重视。国外的生物质能技术开发是从 20 世纪 70 年代末期开始的，到目前已经有了很大进展。世界各国高度重视秸秆发电项目的开发，并将其作为 21 世纪发展可再生能源的战略重点和具备发展潜力的产业。秸秆资源是重要的可再生能源，既可以通过锅炉直接燃烧发电和供热，也可以气化后发电，其中秸秆直燃发电的先进设备已经投放市场，秸秆热解气化技术也飞速发展，燃料乙醇等多项技术已经进入商品化和规模化阶段。欧洲国家都把秸秆能作为优先发展的可再生能源给予高度重视，他们针对秸秆发电有强有力的扶持政策，包括投资补贴、上网电价补贴、减免税费、低息贴息贷款、科研投入、配额认购等。

丹麦是世界上最早使用秸秆发电的国家，其首都哥本哈根以南的阿维多发电厂建于 20 世纪 90 年代，是全球效率最高、最环保的热电联供电厂之一，每年燃烧的秸秆超过 15 万 t，可满足几十万用户的供热和用电需求。丹麦 BWE（Burmeister & Wain Energy A/S）公司是丹麦一家著名的电力技术研发公司，该公司率先研发秸秆生物燃料发电技术，在这家欧洲著名能源研发企业的努力下，丹麦于 1988 年建成了世界上第一座秸秆生物燃烧发电厂，目前丹麦已经建有 130 多座秸秆发电站，秸秆等可再生能源已占丹麦能源消耗总量的 24%之多。丹麦 BWE 公司的发电技术已走向世界，被联合国列为重点推广项目，其已在西班牙、英国、瑞典、芬兰和法国等欧洲国家投产运行多年，利用植物秸秆作为燃料发电的机组已有三百多台，社会和经济效益都很好，其中位于英国坎贝斯的生物质能发电厂是目前世界上最大的秸秆发电厂，装机容量约为 3.8 万 kW。丹麦在农作物秸秆和农林废弃物直燃发电方面成绩显著，对于农作物秸秆和农林废弃物资源的利用则倾向于直燃热电联供。在《联合国气候变化框架公约》及《京都议定书》分别于 1992 年和 1997 年出台后，为建立清洁发展机制，减少温室气体排放，丹麦进一步加大了农作物秸秆、农林废弃物资源和其他清洁可再生能源的研发利用力度。丹麦 BWE 公司率先研发秸秆原料燃烧发电技术，迄今在这一领域仍是世界最高水平的保持者。丹麦南部的洛兰岛马里博秸秆发电厂采用 BWE 公司的技术设计和锅炉设备，其装机容量为 1.2 万 kW，总投资 2.3 亿丹麦克朗。从 1996 年底开工建设到 1998 年初竣工运营，电厂实行热电联供，年发电 5000h，每小时消耗 7.5t 秸秆，为马里博和萨克斯克宾两个镇 5 万人口供应热和电。丹麦 BWE 公司的秸秆发电技术现已走向世界，被联合国列为重点推广项目。

德国是一个资源相对贫乏的国家，能源主要依赖进口。20 世纪 70 年代能源危机后，德国开始进行可再生能源的开发，2003 年德国已拥有 80 多家秸秆发电厂。目前，德国使用最广泛的生物质能利用技术是固体成型技术，即通过机械装置对农作物秸秆和农林废弃物原材料进行加工，制成成型压块和颗粒燃料。经过压缩成型的秸秆固体燃料，密度和热值大幅提高，接近于劣质煤，储存和运输都很方便。

意大利对直燃发电非常重视，将其普遍应用于农作物秸秆和农林废弃物热电联产方面。意大利2002年能源消费总量约为25000万t标准煤，其中可再生能源约为130万t标准煤，占能源消费总量的5%。在可再生能源消费中秸秆能源约占24%，其他可再生能源消费主要是固体废弃物发电和生物液体燃料。意大利哈佛呐燃烧技术有限公司拥有多年的锅炉设计和生产经验，为欧洲多家电厂及热力厂提供设备和技术支持。

瑞典也正在实行利用农作物秸秆和农林废弃物进行热电联产的计划，使农作物秸秆和农林废弃物资源在转换为高品位电能的同时满足供热的需求，大大提高其转换效率。1991年，瑞典地区供热和热电联产所消耗的燃料，有26%是农作物秸秆和农林废弃物。

美国十分重视生物能源的发展，美国在利用生物质能发电方面处于世界领先地位。美国自1979年就开始采用生物质燃料直接燃烧发电，目前已有350多座生物质发电站投产，主要分布在纸浆、纸产品加工厂和其他林产品加工厂。现在美国能源部又提出了逐步提高绿色电力的发展计划。同时在美国秸秆的用途很广泛，其可作为饲料、用于制作手工制品以及应用于建筑行业。目前利用秸秆提炼纤维素乙醇，也是美国在秸秆综合回收利用方面的研究热点。

除此之外，其他国家也大力发展秸秆发电，芬兰秸秆发电量占本国发电量的11%；奥地利成功地推行了建立燃烧木材剩余物的区域供电站的计划，秸秆能在总能耗中的比例由原来2%～3%激增到约25%；印度也开始研究用流化床气化农业剩余物的技术；日本之前处理秸秆主要是混入土中作为肥料或作粗饲料喂养家畜，近年日本地球环境产业技术研究机构与本田技术研究所共同研制出从秸秆纤维素中提取酒精燃料的技术，并向工业化发展。

秸秆发电技术在欧洲国家的良好发展离不开政府的相关扶持政策。比如丹麦政府在1976年投入了一项由能源署管理的资源共享可再生能源的研发工程（其中包括秸秆发电工程），对一些项目进行补贴，并且集中专业人才建立了强大的研发力量。政府还为大量的测试站及示范项目提供资金支持。另外，政府通过补贴设备价格对可再生能源的项目投资给予补贴，1995 年秸秆锅炉制造补贴金额占锅炉价格的 30%，随后由于设备成本的下降而逐年下调，2000 年时补贴已降低为锅炉价格的 13%，目前采购补贴已经取消。同时还有优先调电的优惠，政府保证其最低上网电价或热价，对其免收能源税、二氧化碳税。政府对各发电和供热运营商提出在风电和生物发电等方面必须有一定比例的可再生能源容量，早在 1993 年政府就与发电公司签订协议，要求每年燃用秸秆及碎木屑 140 万 t。

1.2.1.2　我国秸秆发电情况

我国的秸秆发电技术虽然起步较晚，但发展较快。目前国内在建农作物秸秆发电项目有 130 余个，主要分布在河南、黑龙江、辽宁、新疆、江苏、广东、浙江和甘肃等多个省市。根据我国新能源和可再生能源发展纲要提出的目标和国家发展和改革委员会的要求，到 2020 年，五大电力公司（即中国华能集团公司、中国大唐集团公司、中国华电集团公司、中国国电集团公司和中国电力投资集团公司）的清洁燃料发电要占到总发电的 5% 以上，生物质能发电装机容量要超过 3000 万 kW。

一方面，我国是世界上第二大能源消费国，能源结构以煤为主，大量使用化石能源给环境造成了巨大压力，大力发展可再生能源可以在一定程度上缓解对环境的压力。从全国情况来看，我国非再生能源人均占有量少的国情在一段时间内不会改变，而能源对经济社会发展的制约作用却越来越大。另一方面，由于我国的农作物秸秆产量巨大，如果不加以处理，会造成资源浪费，同时也会对环境造成严重威胁。因此，国家相关部门正在加紧研究政策并制定措施，积极吸收国内外先进的技术和经验，大力推进秸秆发电技术，积极开发清洁可再生能源。发展秸秆发电产业是解决秸秆焚烧，改善城乡环境，促进生态良性循环的有效方法。国家电网公司、五大发电集团等大型国有、民营企业纷纷投资秸秆发电建设项目。截至 2007 年底，国家和各省发改委已核准项目 87 个，总装机规模为 220 万 kW。全国已建成投产的秸秆直燃发电项目超过 15 个，在建项目 30 多个。

我国秸秆气化发电发展较早，目前 160kW、200kW 的秸秆气化发电机组已开始小规模应用。"十五"期间，在国家"863"计划的支持下，我国建成了 4～6MW 的秸秆气化燃气。蒸汽联合循环发电系统示范工程的发电效率最高达到 28%。这些气化发电系统使用的秸秆原料多为稻壳和木材加工废弃物，气化设备主要是流化床 / 循环流化床和下吸式固定床空气气化炉，发电设备是低热值燃气内燃发电机组。近几年，我国才开始研究秸秆直接燃烧发电技术，缺乏合适的技术和规模。国家电网公司于 2005 年 7 月投资成立了国能生物发电集团有限公司，注册资金 10 亿元，引进丹麦 BWE 公司的纯燃秸秆燃料锅炉技术，利用我国丰富的秸秆资源，投资建设秸秆发电项目。2006 年底国能单县秸秆发电厂并网发电，实现了我国秸秆直燃发电从无到有的重大突破。其后，国能生物发电集团有限公司相继投资建成投产了国能高唐 1×30MW、垦利 1×25MW、国能威县 1×24MW、成安 1×24MW 和国能射阳 1×25MW 5 台秸秆燃料发电机组。此外，中国节能环保集团有限公司、河北建设投资集团有限公司、武汉凯迪电力环保有限公司、江苏省国信集团有限公司等也在秸秆能发电领域投资建设秸秆燃料电厂。各地各级政府也大力支持发展农林秸秆发电项目。

在我国发展秸秆燃烧发电具有积极的意义：首先，以秸秆替代或掺烧煤火发电可节约大量的煤资源，以平均热值为单位计算，1t 秸秆可以充当 0.5t 煤；其次，可以大量减排温室气体，符合《京都议定书》的精神，可以争取到发达国家减排贸易的技术和资金支持；再次，可带动周边农村经济的发展，据估算，一个 2×12MW 的电厂，采用秸秆燃烧发电可以使农民的收入每年增加 2000 万元；最后，秸秆灰渣是很好的钾肥，它可被直接利用或被进一步加工成复合肥等。

秸秆发电在发达国家已经得到了广泛应用，其中最常见的振动炉排直燃锅炉技术已经非常成熟，而我国生物燃料产业还处于起步阶段，暴露出不少问题，尤其是秸秆收购系统、燃烧技术和政策等跟发达国家相比还有较大的差距。另外，新建秸秆电厂和进行秸秆燃烧技术改造的现有中小火电厂存在几个主要问题：首先，国内没有现成的技术设备；然后，煤炭价格仍然比较低，进煤比较方便，没有到非常迫切利用秸秆发电的阶段；最后，农作物秸秆属于集中收获，全年消费和利用的农作物废弃物存在储存和供应不均衡的问题。以上这些原因制约着秸秆发电技术在我国的规模化发展。

1.2.1.3　秸秆发电技术及特点

秸秆发电主要分为直接燃烧发电和气化燃烧发电两种类型。直接燃烧发电与燃煤发电十分相似，两者都是燃料在锅炉内燃烧产生蒸汽，驱动汽轮机发电。秸秆气化发电是先将秸秆等转化为可燃气，再利用可燃气推动燃气发电设备进行发电。气化工艺分固定床和流化床两大类，国外正在开发高压流化床工艺。燃气发电主要采用内燃机发电系统、燃气轮机发电系统和燃气、蒸汽联合循环发电系统3种方式。目前发达国家主要是研究第3种方式。这种系统发电效率比较高，但投资额也比较大。国内已建成的一些项目证明，气化发电是分散利用秸秆能的有效手段，比较适合我国当前的经济水平和农村能源发展的现状。

1. 秸秆气化发电技术特点

秸秆气化发电规模一般小于 5MW，其中秸秆直燃发电通常采用中温中压锅炉或高温高压锅炉，规模一般小于 30MW，而秸秆混燃发电厂大多由原火电厂改造而成，例如国内第一台老机组秸秆和煤粉混合燃烧发电改造项目是十里泉发电厂引进丹麦的秸秆发电技术对一台 140MW 机组进行改造，其设计的秸秆最大掺烧比例按热值计算为单位输入热量的 20%。

2. 秸秆直接燃烧发电技术特点

直接燃烧发电技术适用于现代化大农场或大型加工厂的废物处理，在我国适合于秸秆资源丰富的地区。秸秆直接燃烧发电具有投资少、发电成本较低、灵活性好的特点。小型秸秆直接燃烧发电技术适合缺电、缺油的农村和偏远的山区；中型秸秆发电技术适合于农村、农场、林场的照明用电，尤其适用于有加工剩余物的农林加工厂和粮食加工厂的自身供电。秸秆混燃发电是在现有煤电厂的基础上改造而成的，具有投资成本低和发电效率高的优点，适用于已有发电厂以及秸秆资源丰富的平原地区。

秸秆燃料的特点是高氯、高碱、高挥发分、低灰熔点等，具容易腐蚀锅炉，产生结渣、结焦等。直接燃烧发电的锅炉根据燃烧方式主要分成固定床和流化床：固定床燃烧方式多采用往复式炉排、振动式炉排、链条式炉排等炉型；流化床燃烧方式多采用流化床和循环流化床等炉型。在大型秸秆直燃锅炉上多采用振动式炉排，往复式炉排及链条式炉排使用较少，因为振动式炉排具有活动件较少、动作时间短和控制简单等特点。国能生物发电集团有限公司投产的 7 台秸秆直燃锅炉都是引进丹麦 BWE 公司的振动式炉排。根据当地秸秆的特点，这些锅炉的上料方式也不同，比如单县、高唐、垦利等地的电厂一般采用散料上料系统，进入锅炉上料线的是破碎后的散料；但浚县、鹿邑、望奎、辽源等地的电厂一般采用料包上料系统，进入锅炉上料线的是打包后的秸秆。

1.2.1.4　秸秆收购方式

由于秸秆燃料具有低位热值低、比重轻、密度小及体积大等特点，因此造成运输成本高。秸秆收购方式适用于农业机械化程度高的地区的发电厂，而我国大规模的农场很少，秸秆收购面对的是农户，过去只积累了很少的秸秆收购经验，收购体系尚未建立，并且我国农业机械化程度不高，秸秆打包破碎技术相对落后，直接从耕田进行秸秆打包的机械极少，在秸秆的收获季节不能及时收购，造成部分秸秆焚烧和废弃。

从投产的秸秆电厂的运营情况来看，秸秆原料的收购是制约秸秆规模化的一个瓶颈，适合我国国情的秸秆收购体系、技术和政策还不完善。我国特有的农业生产结构决定了秸秆在收集、加工、储存、运输等各个环节都比较繁杂，增加了秸秆的成本，导致燃料入厂的价格高。随着国内生物质发电产业的迅速发展，生物质电厂规划的位置不够科学的弊端逐渐显露出来，燃料收购竞争激烈，价格不断上涨。下述 3 个因素会影响秸秆价格。

1. 秸秆运输成本高

目前我国农作物秸秆年产量约为 7 亿 t，可作为能源用途的秸秆近 2 亿 t。但我国耕地分散，很难在小范围内收购到大型秸秆发电系统所需要的 10 万～20 万 t 秸秆燃料。这样大型的直燃秸秆发电厂只能扩大秸秆收购的半径，而农作物秸秆密度小、体积大，所以随着收购半径的增大其运输成本也急剧增加。

2. 秸秆成熟季节性强

秸秆在收获期间含水率大，容易质变。棉花杆、麦草、稻草、玉米杆等秸秆作物在收获的季节，秸秆含水率相当高，而发电所需秸秆的含水率最好在 15%以下，若大于 30%，则秸秆不易储存，在锅炉里也不容易燃尽。大多数秸秆收获的季节也是播种下一季农作物的季节，故秸秆在田间放置的时间短。但如果采取田间打包、就地收购的方式大量收购，则秸秆水分含量高、不易干燥，综合成本高，且湿度大的秸秆打包后极易发热、变质，堆垛储存还会发生自燃。

3. 秸秆种类繁多

秸秆类原料主要包括农作物和自燃类植物两大类。其中，农作的秸秆主要包括棉花秆、麦草、稻草、玉米秆、高粱秆等；自燃类植物秸秆主要包括芦苇、芦竹、象草、树木和野生灌木等。不同类型的秸秆在密度、发热量等方面有很大差别，其挥发分、灰分、碳、氢等也会因收获后储存时间不同而有所不同。因此，掌握原料收购的时机、方法、储运方式等对于秸秆入炉质量来说至关重要。

目前国内外的秸秆收购方式主要有以下三种：

（1）直接收集。直接收集的一种方式是各个乡村的农户自己把收集后的秸秆运送至电厂，另一种方式是秸秆经纪人到农户收购，再运输到秸秆电厂出售。后面这种收购方式电厂只需要在厂内建立一个料场，其优点是容易管理，但是这种收购方式的缺点是需要对不同运输距离的秸秆分别定价，故不易控制。

（2）分布收购站点。分布收购站点就是根据资源的分布情况，建立若干收购点进行收购，打包后储存等到秸秆电厂需要时再调用。这种收购方式的优点是秸秆收购范围大，每个秸秆收购站点都是独立的，缺点是初期投资较大，需要大量的人力，收购的秸秆质量较难得到保障。该方案收购站点一般是由电厂、政府和个人共同出资，风险同担。

（3）电厂统一收购。电厂统一收购就是电厂购买收割设备，组织收割队伍，同时要求农户把秸秆出让给电厂，一般每年签订一次合同。秸秆发电厂自己出资购买秸秆收割打捆机，免费为农场主收割作物，粮食归农场主所有，打捆后的秸秆被电厂运走。运到电厂之后再进行粉碎、干燥、储存。这种收购方式的优点是秸秆原料供应最稳定，没有中间商参与，减少了收购成本，秸秆质量高；其缺点是一次性投资成本高、干燥成本高。这种收购方式适用于机械化程度高的地方，国外一般都使用这种方式。

从已投运的秸秆电厂的经营经验得出，我国的秸秆电厂能否保证秸秆原料充分供应是企业成败的关键。鉴于秸秆自身的特点和我国的农林业状况，秸秆发电厂需要根据实际情况制订收购方案，逐步建立一个完善的秸秆收购体系。推进秸秆发电产业发展，实现化石能源替代，是走可持续发展战略和贯彻科学发展观的具体体现。而我国秸秆直燃发电产业尚处于起步阶段，尽管有一些优惠政策，但目前绝大多数秸秆电厂处于亏损运营状态，市场竞争力较弱。欧美等发达国家秸秆发电产业之所以能够顺利发展得益于国家强有力的政策支持。我国要走可持续发展战略，把秸秆发电事业推向良性循环，任重而道远。

1.2.2 秸秆发酵技术

1.2.2.1 秸秆沼气

秸秆沼气是指利用沼气设备，以农作物秸秆为主要原料，在严格的厌氧环境和一定的温度、水份和酸碱度等条件下，经过微生物的厌氧发酵产生的一种可燃气体。沼气发酵原料主要包括小麦秸秆、玉米秸秆、花生秸秆、大豆秸秆等，农村常用的秸秆沼气主要来自全秸秆沼气发酵和秸秆与人畜粪便混合沼气发酵。在国家和地方政府的扶持下，沼气得到了迅速的发展。秸秆制沼气不但为农户带来了较大的经济效益，而且为保护生态环境、减轻环境污染做出了较大的贡献。秸秆经发酵后残留的沼液、沼渣是一种无公害的有机肥，使用沼液、沼渣的土壤不但酶活性增强，而且理化性质得到了改善，保水保肥能力得到增强。化肥致使土壤板结，流入河流造成水体污染，不利于生态农业的发展。我国经济正处在高速发展的阶段，对资源需求量逐步增大，而我国人均资源量却远远低于世界的平均水平。因此，秸秆沼气将在一定程度上解决煤、石油等燃料的需求量过高的问题，为突破我国经济发展的资源瓶颈做出重大贡献，在缓解环境压力、推动社会可持续发展方面发挥一定的作用。

我国目前推行的沼气类型主要有户用小型沼气和大中型畜禽规模化养殖沼气工程。虽然后者解决了一些问题，但是只有在养殖业集中的地区，粪便原料才较充足。农户利用沼气可获取足够的清洁、廉价的能源以供日常生活之用。但是由于生产原料限制比较大，弊端也日渐显现，由于规模化养殖业的快速发展，农户分散养殖逐渐减少，在一些非集中养殖区，畜禽粪便的减少，使沼气的原料供不应求，而到养殖区购买粪便价格高、路途远。另外农村劳动力外流、管理经验不足、原料不足等导致60%的已建沼气池被废弃。而在规模化养殖场沼气工程方面，由于能耗高、产期率低、沼液沼渣销售渠道不完善等，养殖企业仅靠出售沼气难以维持工程的正常运转，出现负收益。

秸秆沼气作为一种清洁、便捷、价格低廉的新型能源，有广阔的发展前景。我国的农作物秸秆资源异常丰富，大量的秸秆没有得到合理的处理和利用，秸秆沼气的发展可以解决农作物秸秆的处理问题和沼气发展中原料不足的问题，实现秸秆变沼气是当前秸秆生物气化预处理的发展趋势，将为生态农村的发展奠定夯实的基础。促进我国秸秆沼气的大力发展，应该从下述3个方面入手。

首先，在政策上，政府应重视秸秆沼气工作的建设发展，制定相关政策，确保秸秆沼气的发展能得到政府和企业的大力支持，并且加大对秸秆沼气的补贴扶持力度。沼气产业比较发达的德国，为了鼓励沼气的发展，实施沼气发电上网补贴政策，有力地推动了沼气能源的开发和利用。通过政府对生态用电电价的补贴，农户在沼气发电上网中得到了实惠，大大促进了生态能源的开发利用，同时德国在全国上下建立了一套完整的沼气工程质量控制法规和标准体系，对推动其沼气技术的研发和利用起到了促进作用。

其次，在技术上，因为秸秆成分中缺少氨磷，不利于微生物的生长，因此利用秸秆制沼气在一定程度上增大了微生物分解的难度，不利于沼气池的良性发展，目前所采用的发酵技术不能完全满足秸秆沼气发展的需要，只能在小范围内实施应用。秸秆沼气应用实践的种种问题，导致秸秆发酵沼气的研究进展缓慢。所以，一方面应注重培养秸秆沼气的专业技术人员，尽快开发出便捷、经济的秸秆发酵技术，以科研促进生产；另一方面，开发研制不受畜禽养殖制约、直接利用秸秆生产沼气的新技术，为沼气在广大农村的可持续推广应用提供新的技术支撑。

最后，在宣传上，秸秆沼气是近几年新兴的生物质能源，大多数农户对此认识不足，不了解秸秆沼气对环境生态的重要意义，一旦出现困难便纷纷放弃，因此要加大秸秆沼气的宣传力度和示范性工作。政府应鼓励技术人员下乡宣传，耐心真诚地向农户讲解秸秆综合利用的前景和他们所获取的利益，传授简便、实惠的秸秆沼气发酵技术，以开办培训班、召开现场会、典型带动等不同形式的宣传活动促进其技术普。同时，要选择示范村，让农户看到成效，把农业副产物变成重要农产品，提高秸秆的市场价值，让秸秆在农民手中变成真正有价值的商品，用效益吸引农民自觉参与秸秆沼气的建设和利用工作，从根本上解决秸秆整体利用率低的问题。

许多研究表明，因为秸秆的主要成分为纤维素、半纤维素和木质素等大分子化合物，通过 β-1，4 糖苷键连接成的复杂晶体在自然状态下难以被微生物分解利用，秸秆在自然状态下进行的沼气发酵存在启动慢、产期率低以及浮渣结壳严重等问题，所以，秸秆不宜直接作为沼气发酵原料。要使秸秆成为理想的沼气发酵原料，首先必须对秸秆原料进行分解处理，使秸秆中的纤维素、半纤维素和木质素等大分子物质逐步降解为易被利用的小分子物质。目前用作制备沼气的秸秆预处理方法主要有下述几种。

1. 物理粉碎预处理

物理处理方法主要有加压、加热、机械粉碎和超声波预处理等。常见的机械粉碎方式有切碎、碾压碎、揉搓碎等。将农作物秸秆变成较短小的碎块可以有效地破坏植物的细胞壁结构，并且增大秸秆与酶和菌类及有机物的接触面积，使其容易发酵分解。经研究发现粉碎后稻草的沼气生产率比未经处理的稻草的沼气生产率提高了 17%。同样也发现粉碎后农作物秸秆的沼气生产率比未经处理的农作物秸秆的沼气生产率提高了 20%。

2. 粉碎预处理和化学预处理的结合

在实际中粉碎预处理的效果十分有限，所以粉碎预处理经常和化学预处理结合使用，来提高整体预处理的效率。将粉碎后的秸秆用稀碱溶液进行预处理，使其发生化学反应，用来打开半纤维素的脂键，使其中的部分木质素溶解，以增加生物发酵性能。有关研究表明，经 NaOH 溶液处理的玉米稻秆沼气的生产率大幅度提高。

3. 粉碎预处理和生物法的结合

生物法预处理是通过好氧微生物群对秸秆中的木质素进行分解，使秸秆更易被厌氧发酵菌利用和分解的处理方法。生物处理方法因具有成本低、易于操作、零污染等优点，已经成为当前秸秆沼气预处理方法中的主要研究方向。经研究发现真菌白腐菌降解木质素的效率高。白腐菌是一种丝状菌类，能使木质素发生白色腐败，拥有高效的生物分解机制，能真正实现对细胞壁的降解和对酯键的切断，从而提高对稻秆干物质的利用效率。

随着人们对秸秆利用效率要求和对秸秆预处理技术要求的提高，研究者开发出了更多、更有效提高秸秆糖化降解利用率的预处理技术。

1.2.2.2 秸秆乙醇

目前较为广泛应用的概念纤维乙醇是以秸秆、农作物壳皮茎秆、树叶、落叶、林业边角余料和城乡有机垃圾等纤维为原料生产的燃料乙醇,秸秆乙醇是以秸秆为主要原料生产的燃料乙醇。燃料乙醇具有改善汽油品质和增氧的作用,作为一种优良的燃油品质改善剂被广泛使用。汽油在添加一定比例的燃料乙醇后成为车用乙醇汽油。在使用过程中,燃料乙醇可显著降低汽车尾气中的一氧化碳和碳氢化合物的排放量,是目前改善大气环境的有效途径之一,同时可调节二氧化碳的自身平衡,不增加温室气体排放量,改善环境质量。

随着石油资源的逐渐枯竭和全球气候变暖等现象的出现,世界各国大力推广可再生能源——燃料乙醇。然而,当前生产乙醇的原料主要是粮食,随着燃料乙醇作为替代能源需求量的不断攀升,各界有关粮食供给的争论日趋激烈,以粮食为原料存在"与民争粮"的问题。2008 年 5 月 29 日,经合组织(经济合作与发展组织)与联合国粮农组织在其发表的一份报告中称,到 2017 年,全世界的乙醇产量将是 2007 年的 2 倍,达到 1250 亿 L。该报告还指出,政策上的支持,油价的攀升,都会强烈影响未来对生物燃料的需求,而这种上升趋势将导致全球粮食价格的继续攀升和减小粮食在食物和饲料中的使用率,因此寻找理想的替代原料成为研究的焦点。现今,世界各国都非常重视从秸秆等植物纤维素废弃物中提取生物燃料的技术的研究开发,但是该工艺过程必须利用纤维素酶将秸秆降解成可发酵性糖,而较低的纤维素酶水解效率成为制约秸秆乙醇生产的瓶颈。因此,改造秸秆纤维素降解酶系,提高纤维素酶的水解效率是解决该技术难题的有效方法之一。

自然界把纤维素赋予植物作为其主要的骨架结构,这种由葡萄糖分子紧密咬合并层层叠加形成的类似"脚手架"状的结构,为植物提供了抵抗重力和生物降解的支持性架构。半纤维素相互连接结合在纤维素微纤维的表面,木质素形成交织网来硬化细胞壁,从而形成了极为坚固的木质纤维素结构。为了释放木质纤维素里的能量,必须先破坏进化赋予植物的这种异常稳定的结构。一般来说,这种"解封"过程先要将大分子生物质解构成聚合度更低的小分子物质,随后将它们转化成燃料。纤维素的降解多采用控温的方式进行，一般是在温度为 50～200℃ 条件下进行裂解，裂解产生的单糖物质可以被发酵成乙醇或其他形式的燃料。

在当前的纤维素乙醇产业化探索中常采用酸水解和酶水解两种不同的技术来实现木质纤维素的降解。

1. 酸水解技术

在酸水解工艺中，可以使用盐酸或硫酸，按照使用酸的浓度不同可以进一步分为浓酸水解和稀酸水解。

法国早在 1856 年即开始利用浓硫酸水解法进行乙醇生产，浓酸水解的过程为单相水解反应，纤维素在浓酸作用下首先被溶解，然后在溶液中进行水解反应。浓酸能够迅速溶解纤维素，但此种溶解并不是发生了水解反应，因为纤维素在浓酸溶液中生成单糖，但是由于水分不足，浓酸吸收水分，单糖又变成为多糖，但这时的多糖不同于纤维素，它比纤维素更易于水解。经过浓酸处理后的纤维素称为纤维素糊精，纤维素糊精容易水解，但水解在浓酸中进行得很慢，一般是在浓酸处理之后与酸分离，再使用稀酸进行水解。

稀酸水解木质纤维素的技术也可谓历史悠久。1898 年德国人就尝试以林业生产的废弃物为原料生产乙醇，并建立了工业化规模的装置，每吨生物量可以生产 50gal 左右的乙醇。与浓酸水解的工艺相比，稀酸水解需要在比较高的温度下进行，才能使半纤维素和纤维素完全水解。稀酸水解木质纤维素通常采用二级水解的工艺方案，其中第一级水解反应器的温度相对第二级水解反应器的温度来说要略低一些，此时比较容易水解的半纤维素可以降解，而第二级反应器主要用于水解难降解的纤维素。经第二级反应器水解后剩余的残渣主要是木质素，将水解液中和后送入发酵罐进行发酵。

2. 酶水解技术

同植物纤维酸法水解工艺相比，酶法水解具有反应条件温和、不生成有毒降解产物、得糖率高和设备投资低等优点，但是阻碍木质纤维素资源酶法生物转化技术实用化的主要障碍之一是纤维素酶的生产效率低，并且成本较高。当前使用的纤维素酶的比活力较低，单位原料用酶量很大，酶解效率低，产酶和酶解技术都需要改进。为了满足竞争的需要，生产 1gal 乙醇的纤维素酶的成本应该不超过

7 美分。但在当前产酶技术条件下，生产 1gal 乙醇需用纤维素酶的生产费用约为 30～50 美分，因此酶解工艺的效率亟待提高。

我国在实现粮食增产的同时，也存在大量的秸秆废弃物无法完全利用的问题。2006 年 8 月，我国首条纤维乙醇生产线——河南天冠集团 3000t 级纤维乙醇项目，在河南省南阳市镇平开发区开工奠基。这一项目打破了过去单纯以粮食类原料生产乙醇的历史，使利用秸秆类纤维质原料生产乙醇成为现实。这不仅使秸秆类废物得到了科学利用，而且能为国家节约大量粮食。河南天冠集团是目前国内存续最完整、最具代表性的"红色企业"，是国家燃料乙醇标准化委员会的设立企业、国家燃料乙醇定点生产企业以及国家新能源高技术产业基地主体企业。河南天冠集团拥有国内最大的年产 80 万 t 燃料乙醇和国际上最大的日产 50 万 m^3 生物天然气的生产能力，形成了农业种植加工－生物能源－生物化工及下游产品及废弃物资源化利用的全产业链，产品涉及生物能源、生物化工、有机化工及精细化工等七大门类，产品包含燃料乙醇、酒精、生物天然气、生物柴油等 40 余个品种，年收入近 90 亿元。其于 2012 年 2 月成立的河南天冠纤维乙醇有限公司，建立了秸秆乙醇产业化工艺路线，是国内首个 15 万 t 纤维乙醇示范区，这个示范区的成立本意是要在全省推广进而辐射全国，但是由于技术经济性等原因，自成立至今并没有得到大面积推广。

纤维素乙醇的吸引力在于其原料包括作物秸秆、野草、废木料和家用废料，将这些又便宜又丰富的东西转化为乙醇所需的燃料比较少，因此它比生产玉米乙醇的过程所释放的温室气体要少。此外，一定面积的野草或其他作物可以比玉米多生产约 2 倍的乙醇，因为这些植物的秸秆和种子都可以利用，而不是像如今的玉米乙醇一样只能利用玉米粒。美国自然资源保护委员会的一份报告指出，到 2050 年，纤维素来源的巨大生产力将最终使其达到 5600 亿 L 的乙醇生产量，相当于如今美国汽油消耗量的 2/3。

1.2.3 生物制氢

1.2.3.1 氢气制备方法

氢气作为世界上已知的、最轻的气体，它的密度非常小，只有空气的 1/14，也就是在标准大气压以及 0℃下，氢气的密度是 0.0899g/L。氢气本身无毒，燃烧热值大，完全燃烧放出的热量约为同质量甲烷的 2 倍多，液氢完全燃烧产生的热量约为同质量汽油的 3 倍，且燃烧后的产物只有水（根据化学反应方程式 $2H_2+O_2=2H_2O$ 得出），不产生污染空气的气体，所以它被认为是理想的清洁高能燃料。目前，作为高能燃料，液氢已应用于航天等领域，同时作为化学电源，氢氧燃料电池已经被应用，如用作汽车的驱动能源等。

随着人类对能源需求量的日益增长，化石燃料等不可再生能源面临枯竭的危险，化石燃料对环境的影响也不容忽视。所以开发和利用新能源成为越来越迫切的要求。氢气作为能源，越来越受到人们的关注。目前，在生活和生产中大量使用氢能源还存在一定困难。由于氢气的制取具有成本高和储存困难等缺点，作为燃料和化学电源暂时还未能广泛应用。随着科技的发展，对氢能源的开发已取得了很大的进展，氢气终将成为未来主要的能源之一。

目前工业上生产氢气的方法有下述几种。

1. 电解水法制氢

此方法多采用铁为阴极面，镍为阳极面的串联电解槽（外形似压滤机）来电解苛性钾或苛性钠的水溶液，其中阳极产生氧气，阴极产生氢气。该方法成本较高，但产品纯度大，可直接生产纯度在 99.7%以上的氢气。这种纯度的氢气常用作以下几个方面：

（1）电子、仪器和仪表工业中用的还原剂、保护气和对坡莫合金的热处理等。

（2）粉末冶金工业中制钨、钼、硬质合金等用的还原剂。

（3）制取多晶硅、锗等半导体原材料。

（4）油脂氢化。

（5）双氢内冷发电机中的冷却气等。

比如北京电子管厂和科学院气体厂就用电解水法制氢，利用电解水法制氢的原理就是水电解产生氢气的化学方程式：$2H_2O=O_2+2H_2$。

2. 水煤气法制氢

以无烟煤或焦炭为原料与水蒸气在高温时反应而得水煤气，反应方程式为 $C+H_2O=CO+H_2$，净化后再使它与水蒸气一起通过触媒令其中的 CO 转化成 CO_2，

反应方程式为 $CO+H_2O=CO_2+H_2$，此方法可得含氢量在 80%以上的气体，再压入水中除去 CO_2，最后通过含氨乙酸亚铜的溶液除去残存的 CO 而得到较纯的氢气，这种方法制氢成本较低，产量很大，设备较多，一般在合成氨厂多用此法。有的还把 CO 与 H_2 合成甲醇，还有少数地方用含氢量为 80%的气体制备人造液体燃料，比如北京化工实验厂和许多地方的小氮肥厂多用此法。

3. 由石油热裂解的合成气和天然气制氢

由石油热裂解生成氢气，产量很大，这种制氢方法在世界上很多国家都被采用，常用于汽油加氢、石油化工和化肥厂。中国的石油化工基地、渤海油田的石油化工基地等都采用这种方法制备氢气，另外美国的 Bay 和 Batan Rougo 等加氢工厂也采用此法。

4. 焦炉煤气冷冻制氢

即把经初步提净的焦炉气冷冻加压，使其他气体液化而剩下氢气。此法在少数地方采用，如苏联的 Ke Mepobo 工厂。

5. 电解食盐水的副产物氢

在氯碱工业中氢气为产量较大的副产物，除供给合成盐酸之外还有剩余，此部分氢气可经提纯制造普氢或纯氢，例如，北京化工二厂用的氢气就是电解食盐水的副产物。利用电解饱和食盐水产生氢气的方程式为 $2NaCl+2H_2O=2NaOH+Cl_2+H_2$。

6. 酿造工业副产物氢

用玉米发酵丙酮、丁醇时，发酵罐的废气中有 1/3 以上的氢气，经多次提纯后可生产普氢（纯度在 97%以上），把普氢通过用液氮冷却到-100℃以下的硅胶列管后可以进一步除去杂质（如少量 N_2）制取纯氢（纯度在 99.99%以上），例如，北京酿酒厂就生产这种副产氢，用来烧制石英制品和供外单位使用。

7. 铁与水蒸气反应制氢

用铁与水蒸气制备氢气的反应方程式为 $3Fe+4H_2O=Fe_3O_4+4H_2$，此方法为比较古老的制备氢气的方法，因为得到的氢气的品质比较差，后续处理麻烦，现已基本被淘汰。

8. 其他方法

工业上还有用水和高温红热的碳反应得到氢气，反应方程式为 $C+H_2O=CO+H_2$。

另外，还有用铝和氢氧化钠反应制取氢气，其反应方程式为 $2Al+2NaOH+6H_2O=2Na[Al(OH)_4]+3H_2$。

除了以上几种常用的制备氢气的方法外，研究者还发现了一些制取氢气的新方法，例如：

（1）用氧化亚铜作催化剂并用紫外线照射从水中制取氢气。

（2）用新型的钼的化合物作催化剂从水中制取氢气。

（3）用光催化剂反应和超声波照射把水完全分解的方法。

（4）陶瓷跟水反应制取氢气。

（5）生物质快速裂解油制取氢气。

（6）从微生物中提取的酶制氢气。

（7）用细菌制取氢气。

（8）用绿藻生产氢气。

（9）有机废水发酵法生物制氢。

（10）利用太阳能从生物质和水中制取氢气。

（11）用二氧化钛作催化剂，在激光的照射下，让水分解成氢气和氧气。

（12）硼和水在高温下反应制取氢气，其化学方程式为 $2B+6H_2O=2B(OH)_3+3H_2$。

其中利用太阳能从生物质和水中制取氢气被认为是最佳的制取氢气的方法，理由是太阳能能量巨大、取之不尽、用之不竭，而且清洁无污染，不需要开采、运输。另外，生物制氢也曾一度被认为是一种理想的清洁无污染且能耗少的制备氢气的方法，生物制氢就是利用可再生的生物质通过气化或微生物催化脱氢的方法制取氢气，是生物质在生理代谢过程中产生分子氢的过程的统称。生物制氢具有节能、清洁、原料来源丰富、反应条件温和、能耗低和不消耗矿物资源等优点。从广义上讲，生物制氢是指所有利用生物产生氢气的方法，包括微生物产氢和生物质气化热解产氢等；而从狭义上讲，生物制氢仅指微生物产氢，包括光合细菌或藻类产氢和厌氧细菌发酵产氢等。本书这一部分接下来的章节只讨论狭义上理解的生物制氢，这也是生物制氢的一个主要研究方向。

1.2.3.2　生物制氢的研究进展

狭义上讲，生物制氢仅指微生物产氢，包括光合细菌（或藻类）产氢和厌氧细菌发酵产氢等，这也是利用生物制氢的主要研究方向。迄今为止一般采用的微生物产氢的方法有：光合生物产氢、发酵细菌产氢、光合生物与发酵细菌的混合培养产氢，其中各种生物制氢方法有不同的特点。

1. 光水解制氢

从 Gaffron 1942 年报道了栅藻（Scenedesmus obliquus）可光裂解水制氢以后，Benemann 等人对微藻产氢进行了深入研究，此后该项研究在世界许多国家迅速展开。光解水制氢是微藻及蓝细菌以太阳能为能源，以水为原料，通过微藻及蓝细菌的光合作用及其特有的产氢酶系将水分解为氢气和氧气，并且在制氢过程中不产生二氧化碳。蓝细菌和绿藻均可光裂解水产生氢气，但它们的产氢机制却不相同。藻类是直接光解水获得氢气，而蓝细菌则属于间接光解水，中间存在一个二氧化碳的固定和转化过程。对于藻类和蓝细菌产氢而言，由于光合中心 I 和光合中心 II 的同时存在，其在光合作用放氢的同时还伴随着氧气的生成，而氧气对藻类和蓝细菌的产氢酶具有较强的抑制作用。同时由于氢气性质较为活跃，在氧气存在的条件下即使在一般环境下也能与氧化合生成水，因此要想获得氢气就需要进行气体分离，这就增加了光解水制氢的技术难度，提高了制氢的成本。

虽然光解水制氢只需以水为原料且有两个光合系统就可将光能转化为氢气，其太阳能转化效率比树木及农作物高 10 倍左右，并且具有原料来源丰富和环保等优点，然而也有很多缺点，比如：

（1）不能利用有机物和有机废弃物。

（2）在光照的同时需要克服氧气的抑制效应。

（3）光转化效率低（最大理论转化效率为 10%）。

（4）复杂的光合系统产氢需要克服的自由能较高，以 H_2 计算，需要克服的能垒为 242kJ/mol。

（5）光生物反应器造价昂贵等。

这些因素影响了光解水生物制氢技术的发展，制约了规模化制氢。同时光解水制氢中作为制氢来源的"光"是需要解决的技术难题，另外在光合放氢的同时伴随有氧的释放，如何解决产氢酶遇氧失活也是该技术需要解决的关键问题。也有研究者提出了一些改善方法，如采用连续不断提供氩气以维持较低氧分压和光照黑暗交替循环等方法，但这些方法一般只用于实验研究，对于工业化实现的难度较大。

2. 厌氧生物制氢

厌氧生物制氢的研究最早开始于 20 世纪 70 年代。它是通过厌氧微生物将有机物降解制取氢气。许多厌氧微生物在氮化酶或氧化酶的作用下能将多种底物分解而得到氢气。这些底物包括甲酸、丙酮酸、各种短链脂肪酸等有机物，以及淀粉纤维素等糖类物质等。这些物质广泛存在于工农业生产的高浓度有机废水、人畜粪便和农业废弃物中。利用这些废弃物制取氢气，在得到能源的同时还会起到保护环境的作用，实现了废弃物的资源化利用。目前国内外的许多研究者对厌氧发酵有机物制氢的过程给予极大关注，在菌种选育、驯化和反应器结构方面进行了较多的工作。我国哈尔滨工业大学较早开展了厌氧法生物制氢技术的研究，发现了产氢能力很高的厌氧细菌乙醇型发酵，在理论上取得了重大突破，处于国际领先水平，并研发出利用城市污水、淀粉厂、糖厂等含碳水化合物废水制取氢气的生物制氢反应器，其在良好的运行条件下，最高持续产氢能力达到 $5.7m^3H_2/$（m^3反应器·d）。厌氧生物产氢要达到工业规模化生产，除了需进一步研究厌氧生物产氢的影响因素、厌氧生物产氢污泥驯化及其不同基质的产氢潜能外，还必须研究厌氧生物产氢控制系统，评估工程投资、运行费用与产氢效率之间的关系，同时还需要考察实验室反应器模型放大到工程实践中的偏差，因此厌氧生物产氢的工业化生产还有待时日。

对于厌氧制氢来说由于其产氢过程不依赖光照条件，相比较光水解制氢容易实现反应器的放大，但由于厌氧产氢菌不能彻底利用发酵底物而造成有机酸的积累，从而会抑制反应的进行，同时原料的不完全利用也会带来一些环境危害。从产氢能力来看，光合细菌产氢效率远远高于藻类制氢、蓝细菌制氢和厌氧制氢的产氢效率。同时光合细菌制氢还因可以利用多种有机酸和有机废弃物产氢，实现能源生产和废物处理的综合效应而吸引众多学者的关注。

3. 光合微生物制氢

对比各类生物制氢技术，光合细菌制氢不仅有较高的产氢能力，还可以利用多种有机废弃物作为产氢原料，实现氢能生产和废弃物处理的双重作用而成为制氢技术研究的热点。光合微生物制氢是指利用光合细菌或微藻将太阳能转化为氢能，能够产氢的光合生物包括光合细菌和藻类。目前研究较多的产氢光合细菌主要有深红红螺菌、红假单胞菌、液胞外硫红螺菌、类球红细菌和夹膜红假单胞菌等。光合细菌作为光合制氢的理想物质其优点包括：

（1）容易培养并且以多种有机废弃物为产氢原料，具有较高的理论产氢转化率。

（2）可利用的太阳光谱范围较宽，比蓝细菌和绿藻的吸收光谱范围更广泛，具有较高的光能转化率潜力。

（3）产氢需要克服的自由能较小，比如乙酸光合细菌产氢的自由能只有8.5kJ/mol$_2$。

（4）最终产物氢气含量可达 95%。

（5）产氢过程中不产生氧气，是一种最具发展潜力的生物制氢方法。

基于以上优点，光合细菌制氢得到了众多研究者的关注。

有关光合制氢最早的研究是 Nakarnura 于 1937 年首先观察到光合细菌释放氢气的现象，Gestt 于 1949 年报道了光合细菌在光照厌氧条件下可产生氢气后，人们对光合细菌的产氢机制进行了大量研究，探明了其产氢的基本原理。但由于微生物代谢的复杂性，到目前为止对光合细菌产氢的详细过程还有一些争议之处。国内外一些学者已对光合细菌产氢机理开展了探索性研究，但由于在实际实验过程中光合生物制氢普遍存在光转化效率较低和生产成本高等问题，因此至今仍停留在实验室探索性研究阶段。近几年，国内少数学者主要围绕提高光合细菌的光转化效率等方面，着手对光合细菌制氢进行实验改进研究，取得了一些重要进展。河南农业大学在"国家自然科学基金""863 计划"等项目的支持下，正在按照生产性工艺条件进行太阳能光合生物制氢技术及相关机理的试验研究，并且已经取得了一定的突破。目前，直接利用太阳能的光合细菌制氢技术研究进入了中小规模的连续生产性技术研究阶段，主要攻克目标是解决光合生物的连续、高效和规模化制氢工艺等关键技术问题，研发出的太阳能光合生物连续产氢系统为深入研究光合生物连续制氢技术及其工业化应用提供了基础试验平台，得到了一些重要的研究经验。

4. 生物制氢技术的研究重点与前景

目前来说，生物制氢需要解决的问题及研究重点主要可概括为以下几个方面：

（1）氢气形成的生物化学机制的研究。进一步深入、准确地表达氢气的代谢途径及调节机制，为提高光合产氢效率及其他应用方面的研究提供深入且详细的基础依据。

（2）高产菌株的选育。优良的菌种是生物制氢成功的首要因素，目前还没有稳定的、特别优良的高产菌株的报道，需要加强常规筛选和基因工程筛选方面的研究。

（3）光的转化效率及转化机制方面的研究。光能是光合生物制氢的唯一能源，需要深入研究光能吸收、转化和利用方面的机理，提高光能的利用率，以促进生物产氢的工业化进程。

（4）原料利用种类的研究。研究资源丰富的海水以及工农业废弃物、城市污水、养殖厂废水等可再生资源，同时注重以污染源为原料进行光合产氢的研究，既可降低生产成本又可净化环境。

（5）连续产氢设备及产氢动力学方面的研究。

（6）氢气与其他混合气分离工艺的研究。

（7）副产物利用方面的研究。

光合产氢时原料制备氢气的转化率很低，在提高氢气转化率的同时研究其他有用副产品的回收和利用，是降低成本、实现工业化生产的有效途径。

经过长期的实验研究得出，光解水制氢虽然原料简单易得，但其他条件要求高，并且产氢速率较低；而光合细菌因其在光照条件下，可分解有机质产生氢气，最终产物中氢气组份可达 60%以上，并且产氢过程中也不产生对产氢酶有抑制作用的氧气，产氢速率比光解水产氢快，能量利用率比厌氧发酵产氢高，同时能将产氢与光能利用和有机物去除相结合，而且光合细菌的蛋白含量占到细胞重量的65%，菌体中含有多种维生素和光合色素，在发酵产氢结束后所收集的细胞还能够作为饲料添加剂和微生物肥料等，因此是有发展潜力的生物制氢方式；另外厌氧暗发酵产氢的速率目前最高，条件要求也最低，生产工艺更容易控制，成本最低，发酵产氢结束后的副产物也可以用作饲料添加剂和微生物肥料等，因此有直接的应用前景。

1.2.4 生物厌氧发酵制氢过程基本参数

能源危机与环境污染是人类社会可持续发展所面临的两大威胁，在解决这两大关键问题的措施中，能耗低并且不造成二次污染的生物方法得到普遍的应用和重视。氢能是一种理想的清洁可再生能源，因其燃烧性能好并且燃烧副产物是水，不造成任何环境污染而备受关注。生物发酵制氢是利用某些微生物新陈代谢过程中的产氢代谢来制备氢能的一项生物工程技术，尤其是混合菌厌氧发酵生物制氢技术自20世纪90年代以来已成为极具吸引力的热点研究课题之一。目前，混合菌厌氧发酵生物制氢技术的研究主要集中在过程参数优化和优势产氢菌株性能提高两方面，前者主要通过物理或者化学调节改善生物制氢效果，而后者则主要通过微生物方法培养出高效菌株。

微生物厌氧发酵制氢是一个复杂的生化过程，对其重要工艺参数的调节控制是维持生物制氢正常进行的主要手段之一。众所周知，微生物生长需要合适的温度、水分和营养。对于复杂的厌氧发酵产氢微生物，还需要适当的 pH 值，同时氧化还原电位（ORP）和发酵末端产物也是衡量微生物厌氧发酵产氢特性的重要指标。

温度能影响所有微生物的生理活性和发酵物质的转化率，是重要的生态因子之一。微生物生长过程是由一系列的生物化学的酶促反应来完成的，不同的酶有不同的酶促反应特性，只有在合适的温度下，特定的酶促反应才会发生。另外，合适的温度还有利于物质在细胞质膜间的流动，促进微生物对营养成分的吸收和代谢产物的分泌。根据微生物生长的最适宜温度的不同，微生物大致可以被分为嗜冷菌、嗜温菌和嗜热菌 3 种，其温度范围分别为小于 20℃、20～45℃和大于 45℃。文献报道的产氢微生物最佳产氢温度一般在 36～37℃之间，也有个别报道称利用混合发酵细菌产氢的最佳温度是 55℃。

营养物质是微生物进行正常的生理代谢所必需的碳源，在厌氧发酵产氢中，产氢微生物主要的营养物质为产氢底物。底物的种类和浓度对厌氧发酵产氢起着很重要的作用，因为不同的微生物对不同底物的适应性不同，所以底物的种类在一定程度上决定了产氢微生物的种类，即通常所说的种间生存竞争，而底物的浓度又导致同种微生物之间的种内生存竞争。一般来说，碳水化合物是能够被厌氧发酵细菌利用的最好底物。在碳水化合物中，葡萄糖和蔗糖是最好的厌氧发酵产氢底物，其次如糖蜜、果糖、木糖、乳糖、阿拉伯糖和纤维糖也能很好地被产氢细菌利用，淀粉也是很好的产氢底物，而蛋白质和脂肪则很难被产氢细菌利用。随着厌氧发酵产氢技术的发展，产氢底物也从纯物质向复杂有机物转变，如制糖废水、酒厂废水、生活垃圾以及农作物废弃物等，在利用这些底物产氢的同时也处理了生产生活中的废弃物，起到了经济环保的双重作用。然而由于这些复杂有机物难降解，对它们的预处理成为提高生物产氢效率的一个研究重点。例如，Fan等用酸处理啤酒厂废渣以提高其厌氧发酵产氢效率，当用浓度为 1%的盐酸处理，在底物浓度为 20g/L 以及系统初始 pH 值为 7.0 时得到最大产氢量 68.6mL/g-TVS，此数值是未处理废渣产氢量的 10 倍，并且体系中的氢浓度大于 45.0%；Fan 和 Xing等用购买的微生物添加剂降解新鲜玉米秸秆，发现当添加剂用量为 7.5g/kg 时，在 25℃的室温下厌氧固态发酵 15 天后新鲜玉米秸秆的糖化率最高，用预处理的新鲜秸秆在大反应器中产氢，在操作系统 pH 值为 5.5、温度为 36℃以及底物浓度为 15g/L 时得到最大产氢量 176 mL/g-TVS 以及最大产氢速率 18mL/（g-TVS·h），系统中氢浓度维持在 44.3%～57.2%（V/V）；赵攀等用糊化+液化+糖化耦合的方式预处理陈旧玉米，在 5L 的放大实验中，当系统操作 pH 值维持在 5.0～5.5 时，得到生物厌氧发酵最大产氢量 262.17mL/g，最大产氢速率 39.06mL/（g·h），比未经处理的陈旧玉米产氢量提高了 31.6%；Panagiotopoulos 等考察大麦杆、玉米秸秆、大麦粒、玉米粒和甜菜渣这 5 种天然生物质的厌氧发酵产氢能力，发现经过弱酸处理的大麦杆、大麦粒、玉米粒和甜菜渣有显著的生物产氢能力，而经弱酸处理的玉米秸秆产氢能力不高，研究发现玉米秸秆经较强的酸的水解处理后其产氢能力明显提高，经过酸处理并且加生物酶处理后每 100g 生物质中还原糖的含量分别为：大麦杆 27g、玉米秸秆 37g、大麦粒 56g、玉米粒 74g 和甜菜渣 45g。

　　pH 值作为环境因素对微生物的活性有至关重要的作用，是影响微生物生长和繁殖的一个重要因素。微生物在生长过程中发生一系列生化反应的酶促反应需要一个合适的 pH 值范围：首先，微生物生长溶液中的酸碱度直接影响反应活性酶活性中心的存在形式，改变酶分子和底物分子的电荷状态，进而影响酶与底物的结合；其次，不合适的 pH 值会影响酶的稳定性，甚至使酶遭到不可逆的破坏，导致其失活不能使酶促反应正常进行；再次，pH 值还会通过影响膜结构的稳定性、细胞质膜的渗透性和营养物质的电离性或溶解性来影响营养成分的吸收和代谢，从而影响微生物的生长速度；最后，pH 值还会影响细菌生长溶液的氧化还原电位和发酵细菌的代谢产物，因此控制合适的 pH 值范围对生物制氢的稳定、高效有重要作用。厌氧发酵产氢微生物生长的最适合的 pH 值范围随菌群类型的不同、处理方式的差别以及底物的变化波动也较大。例如，Lay 等以可溶性淀粉为底物，用经过驯化培养的热处理消化污泥作为产氢细菌，在反应 pH 值为 5.7 时得到最大产氢速率，当时得到的液相发酵产物以丁酸、乙酸为主，而当 pH 值低于 4.3 或高于 6.1 时，有大量的醇产生，反应受到抑制；Fang 等用从当地市政污水处理厂得到的厌氧消化污泥作为产氢菌源，经过加热处理后从蒸烘过的大米中厌氧发酵产氢，得到的最佳产氢 pH 值为 4.5，发酵末端产物中丁酸含量最高；Khanal 等以蔗糖和淀粉作为底物，将从当地垃圾堆肥中采集的产氢菌源进行烤箱烘烤后作为产氢微生物厌氧发酵产氢，得出最佳产氢 pH 值范围为 5.5~5.7，此时发酵末端产物中乙酸含量较多；任南琪等在以经过驯化的活性污泥作为厌氧发酵产氢微生物和糖蜜废水作为底物的研究中发现在 pH 值在 4.3~4.6 之间时，厌氧发酵产氢量最高，此时末端发酵产物主要为乙醇，当 pH 值在 4.6~4.9 之间时，产氢量最低，此时末端发酵产物主要为乙酸，当 pH 值在 4.9~5.1 之间时，产氢量与乙醇型发酵相当，此时末端发酵产物主要为丁酸。

厌氧发酵产氢液态末端产物中的挥发性脂肪酸（VFAs）和醇类是考察微生物产氢途径的重要参数。一般发酵细菌产氢途径有 3 种，第 1 种途径的主要液态末端产物是丁酸和乙酸，第 2 种途径的主要液态末端产物是乙醇和乙酸，第 3 种途径的主要液态末端产物是葡萄糖酵解（EMP）过程中产生的 NADH 和 NAD+（它们在保持平衡时也会释放分子氢）。这 3 种途径在微生物厌氧发酵过程中都会出现，但互相之间也存在着竞争关系，根据生物产氢体系环境的变化，其优势液态发酵产物也有差别，这一点在前面一段厌氧发酵制氢过程中 pH 值条件的文献举例中已经得到体现。在大多数的文献报道中，丁酸在发酵液态末端产物中的含量最高，也有个别报道称当液态末端产物中乙醇含量最高时，产氢效果最好，其中Li 等的研究表明发酵产氢体系中的氢分压影响发酵末端产物的类型，只有当氢分压大于 10^4Pa 时，体系中才会形成大量的乙醇，如果氢分压小于 10^4Pa，乙醇将会转变为乙酸。

氧化还原电位（ORP）作为微生物正常生长繁殖不可缺少的环境因子之一，对微生物的生存状态也起着重要作用。一般来说，发酵产氢类的专性厌氧细菌生长的氧化还原电位必须低于-100mV 才能保证其正常的生理代谢和稳定性。一些研究表明，当 ORP 高于-200mV 时，发酵系统为丙酸型优势菌群，不利于产氢；当 ORP 在-200～-350mV 之间时，发酵系统为乙醇型发酵；当 ORP 低于-350mV 时，系统为丁酸型发酵。Cai 等用经过碱处理的污水污泥厌氧发酵产氢，发酵初期 ORP 的范围为-600～-730mV，在产氢稳定期维持在-500mV，文章分析如此低的 ORP 值与其初始发酵 pH 值为偏碱度的 8.0 有关。同时根据发酵类型与发酵 pH 值的关系可以得出 ORP 的大小与产氢 pH 值关系也很密切，因此 ORP 也是衡量厌氧发酵产氢状态的重要指标之一。

1.2.5 生物厌氧发酵制氢中混合菌的预处理

1.2.5.1 常见预处理方法

在利用混合菌厌氧发酵产氢的过程中，虽然混合菌与纯菌相比，具有操作性强和可选择底物范围宽等优势，但是在混合菌中产氢优势菌种［如梭状芽胞杆菌属（Clostridium）和肠细菌（Enterobacter aerogenes）］容易被其他耗氢菌属消耗掉，因此对混合菌采取适当的预处理方法来富集产氢菌种和杀死耗氢菌种是非常必要的，同时对混合菌的预处理在一定程度上也可以提高微生物产氢速率。Lay 等的研究表明厌氧发酵产氢菌属［如梭状芽胞杆菌属（Clostridium）］能在比较苛刻的环境下生存，其生存概率比耗氧微生物高，由此可以通过酸、碱、热等较严厉的条件处理使产氢微生物富集。下面是几种常用的富集混合菌中产氢微生物的方法。

Lay 等认为对混菌厌氧消化污泥进行加热处理是最常用的筛选产氢菌的方法，许多混合菌厌氧发酵产氢研究都采用了加热这个经济、简便、可行性强的预处理方法。在这些研究中，加热温度变化范围从最低 75℃到最高 121℃，加热处理时间从 15min 到 2h，所处理的混合菌取自废水处理厂的厌氧消化污泥、奶牛厂的牛粪堆肥，也有城市下水污泥、土壤和经发酵过的大豆粉。没有文献对加热温度和时间进行综合比较分析从而找出最佳条件的，但是最常见的加热处理条件是在煮沸（即 100℃）状态下保持 15min。然而也有一些文献认为加热处理对厌氧发酵产氢没有积极的作用，Oh 等发现一些同型产乙酸菌（*homoacetogenic bacteria*）在加热条件下同样可以生存，将会消耗氢气生产乙酸，从而导致氢气产量的降低；Lin 等也认为加热预处理对转化牛粪堆肥中纤维素和木糖为氢气的反应不起促进作用，他们用在 55℃下培养 4 天的方法代替加热处理从牛粪堆肥中富集产氢微生物，产氢量得到显著提高，同时他们认为预处理的 pH 值也至关重要。

在处理废水或固体废弃物的甲烷化过程中，pH 值一般控制在 7.0 左右，因为对 pH 值敏感的甲烷菌适宜的生长 pH 值的范围为 6.5～7.8。因此，通过调节混合菌的 pH 值使其处于不适合甲烷菌生存的范围，从而抑制混合菌中甲烷菌的活性，成为厌氧发酵产氢预处理的另一个重要手段。Chen 等发现废水中污泥在 pH 值分别为 3.0 和 10.0 的条件下处理 24h 后发酵产氢能力分别提高了 333 倍和 200 倍；Cai 等将在市政污水处理厂的曝气池取得的污水污、泥先用氢氧化钠调节至 pH 值为 12.0，然后在 25℃下保持 24h 后不添加任何营养物质，在不同初始 pH 值条件下厌氧发酵产氢，在初始 pH 值为 11.0 时得到最大产氢量，实验分析产氢底物主要为废水污泥中的蛋白质，而优势产氢细菌为多形真杆菌（*Eubacterium multiforme*）和多黏菌类芽胞杆菌（*Paenibacillus polymyxa*），末端发酵产物以丁酸为主；Xiao 等用经过碱处理的废水污泥产氢，在不添加任何底物的情况下，当 pH 值为 11.0 时得到最大产氢量 14.4mL/g-TVS，此数值远大于在用酸处理后或者中性条件下的产氢量；Lee 等考察了盐酸、硫酸和硝酸对消化污泥厌氧发酵产氢的影响，发现硝酸和硫酸在预处理浓度分别超过 1.2g/L 和 0.6g/L 时就会严重抑制产氢微生物，而用盐酸处理消化污泥的 pH 值为 2 时的产氢量是未经过酸处理的消化污泥的产氢量的 3.2 倍，此时的产氢菌主要为梭状芽胞杆菌属（*Clostridium*）。

另外，有报道称抑制甲烷菌的方法有红外线照射法、曝气法、化学试剂法以及电处理方法。Ueno 等在 1995 年和 1996 年就报道了用曝气法处理废水池中的污泥混合菌，得出曝气法是有效的抑制耗氢菌的方法；Hu 等指出 0.05% 的氯仿添加量即可以完全抑制颗粒污泥混合菌中的甲烷菌，并与酸处理和热处理的方法进行对比，得出用氯仿处理颗粒污泥是最有效的生物制氢预处理方法，用其处理的颗粒污泥在连续流反应器中发酵制氢接种颗粒污泥的凝聚结构可以保持 15 天，并且在运行 10 天时反应体系中开始形成新颗粒，得到的氢产量为 11.6L/d，水力停留时间（HRT）为 5.3h；Venkata Mohan 等以牛奶厂废水为产氢底物，考察了产氢混合菌种的不同处理方法对厌氧发酵制氢的影响，发现用浓度为 0.2g/L 的 2-溴乙基硫磺酸钠盐处理混合菌 24h 后，其产氢量以及底物的利用率最高，而在 100℃ 下对混合菌加热 1h 得到的氢产量较低，但与未处理混合菌种相比两者产氢速率都明显提高；Roychowdhury 用通电流的预处理方法筛选产氢菌，经过 3.0～4.5V 低压电处理过后，对纤维素类废弃物堆肥和废水污泥进行厌氧发酵，制得氢气，其中没有甲烷产生。

1.2.5.2　超声波在生物方面的应用

超声波是一种频率超过人类听觉范围的纵向声波，其声波频率大于 20000Hz。超声波具有方向性好、穿透能力强、易于获得比较集中的声能、在水中传播距离远等优点，可用于测距、测速、清洗、焊接、碎石以及杀菌消毒等，因而在医学、军事、工业和农业上有很多应用。由于超声波频率很高，因此其功率很大。当超声波在液体中传播时，由于液体微粒剧烈振动，因此液体内部会产生很多小空洞。这些小空洞的迅速胀大和闭合会使液体微粒之间发生猛烈的撞击作用，从而产生几千到上万个大气压的压力。微粒间这种剧烈的相互作用会使液体的温度骤然升高，起到了很好的搅拌作用，从而使两种不相溶的液体（如水和油）发生乳化，并且促进溶质的溶解，起到加速化学反应的作用。这种由超声波作用在液体中所引起的各种效应称为超声波的空化作用。

超声波的空化作用在生物的新陈代谢方面得到了广泛的应用。早在 1997 年，Wood 等就在办公废纸固态发酵糖化生产乙醇的过程中，用超声波提高真菌纤维素酶对办公废纸的降解糖化能力，实验中使用的是周期性的超声波，通过对超声波条件的考察得到办公废纸固态发酵糖化生产乙醇的最佳条件：纤维素酶对底物的添加剂量为 5FPU/g 底物，固态发酵每 240min 使用超声波处理 15min，在发酵制备 96h 时得到的乙醇产量为 36.6g/L，此数值比不使用超声波以及在相同剂量的纤维素酶条件下提高了 20%，是理论最大产量的 70%；Schlafer 在 2000 年报道将低功率超声波应用于生物技术或者作用于废水处理反应器以提高反应器中的微生物活性，通过对超声波处理条件的考察确定在超声波频率为 25kHz 以及对反应器的持续输入功率为 0.3W/L 时能够显著提高微生物活性，并且考察了对乙醇生物发酵生产的影响，发现超声波能使乙醇产量提高 3 倍，在 2002 年又报道在食品工业废水的生物处理过程中使用超声波，通过对超声波强度的考察确定了固定频率为 25kHz 的超声波的最佳功率条件为 1.5W/L，可将工业废水的最大生物降解效率提高超过 100%。近年来，超声波被应用在越来越多的生物学研究中。Zhang 等利用超声波抽取法增加对山羊皮中的凝乳酶素的提取量，实验对超声波强度和时间进行了优化，得到提取的最佳条件：超声波强度为 44W/cm^2，提取时间为 25min，提取液中氯化钠浓度为 16% 以及提取基质与溶液的比例为 1:30，结果在提高凝乳酶素提取量的同时也缩短了提取时间，比传统提取方法更有效；Neczaj 等研究了低能量的超声波方法对垃圾场沥出液的微生物处理效果的作用，考察了超声波时间对耗氧降解处理效率的影响，在频率为 22kHz（相当于能量 180W）以及振幅为 12μm 的超声波条件下，在超声波处理时间为 90s 时得到最佳的沥出液处理效果：沥出液中 COD 的去除率可以达到 90%，氨的去除率超过 70%；Nitayavardhana 等利用超声波方法提升木薯预处理过程中的溶解糖化降解效果，考察了在超声波处理时间为 10~40s 以及超声波功率在高、中、低水平（分别对应为 2W/mL、5W/mL 以及 8W/mL）时对木薯降解能力的影响，结果发现高功率超声波能使木薯的颗粒半径减小 40 倍，使降解产物还原糖的含量提高 180%，还原糖最大产量为 22g/100g 底物，其降解率提高了 323%；Song 等在用生物酶降解工业重污染品皮革废弃物的过程中利用超声波提升其酶解效果，通过考察发现超声波处理的最佳条件：频率为 40kHz 以及功率为 0.64W/cm^2，此时生物酶对固体皮革的降解速率提高了 18%，降解转化率从 57.6% 提高到了 84.1%，经分析得到作用机理是超声波促进了胶原体中螺旋区域结构的崩溃，破坏了胶原体的完整性，从而加快了蛋白酶通过皮肤毛孔的速率；Neis 等认为生物的胞溶作用是生物固体厌氧降解的关键，在细菌细胞进行厌氧消化前，使用高功率的超声波对其进行预处理，在其生物降解过程中可多提取 30%的气体，并且大大减少了处理产物中的污泥量，中试和大规模实验都证实了高能量的超声波可以提高生物质的厌氧和耗氧降解率；Herran 等在土曲霉生长过程中使用超声波，发现在超声波功率大于 957W·m⁻³ 且小于 4783W·m⁻³ 时，土曲霉的生长量显著增加，由此他们认为超声波能够改善丝状真菌的生长形态和代谢；另外，Chen 等利用超声波的空化作用提高魔芋葡甘露聚糖在有机溶剂丁醇中的酶酰化反应，筛选到适合超声波作用的酰化酶为 Novozym 435，在超声波处理能量为 100W 以及水分活度为 0.75 时得到最大酰化反应速率；Zhang 等利用超声波空化作用提高活性污泥的生物活性，研究者将反应器中消化污泥取出且用超声波处埋短暂时间后再置于反应器中，发现经超声波处理过的消化污泥的氧气利用率有所提升，并且高功率的超声波作用比低功率的有效，但是如果超声波功率超过 0.5W/mL，则会对消化污泥起到破坏作用从而降低其生物活性，同时发现低频率的超声波（25kHz）比高频率的超声波（80kHz 和 150kHz）对消化污泥活性的提高更有效，从而指出超声波作用机理不是分离自由基，实验得到的超声波最佳处理条件为超声波频率为 25kHz，功率 0.2W/mL，处理时间为 30s，此时得到消化污泥的氧气利用率提高了 28%，生物质生长速度提高了 12.5%，消化污泥中化学需氧量以及总氮的去除率提高了 5%～6%。

目前关于超声波在生物质厌氧发酵产氢方面的报道较少，并且在所涉及的产氢文献中只是将超声波作为预处理方法的一种，没有将其作为重点进行报道。比如 Espinoza-Escalante 等利用碱处理、热处理和超声波处理 3 种混合方法处理酒厂废液，然后发酵产氢，且利用实验设计得到了 3 个条件的最佳组合模型方程；Guo 等以废水污泥作为厌氧发酵产氢底物，比较了高压、微波与超声波方法对废水污泥的处理效果，结果发现以高压方法处理产氢量最高，但是产氢延迟时间最长，以超声波方法处理产氢延迟时间最短，但是产氢量最低；Xiao 等用酸处理、碱处理、加热处理和超声波处理 4 种方法处理消化污泥，然后用处理过的消化污泥在不添加其他任何物质的情况下厌氧发酵产氢，结果发现这几种处理方法都能提高消化污泥的产氢量，其中碱处理的方法得到的产氢量最高，为 11.68mL/g-TVS。

1.2.6 秸秆类生物质的生物厌氧发酵制氢

1.2.6.1 秸秆类纤维素利用中的关键问题

通过光合作用产生的木质纤维类生物质是地球上最丰富、最廉价的可再生能源。全世界每年产生的木质纤维素类生物质高达 1000 多亿 t，农作物秸秆就是其中的一部分。我国每年的农作物秸秆产量约 7 亿 t，以稻草、玉米秸秆和小麦秸秆为主，主要集中在中部、东北的主要农区以及西南部分省区。目前我国秸秆的常规用途主要包括工业造纸、牲畜饲料和农用生产沼气的燃料，近年来随着环境能源问题的严重化，丰富的农作物秸秆资源开始被用于越来越多的领域，如秸秆制炭技术、秸秆制酒精技术以及秸秆制作建筑用装饰材料，这些应用在节省能源的同时也有利于改善生态环境。但是尽管如此，每年仍有大量废弃的农作物秸秆被焚烧或者丢弃在田间地头，造成了极大的环境污染和资源浪费，因此将这些农作物秸秆用来厌氧发酵产氢是具有环境保护和资源利用双重功效的符合可持续发展战略的措施。

秸秆类木质纤维素类原料主要由纤维素、半纤维素和木质素三大部分构成，其中在秸秆类生物质中一般纤维素占 35%～38%，半纤维素占 24%～25%，木质素占 18%～21%，这三大组分形成植物的细胞壁，对细胞起保护作用。纤维素分子排列很规则且聚集成束，这决定了植物细胞壁的构架，而在这些纤细构架之间充满了半纤维素和木质素分子。植物细胞壁结构相当致密，在纤维素、半纤维素和木质素分子间存在着多种不同的结合力，其中纤维素和半纤维素或木质素分子之间主要依赖氢键结合，而半纤维素和木质素之间除了氢键之外还存在着化学键的结合力。秸秆类木质纤维素的这种紧密结构导致其难降解以及难以被产氢微生物利用，因此如何提高木质纤维素的降解率成为秸秆产氢的另外一个关键问题。

目前常见的秸秆预处理方法有物理法、化学法、物理化学法和生物法 4 种。

（1）纤维素原料预处理的物理法有机械粉碎、高温分解以及超声波和微波处理，这些预处理的共同目的是降低纤维素结晶度和原料粒度，增加底物和微生物的接触表面积。其中机械粉碎是处理纤维素原料的常用方法，在机械粉碎中又包括干法粉碎、湿法粉碎、振荡球磨碾碎和压缩碾磨粉碎。但是用物理法对纤维素原料进行预处理的程度相当有限，缺乏竞争力。

（2）化学法常使用酸、碱、氧化剂以及一些有机溶剂，其中稀酸和碱是木质纤维素预处理中研究较多的。应用较多的酸有硫酸、盐酸和醋酸；碱主要有氢氧化钠、氢氧化钾、氢氧化钙和氨水等；氧化剂主要有双氧水、臭氧和氧气。Fan等用经过盐酸处理的麦秸秆产氢，得到最大产氢量为 68.1mL/g-TVS，最大产氢速率为 10.14mL/（g-TVS·h）；Zhang 等用酸化过的玉米秸秆废弃物产氢，得到最大产氢量为 149.69mL/g-TVS，最大产氢速率为 7.6mL/（g-TVS·h）；Kim 等人用氨水浸泡的方法使玉米秸秆中的木质素含量降低了 70%～85%；Curreli 等人利用氢氧化钠－双氧水两步法处理后并酶解小麦秸秆获得的最大产糖量为 84.5mg/mL。尽管化学法对木质纤维素的降解效果不错，但是因为在其处理过程中不可避免地引入其他离子（如氯离子、硫离子等），对后续反应有毒害作用，并且这些酸碱以及氧化剂对设备腐蚀性较强，处理过程较复杂，因此利用化学预处理将不可避免地增加生物制氢的成本。

（3）物理化学法主要包括汽爆、氨爆以及二氧化碳爆破等，其原理是用 160～260℃水蒸气处理纤维素原料以适当时间（30s～20min），使高压蒸汽渗入纤维素内部后突然减压，蒸汽释放的同时使原料发生爆破，该预处理可使纤维结构发生机械断裂，同时高温高压也能破坏木质纤维素内部的氢键，导致其有序结构发生混乱，从而促进半纤维素的水解以及木质素的转化。氨爆就是先把原料用氨水浸泡后再进行蒸汽爆破处理，二氧化碳爆破就是在汽爆过程中加入二氧化碳，这些方法都是为了能更显著地提高半纤维素的水解程度，抑制汽爆过程中有害物质的产生。Datar 等用汽爆方法处理玉米秸秆后厌氧发酵产氢，得出在汽爆预处理过程中加酸和不加酸的氢气产量分别为 3.0mol 和 2.84mol，为理论最大产量 4mol 的71%～75%。但是汽爆方法对设备要求高且能耗大，在高温条件下部分木糖会进一步降解生成糠醛等有害物质。氨爆可以避免有害物质的产生，但同时提高了处理成本，二氧化碳爆破预处理效果比较差。

（4）生物法有两种，一种是通过采用白腐真菌或者木质素降解酶等对纤维素原料进行预处理以降解纤维素原料中的木质素，从而提高纤维素原料的酶解效率；另一种是直接利用生物酶将纤维素原料中的纤维素、半纤维素降解并转化为菌体蛋白的方法，又称为纤维素的酶法水解。生物法预处理虽然时间比较长，但是条件温和、能耗低且无污染，逐渐成为大家研究的热点。比如 Fan 等利用一种生物复合酶添加剂在适当条件下处理新鲜玉米秸秆使其糖化水解，得到的最大产氢量为 176mL/g-VTS。另外，纤维素的生物酶法水解在生产纤维素酒精工业中已经被广泛应用，如丹麦诺维信（Novozymes）公司曾宣布其纤维素酶生产成本已经减少到原来的 1/12，即生产 1gal 燃料级酒精所需要纤维素酶的成本已从最初的超过5 美元大幅降低到 50 美分，极大地推进了燃料酒精的商业化进程。

1.2.6.2　秸秆类纤维素的酶水解

为了达到较好的预处理效果，纤维素原料在预处理时所用的预处理方法不是单一的，一般都是上述预处理方法两种或两种以上的联合。比如一般都是在机械粉碎后再使用汽爆处理，或酸碱处理，或生物法处理。从上述所列预处理方法可以看出，纤维素的生物酶处理方法以其经济环保的优势得到了普遍的关注，这便凸显出纤维素酶的重要地位。

纤维素酶是能够降解纤维素生物质中 β-1，4-糖苷键从而生成葡萄糖的一类酶的总称。根据纤维素酶系中各个酶功能的差异，可将其分为三大类。

1. 内切型 β-葡聚糖酶（EC3.2.1.4）

内切型 β-葡聚糖酶也称 EG、Cx 酶或 CMC 酶，主要作用于纤维素内部的非结晶区，能随机水解 β-1，4-糖苷键，将长链纤维素分子截成短链，并产生大量含非还原性末端的小分子纤维素。

2. 外切型 β-葡聚糖酶（EC3.2.1.91）

外切型 β-葡聚糖酶又称 C_1 酶、CBH 或纤维二糖水解酶，作用于纤维素线状分子末端，在水解 1，4-β-D 糖苷键时都切下一个纤维二糖分子。

3. β-葡聚糖苷酶（EC3.2.1.21）

β-葡聚糖苷酶又称 CB 或纤维二糖酶，其作用是将纤维二塘和寡糖水解为葡萄糖。

除了这 3 种酶外，可能参与纤维素降解过程的酶还有纤维二糖脱氢酶、纤维二糖醌氧化还原酶、纤维素酶小体和磷酸化酶等。

关于纤维素酶催化纤维素的具体机制至今仍未完全确定，尽管普遍认为在将纤维素水解为葡萄糖的过程中必须依靠纤维素酶各组分的协同作用才能完成，但是对各组分的具体作用机理，尤其是 Cx 酶和 C_1 酶的作用方式，有多种不同的看法，目前比较公认的有两种观点。一种观点认为在协同降解过程中，首先，由内切型葡聚糖酶在纤维素的非结晶部位进行切割以产生新的末端；然后，再由外切型葡聚糖酶以纤维二糖为单位对末端进行水解；最后，由纤维二糖酶把纤维二糖水解成葡萄糖。另外一种观点认为，首先，由外切型葡聚糖酶水解纤维素使之生成可溶性的纤维糊精和纤维二糖；然后，由内切型葡聚糖酶作用于纤维糊精生成纤维二糖；最后，再由纤维二糖酶将纤维二糖分解成葡萄糖。总之，纤维素酶的作用特征就是深入纤维素分子界面之间，从而使纤维素物质的孔壁、腔壁以及微裂隙壁的压力增大，进而使纤维素分子之间的氢键被破坏，产生可溶性的纤维微结晶，然后得到进一步的降解。

在纤维素酶作用于纤维素的过程中，除了纤维素的底物结构特征和纤维素酶的性质对纤维素的降解程度有主要影响外，温度和 pH 值也是影响纤维素酶解效果的重要因素，因为纤维素酶也是一种微生物，微生物的生长和新陈代谢需要合适的温度和 pH 值，一般认为纤维素酶作用的最适 pH 值范围为 4.5～5.5，最适温度范围是 40～60℃。同时也有一些研究者通过在纤维素酶解前对底物进行预处理来提高纤维素酶对底物的作用效果，比如 Lloyd 等通过稀硫酸处理和纤维素酶解处理联合的方式提高玉米秸秆废弃物降解过程中的糖含量，在不同浓度的稀硫酸以及不同的处理温度下，底物中释放了占总糖量 15% 的还原糖，当继续用适当的酶解方法处理后，释放的总还原糖量占底物总糖量的 92.5%，说明联合处理的方法能极大地提高生物酶的作用效果；Zhao 等用氢氧化钠-过乙酸（PAA）预处理方法提高酶对甘蔗渣的降解能力，即用 10% 的氢氧化钠以固液比为 1:3 的比例，在 90℃下处理 1.5h，然后用 10% 的过乙酸以同样比例在 75℃下处理 2.5h，最后在纤维素酶剂量为 15FPU/g 的条件下生物酶解 120h 后得到甘蔗渣中还原糖的降解量高达 92.04%。另外，对所制备纤维素酶的不同提取方法也会影响其对底物的降解能力，Kovacs 等用木霉菌株 *Trichoderma reesei* 和 *Trichoderma atroviride* 制备纤维素酶，并对比了经过提取的发酵基质上清液以及不经过提取的固态发酵基质对蒸汽爆破处理过的云杉（SPS）的水解能力，发现直接用发酵基质能使纤维素酶对底物的降解能力最大提高 200%；Borjesson 等通过在木质纤维素酶解过程中加入聚乙烯（PEG）提高纤维素酶的吸附能力，进而提高其对木质纤维素的水解能力。

1.2.6.3 纤维素酶的制备

天然纤维素酶广泛存在于自然界的生物体内。植物、动物和微生物体内等都能产生纤维素酶，其中以微生物为主。植物中的纤维素酶在植物发育的不同阶段起着水解细胞壁的作用，但是其含量不高，提取困难，不具有实际生产意义。动物中的纤维素酶系与微生物酶系有所不同，因此作为一个新的纤维素酶体系关于它的研究有一定的理论价值。微生物是纤维素酶最主要的来源，据不完全统计，20世纪60年代以来国内外有记录的生产纤维素酶的微生物菌株大概有53个属几千个菌种。不同微生物产生的纤维素酶的组成以及催化特性是有区别的。一般来说，细菌生产的纤维素酶的活力比较低，且大多数不能分泌到细胞外。放线菌能容易地利用半纤维素，但是它们很少能利用纤维素。真菌生产纤维素酶的能力强，一般都能分泌到菌体外面，而且酶的组分适当，酶组分之间的协同作用好，有的真菌甚至能同时产生木聚糖酶和葡聚糖酶等，对降解木质纤维素意义重大。真菌中白绢菌（*Sclerotiumrolfsii*）、白腐真菌（*P.chrysosporium*）、枝顶孢雄属（*Acremonium*）、木霉属（*Trichoderma*）、曲霉属（*Aspergillus*）、青霉属（*Penicillium*）和裂殖菌属（*Schizophyllum*）等种属都能产生纤维素酶，其中木霉属被认为是迄今为止形成和分泌纤维素酶系组分最全面、协同活力最高的一个属，尤其是绿色木霉（*Trichodermaviride*）是公认的较好的纤维素酶生产菌。目前纤维素酶市场中20%的纤维素酶都来自木霉属和曲霉属。

真菌的纤维素酶是一类胞外酶，很容易从培养物的滤液中得到，同时它又属于诱导酶，在诱导物存在时才能够大量产生纤维素酶。纤维素酶只有在存在纤维素类物质的情况下才能产生，一般用来制备纤维素酶的纤维素类物质有羧甲基纤维素钠、纤维二糖和槐糖等，通过这些物质制备的纤维素酶的滤纸酶活性较高，但是这些从天然纤维素中提纯的物质价格昂贵且成本高，不利于纤维素酶的大规模生产制备。近年来一些研究者开始在纤维素的生产培养基中引入各种廉价的天然纤维素物质，如麸皮、秸秆等，因此纤维素酶大都是通过发酵生产工艺制备的。

目前纤维素酶的发酵工艺主要有两种：固体发酵和液体发酵。自然界中绝大部分木质纤维素都是在固体状态下被微生物降解的，而且产酶与酶解过程是同时进行的，所以利用固态发酵进行微生物产酶很具有代表性，并且固态发酵与液态发酵相比，具有设备投资少、单位体积反应密度高、三废排放少、后处理简单、能耗低、管理比较容易且酶提取液浓度可任意调节等优点，特别适用于纤维素酶的发酵以及纤维素的生物利用，因此成为近年来国内外研究较多的一种发酵产酶方法。固态发酵（Solid State Fermentation，SSF）就是指微生物在没有或几乎没有自由水的固态基质上进行生长繁殖的过程。尽管固态基质中自由水含量很少，但是其中必须含有充足的水分，这些水分会以吸附水的形式存在于固态基质中。除了水分外，影响固态发酵的因素还有固态基质即培养基的组分、发酵温度、发酵时间以及固态基质的需氧量等，这些因素对固态发酵生产酶的活性高低有重要作用：由于菌株性质本身的差异使其对各种营养物质的需求不同，因此需发现最适合其生产纤维素酶的培养基营养组分；温度也是影响菌体生长和纤维素酶活的重要因素，在报道的大多数实验中纤维素酶生产的最适宜温度都是28～30℃，个别报道以嗜热菌体制备纤维素酶时的发酵温度较高；同时纤维素酶的生长需要氧气，发酵体系中充分的通气量可以保证充足的氧气供应。因此，这些因素对固态发酵生产纤维素酶影响显著。

纤维素酶产量及酶的比活性低一直是制约纤维素酶大规模应用的重要原因，因而研究者运用各种调控手段来提高纤维素酶活。一些研究通过对制备纤维素酶的菌株的基因改造或变异来提高所生产纤维素酶的活性，比如 Chandra 等利用乙基甲基磺酸盐（EMS）和溴化乙锭（EtBr）对制备纤维素酶的菌株 *Trichoderma citrinoviride* 多次曝光得到变异菌株（对其进行 DNA 测序后发现突变菌株有两处编码发生改变），用其制备的纤维素酶的滤纸酶活、内切葡聚糖酶活、β-葡聚糖酶活以及纤维二糖酶活分别提高了 2.14 倍、2.10 倍、4.09 倍和 1.73 倍；Adsul 等通过乙基甲基磺酸盐（EMS）作用 24h 和紫外照射 3min 对纤维素酶制备菌株 *Penicillium janthinellum* NCIM 1171 进行了突变处理，使制备纤维素酶的滤纸酶活和 CMC 酶活都提高了 2 倍。但是由于纤维素酶制备菌株的突变不稳定以及育种程序复杂等因素，大多数的研究者还是通过对纤维素酶制备过程中环境条件的调控提高纤维素酶的制备活性。比如，Latifian 等以大米麸皮为主要培养基组分，使绿色木霉 *Trichoderma reesei* MCG77 固态发酵制备纤维素酶，通过对固态发酵温度和培养基含水量的考察得到最佳温度 25～30℃以及含水量 55%～70%，此时得到的纤维素滤纸酶活为 2.4U/g；Liu 等用表面活性剂提高用绿色木霉 *Trichoderma viride* 固态发酵制备纤维素酶的活性，发现鼠李糖酯和吐温 80 均能使固态发酵高峰值处的纤维素酶活提高 20%～50%，鼠李糖酯对纤维素酶活的促进作用大于吐温 80，实验得到的最高纤维素酶 CMC 酶活为 27IU/gds；Botella 等以葡萄渣为主要固态发酵培养基组分，从曲霉 *Aspergillus awamori* 中制备纤维素酶，得到最高纤维素酶活为 10IU/gds；Long 等利用曲霉 *Penicillium decumbens* L-06 固态发酵制备纤维素酶，发现在营养基质中甘蔗渣和麦麸重量比为 1:1（W/W），水与固体基质比为 3:1（V/W），培养温度为 30℃，初始 pH 值为 5.0 时得到最大纤维素滤纸酶活为 3.89FPU/g；Kang 等利用黑曲霉 *Aspergillus niger* KK2 从稻草秸秆中制备纤维素酶，在固态发酵条件下得到的最高滤纸酶活为 19.5IU/g；Gao 等在 2008 年报道了利用嗜热嗜酸菌 *Aspergillus terreus* M11 在固态发酵条件下以玉米秸秆为主要营养基质制备纤维素酶，在培养温度为 45℃，pH 值为 3.0，秸秆含水量为 80%以及添加酵母膏作为碳源的情况下得到的纤维素滤纸酶活为每克碳源 243U；赵文慧等用从美国普渡大学（Purdue University）赠送的绿色木霉菌株 *Trichoderme reesei* ATCC 56764，通过搪瓷盘浅盘固态发酵生产纤维素酶，得到最大滤纸酶活为 158IU/g，当用本土黑曲霉固态发酵时得到的滤纸酶活只有 4.4IU/g，由此看出纤维素酶制备菌株的性能对纤维素酶活有决定性的作用；姜绪林等利用绿色木霉通过固态发酵生产纤维素酶，得到的滤纸酶活在 3～4IU/g 之间。

目前将纤维素酶用于纤维素乙醇燃料生产上的研究较多，比如 Biswas 等认为纤维素酶解方法的改善是农作物废弃物能够大规模用于制备纤维素乙醇的关键，通过纤维素酶解预处理后，将以农作物废弃物制备乙醇的转化率提高了 25%；Sukumaran 等报道了利用 *Trichoderma reesei* RUT C30 从农作物饲料中制备纤维素酶，并且将粗酶直接应用于木质纤维素稻草秸秆的糖化然后生产乙醇上，得到每克预处理的稻草秸秆生产乙醇 0.093g；陈明等指出以玉米秸秆制备乙醇的关键技术为纤维素酶的制备，对纤维素酶在处理秸秆产生乙醇的过程中的各项工艺参数进行了考察，得到玉米秸秆的最大酶解率为 87.2%。

1.3 本部分的研究思路和主要内容

综上所述，针对生物质在厌氧发酵生物制氢过程中存在的产氢效率不高以及生物质利用效率低的问题，本部分首先考察了在生物质厌氧发酵过程中有较高产氢量时的基本参数标准，然后研究了超声波对天然混合产氢菌的预处理对厌氧发酵生物制氢效率的影响，最后探究了纤维素酶的制备以及其在秸秆产氢中的应用，以提高秸秆类生物质厌氧发酵生物制氢的经济性。

本部分的主要内容如下所述。

1. 生物质发酵制氢过程的基本参数考察

以牛粪堆肥作为天然产氢菌源，以粉碎的玉米作为底物，考察了底物的生物预处理以及底物浓度和初始pH值两者的交互作用对生物质厌氧发酵制氢的影响；同时也跟踪了在制氢过程中系统 pH 值、氧化还原电位（ORP）和发酵液态末端产物的变化，为生物质厌氧发酵制氢过程提供了基本参数的参考。

2. 超声波处理天然菌源消化污泥对生物发酵制氢的影响

将超声波作用于天然产氢菌源，通过响应面实验设计考察了超声波功率和处理时间对厌氧发酵制氢的影响，并研究了超声波对混合菌制氢的作用机理，确定了超声波处理方法对生物厌氧发酵制氢的积极影响。

3. 纤维素粗酶的制备及其在玉米秸秆发酵生物制氢中的应用

以廉价的农作物废弃物作为固态发酵培养基组分从绿色木霉 *Trichoderma viride* 中制备纤维素粗酶，然后用纤维素粗酶处理厌氧发酵制氢底物——玉米秸秆，并考察了预处理秸秆的厌氧发酵产氢量。

第 2 章 实验部分

2.1 引言

生物质的生物厌氧发酵制氢是一个复杂的生物学过程，实验中涉及多种分析方法。本章是关于在实验研究中所用的分析方法以及实验原料和实验设备的综合介绍。

2.2 实验设备

本研究所涉及的主要实验仪器见表 1-2-1。

表 1-2-1　实验相关仪器设备

仪器设备名称	型号	用途	生产厂家
植物粉碎机	FZ102	生物质粉碎	北京永光明医疗仪器厂
红外线快速干燥器	6Q7OE	菌种处理	上海市吴淞五金厂
紫外可见分光光度计	HP8543	还原糖测量	惠普公司
微电脑型酸度计	6071	测系统 pH 值	上海任氏电子有限公司
微电脑型 pH/mV 测量计	6219	测系统 ORP 值	上海任氏电子有限公司
气浴恒温振荡器	THZ－82B	批式反应	江苏金坛医疗仪器厂
气相色谱仪	GC-4890	气体含量分析	安捷伦公司
高效液相色谱仪	GP40	末端产物分析	Dionex 公司
陶瓷纤维马弗炉	TM06125	生物质成分分析	北京美诚科贸集团
电热恒温干燥箱	9099	生物质成分分析	重庆试验设备厂
台式离心机	TGL-16G	离心	上海安亭科学仪器厂

仪器设备名称	型号	用途	生产厂家
单人单面净化工作台	SW-CJ-1FD	菌种操作	苏州净化设备有限公司
隔水式电热恒温培养箱	PYX-DHS-40×50-BS-Ⅱ	菌种培养	上海跃进医疗器械厂
高压灭菌锅	DSX-280B	培养基灭菌	上海申安医疗器械厂
厌氧手套箱	YQX	菌种操作	上海跃进医疗器械厂

2.3　实验材料

2.3.1　产氢实验材料

2.3.1.1　产氢微生物

产氢菌源牛粪堆肥取自河南省郑州市郊区的奶牛场。为了富集产氢菌以及抑制嗜氢菌的活性，对菌源进行了预处理：将适量的堆肥平铺在一个不锈钢盘中，分摊厚度为 1cm 左右，然后在红外线快速干燥器中烘烤 2h。将烘干的菌源按 1:10 的比例加蒸馏水混合均匀后浸泡 0.5h，静置分层滤出上清液用来产氢。

厌氧消化污泥产氢菌源取自美国 Ames 市的污水处理厂，储存在 4℃ 下备用。在使用前，先将消化污泥用 20 目的筛子过滤，然后将滤液恒温水浴在 90℃ 下保持 15min 以富集产氢微生物和抑制耗氢菌。

2.3.1.2　底物

用于制备纤维素酶的发酵培养基中的营养底物中的玉米秸秆、麦秸秆、玉米麸皮和麦麸皮都取自河南省郑州市郊区农场。使用前，麦秸秆和玉米秸秆被粉碎为 40 目，玉米麸皮和麦麸皮被粉碎为 80 目。

产氢底物中的玉米秸秆使用前被粉碎为 40 目。

2.3.1.3　营养液

为保证厌氧发酵产氢的良好状态，除了营养底物外，在产氢反应器中还添加了适量的营养液，营养液由微生物生长所需的一些无机元素组成，1L 营养液中包含 80g NH_4HCO_3、12.4g KH_2PO_4、0.1g $MgSO_4·7H_2O$、0.01g NaCl、0.01g $Na_2MoO_4·2H_2O$、0.01g $CaCl_2·2H_2O$、0.015g $MnSO_4·7H_2O$ 以及 0.0278g $FeCl_2$。此数据由 Lay 等报道的产氢营养液组分修正而来。

2.3.2　纤维素酶制备实验材料

2.3.2.1　纤维素酶生产菌株

制备纤维素酶的菌株绿色木霉（*Trichoderma viride*，CICC 13001）购自中国工业菌种保藏中心（CICC）。将购到的绿色木霉菌种由真空冷冻干燥管中移至马铃薯－葡萄糖－琼脂培养基（P.D.A）平板或者斜面上，然后在 30℃的恒温培养箱中，待菌体孢子成熟后保存在 4℃下。在菌株保藏过程中，每隔一个月将菌株转接一次以保持其活性，转接培养基使用的是麦芽汁－琼脂培养基。

2.3.2.2　培养基

1. 标准培养基

马铃薯培养基和麦芽汁培养基均根据标准方法配制。

2. 液体种子培养基

液体种子培养基根据 Mandels 培养基组分修正而来：

Mandels 营养盐浓缩液（g/L）：硫酸铵 14，磷酸二氢钾 20，二水合氯化钙 4，尿素（脲）3，七水合硫酸镁 0.2。

Mandels 微量元素浓缩液（g/L）：七水合硫酸亚铁 5，一水合硫酸锰 1.6，七水合硫酸锌 1.4，六水合二氯化钴 3.7。

1M 柠檬酸缓冲液（g/L）：柠檬酸（$C_6H_8O_7·H_2O$）210，氢氧化钠 78。

将 50mL Mandels 营养液、0.5mL Mandels 微量元素浓缩液、25mL 1M 柠檬酸缓冲液、5g 葡萄糖、0.5g 秸秆、425mL 水混匀后于 121℃下灭菌 20min。

3. 固态发酵培养基

将玉米秸秆、麦秸秆、玉米麸皮、麦麸皮以及化学纯试剂硫酸铵、磷酸二氢钾、硫酸镁和水以一定的比例混合，搅拌均匀后在 121℃的高压灭菌锅中灭菌 30min 后备用。

2.4 实验方法

2.4.1 产氢实验方法

在 250mL 的血清瓶中装入 150mL 含有产氢底物、产氢菌液以及营养液的反应混合溶液，然后根据实验需要分别用稀酸或碱调节反应液至一定的 pH 值。用硅胶橡皮塞密封瓶口后，通入氮气使反应系统为厌氧环境。最后将血清瓶置于气浴恒温振荡器内，于振荡器内在温度为(36±1)℃和转速为 90r/min 的条件下培养。每隔一定时间测定厌氧发酵产气量及其他相关指标。每个实验条件都重复 3 次以减少实验误差。

2.4.2 纤维素酶的制备步骤

纤维素酶的制备分两个步骤：产纤维素酶菌株种子液的液态预培养和纤维素酶的固态发酵制备。在进行接种预培养时，从琼脂培养基上取一环绿色木霉或康氏木霉孢子放入装有 100mL 种子培养基的三角瓶中，在 30℃和 120r/min 的恒温振荡器中培养两天。然后将培养好的种子液在无菌条件下转接入装有适量固态发酵培养基的三角瓶中，搅拌均匀，在电热水循环恒温培养箱中培养。在培养过程中每隔一段时间从三角瓶中取出定量发酵样品进行纤维素酶活的检测。

2.4.3 纤维素粗酶对底物的预处理

将粉碎过筛的干玉米秸秆与制备的纤维素粗酶以不同的比例均匀混合后装入血清瓶中密封并使其处于无氧条件下，然后在 40℃下发酵 3 天，经发酵预处理后的玉米秸秆被用作厌氧发酵制氢的底物。

2.5 分析方法

2.5.1 常见项目的分析方法

本实验常见的主要分析项目的分析方法见表 1-2-2。

表 1-2-2　常见项目的分析方法

分析项目	测定方法
TVS	重量法
VSS	重量法
还原糖	蒽酮硫酸法
淀粉	蒽酮硫酸法
COD	重铬酸钾滴定法
碳水化合物	3，5-二硝基水杨酸比色法
pH 值	玻璃电极法
ORP	玻璃电极法
纤维素酶活	DNS 比色法
纤维素、半纤维素、木质素	Van Scoest 方法

2.5.2　样品中还原糖和淀粉的提取

取处理过的样品 0.2g 放入研钵中，加入 5mL 蒸馏水研磨至均匀，加 5mL 蒸馏水将均匀物全部转移至离心管中，在 3000r/min 的速率下离心 5min。将上清液置于 50mL 容量瓶中，再向盛有沉淀的离心管加 5mL 蒸馏水并搅拌沉淀物，然后离心（此操作重复两次），合并离心液，加水稀释到刻度，此溶液用于糖的测定。

用 10mL 浓度为 3mol/L 的盐酸溶液将离心管中的沉淀物全部转移至 50mL 的容量瓶中，盖上玻璃塞，放在沸水浴中加热 60min，取出后冷却至室温，用浓度为 3mol/L 的氢氧化钠溶液中和，加蒸馏水定容至 50mL，静置。取 5mL 上清液，加蒸馏水稀释至 50mL，混匀，此溶液用于淀粉的测定。

2.5.3　纤维素酶活的测定

将固态发酵不同时间取得的酶曲用 10 倍的无菌水稀释，摇匀后在 40℃的恒温水浴箱中浸提 1h，中间要不时摇动使纤维素酶蛋白充分释放到液体中。然后在离心机上以 3000r/min 的速率离心 3min，取上清液按国际通用标准方法测纤维素酶活[6]。

纤维素酶活中滤纸酶活单位定义：每分钟生成 1μmol 葡萄糖的酶量，单位为 IU，是按照国际理论和应用化学协会（IUPAC）推荐的标准方法测定得到的国际单位。

$$滤纸酶活公式　(IU/g) = m' \times 5.56 \times \frac{1}{0.5} \times n \times \frac{1}{m} \times \frac{1}{60} \tag{1-2-1}$$

式中　m'——由标准曲线上查得的葡萄糖质量，mg；

　　　n——酶液稀释倍数；

　　　5.56——1mg 葡萄糖的物质的量，μmol；

　　　0.5——反应液中酶液的加入量，mL；

　　　m——称取酶制剂的质量。

$$CMC 酶活公式　A \times 5.56 \times \frac{1}{0.5} \times n \times \frac{60}{30} \times \frac{1}{m} \times \frac{1}{60} \tag{1-2-2}$$

式中　A——由标准曲线上查得的葡萄糖质量，mg；

　　　n——酶液稀释倍数；

　　　5.56——1mg 葡萄糖的物质的量，μmol；

　　　0.5——反应液中酶液的加入量，mL；

　　　m——称取酶制剂的质量。

2.5.4　纤维素、半纤维素、木质素含量的测定

利用 Van Soest 方法测定样品中的纤维素、半纤维素以及木质素的含量。测定方法如图 1-2-2 所示。

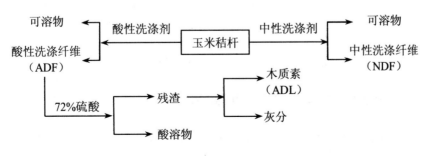

图 1-2-2　纤维素含量测定示意图

图 1-2-2 中，半纤维素=NDF-ADF，纤维素=ADF-ADL，木质素=ADL，所得数据都折合为每 g-TVS 的百分含量。

2.5.5 氢气产量的测定

2.5.5.1 气体组分分析方法

氢气含量采用外标法测定，所用仪器为安捷伦 4890（GC，Agilent 4890）气相色谱仪。其检测器为热导检测器（TCD），色谱柱为 Porapark Q（80/100Mesh）6ft 长的不锈钢填充柱，载气为氮气，流速为 20mL/min。工作时汽化室温度为 100℃，柱温为 80℃，检测室温度为 150℃，进样量为 0.4mL。

2.5.5.2 累积氢产量的计算

每隔一定时间要用排气法测定实验发酵瓶内产生的气体体积 V_i，每次产生氢气的体积是这次所得气体体积乘以这次氢气组分的含量再加上发酵瓶上空的体积乘以这次氢气组分含量比上一次增加的量，用公式表示为

$$V_{H,i} = V_{T,i}\eta_i + V_0(\eta_i - \eta_{i-1}) \quad (i \geqslant 1) \tag{1-2-3}$$

式中　$V_{H,i}$——第 i 次的氢气产量，mL；

　　　$V_{T,i}$——第 i 次从反应器中排出的气体总量，mL；

　　　V_0——反应器液面上空的体积，mL；

　　　η_i——第 i 次排出的气体中氢气的含量。

单位累积氢产量为每次氢气产量相加然后除以反应底物中挥发性总固体的量，用公式表示为

$$H = \Sigma V_{H,i} / M_{\text{TVS}} \quad (i \geqslant 1) \tag{1-2-4}$$

式中　H——单位累积氢产量，mL H_2/g-TVS；

　　　$V_{H,i}$——第 i 次的氢气产量，mL；

　　　M_{TVS}——反应底物的挥发性固体量，g-TVS。

2.5.6 挥发性脂肪酸（VFAs）和醇的测定

第 3 章中液相发酵副产物中挥发性脂肪酸及醇含量用安捷伦 4890（Aglient 4890）气相色谱仪测定。其检测器为氢火焰离子化检测器（FID）。色谱柱为 8ft

长的 10% PEG-20 目+2% H_3PO_4 硅烷化 102 担体（80/100 目）的不锈钢柱。载气为氮气，流速为 20mL/min。氢气流速为 30mL/min，空气流速为 300mL/min。工作时色谱柱采用程序升温：初始温度为 130℃，在这个温度下保持 3.5min，然后以 60℃/min 的速度升温，直至升到 175℃后保持 9min。工作时汽化室温度为 220℃，检测室温度为 250℃。进样量为 1μL。

第 4 章中挥发性脂肪酸（VFAs）和醇的含量采用 Dinoex 生产的 GP40 型高效液相色谱仪测定。其吸收检测器为 Dionex 生产的 AD20 型吸光度检测器。柱子为 Varian 生产的 300mm×7.8mm Metacarb 67H，用浓度为 0.05moL/L 的硫酸作为流动相。仪器可以自动进样，每个样品的设定工作时间为 73min，样品流速为 0.7mL/min。

2.5.7　产氢动力学模型

动力学模型是控制、分析、设计和验证生产系统的重要模型。一级动力学模型、Monod 模型、修正的 Monod 模型以及 Contois 模型等都曾经被用于厌氧酸化发酵生产过程[8-11]。最终 Lay 等将修正过的 Gompertz 方程成功用于混合微生物厌氧发酵产氢系统中，得到了氢能研究者的认可和广泛应用。该方程根据具体实验数据，即厌氧发酵时间与产氢量的关系可以拟合得出反应系统厌氧发酵产氢的延迟时间、反应系统的产氢潜能以及产氢速率，其方程式如下：

$$H = P \exp\left\{ -\exp\left[\frac{R \cdot e}{P}(\lambda - t) + 1 \right] \right\} \tag{1-2-5}$$

式中　H——单位累积氢产量，mL/g-TVS；

　　　λ——产氢系统的反应延迟时间，h；

　　　P——产氢潜能，mL H_2；

　　　R——产氢速率，mL/（g-TVS·h）；

　　　e——2.718281828。

在第 3 章和第 5 章中，使用 Excel 2003 中的规划求解对数据进行分析计算处理，运用牛顿运算法则，经多次迭代，使具体实验值和经方程式预测的数据值之间的误差平方和趋于最小，相关性因子 R^2 趋于 1.0。在本研究中，产氢潜能（P）

和产氢速率分别被定义为 mL/g-TVS 和 mL/（g-TVS·h）。

在第 4 章中，模型方程中产氢潜能 P、产氢速率 r 以及产氢延迟时间 λ 的计算使用的是软件 SigmaPlot（version 10，SPSS）中根据牛顿运算法则编辑的计算功能。

2.6 小结

本章介绍了在生物质厌氧发酵产氢过程中所用的主要制备、测量仪器以及研究中涉及的各种分析项目的分析方法。

第 3 章　生物质发酵制氢过程基本参数考察

3.1　引言

生物厌氧发酵制氢是一个复杂的生态学过程，受很多生态因子的影响，如底物种类、底物浓度、pH 值和温度等。不同产氢菌种对环境条件的要求也不一样，为了得到较高的氢产量，需要对厌氧发酵制氢过程中的各项生态因子进行调控。另外，响应面设计实验作为优化实验条件的一个科学有效的数学统计方法，为优化生物厌氧发酵制氢系统的主要生态因子提供了便利可靠的工具，在微生物发酵方面已经有了广泛的应用，近年来在生物制氢领域也逐渐引起研究者的重视。

本章以玉米作为生物质的代表，从牛粪堆肥中厌氧发酵制备氢气，考察了在较高氢产量下的重要环境条件，如底物的预处理、底物浓度和产氢初始 pH 值，以及环境因素之间的相互作用对厌氧发酵制氢的影响，同时也跟踪了在厌氧发酵制氢过程中一些重要环境指标（如系统 pH 值、ORP 值和主要发酵液态末端产物含量）的变化，得到了系统最佳参数，为生物质厌氧发酵制氢过程提供了基本生态因子参考。

3.2　底物的预处理对厌氧发酵制氢的影响

3.2.1　底物预处理时间对氢产量的影响

本书在进行实验室研究之前，已经考察了从牛粪堆肥中富集的产氢菌群以麦麸、啤酒糟、麦秸秆和玉米秸秆为底物时得到的最大产氢量分别为 50.6mL/g-TVS、6.8mL/g-TVS、0.5mL/g-TVS 和 3.16mL/g-TVS。从这几种底物的产氢量可以看出产氢菌群对不同底物有不同的消化能力。本章以从河南省郑州市郊区获取的玉米作为产氢底物，考察其利用牛粪堆肥天然菌源的产氢潜能。

为了考察制氢过程中底物的糖化预处理效率对氢产量的影响，在发酵制氢前，先将玉米粉碎成 40 目，然后将粉碎玉米、固体生物添加剂和水按 167:77:1 的质量比混合均匀后密封在血清瓶中，在 45℃下发酵预处理，取不同处理时间的发酵物作为产氢底物以考察其厌氧发酵制氢量。这里所用固体生物添加剂包含的成分有蛋白酶、淀粉酶、果胶酶和木聚糖酶等，此添加剂购自 Gaojiawang 公司。由于玉米中 73%的成分为淀粉，而淀粉为多聚糖，不容易被微生物利用，因此此处理也可以说是把淀粉水解为易被微生物所利用的单糖的过程。淀粉的水解是一个多步骤的过程，基本途径：淀粉先转化为糊精，然后糊精再转化为多糖，最后多糖水解为葡萄糖和麦芽糖等单糖。

表 1-3-1 列出了玉米在不同预处理时间的还原糖含量、淀粉含量以及糖化效率（DE）的变化。图 1-3-1 表示玉米在不同预处理时间的糖化效率（DE）及其相对应的最大氢产量。

表 1-3-1 在不同预处理阶段玉米中还原糖含量、淀粉含量以及糖化效率的变化

预处理时间/h	0	45	60	105
还原糖含量变化/%	6.1 ± 0.9	41.4 ± 2.5	51.2 ± 3.6	46.4 ± 2.8
淀粉含量变化/%	70.5 ± 3.4	50.1 ± 2.9	32.4 ± 2.8	28.8 ± 3.3
糖化效率（DE）变化/%	8.1 ± 4.0	45.5 ± 2.5	61.1 ± 3.9	61.4 ± 2.7

从表 1-3-1 可以发现在预处理时间从 0 到 60h 时，玉米中还原糖的含量以及玉米糖化效率都随着时间的延长而增加，淀粉含量一直在减少。而预处理时间从60h 到 105h 时，尽管淀粉含量依然在减少，还原糖的含量却略有降低，而糖化效率基本不变。这个结果显示了在玉米预处理时间为 60h 时有最大厌氧发酵氢产量的原因。同时从陈旧玉米预处理过程中的物理变化发现，在预处理 45h 时底物有甜味，预处理 60h 时甜味加重，同时有微酸味，而在处理 105h 后，底物的酸味加重，甜味微弱。由此可判断在预处理 105h 时，因处理时间过长而导致还原糖部分酸化，不利于厌氧发酵制氢的进行。

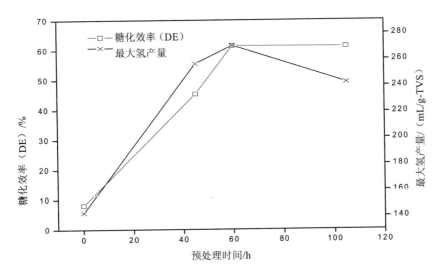

图 1-3-1 玉米在不同预处理时间的糖化效率及相对应的最大氢产量

从图 1-3-1 可以看出，未经糖化预处理的玉米，其含糖量为 8.1%，此时相对应的最大氢产量为 142.8mL/g-TVS；随着预处理时间从 45h 增加到 60h，玉米糖化率由 45.3%提高到 61.1%，同时最大氢产量也由 256.6mL/g-TVS 增加到 270.5mL/g-TVS；随着预处理时间继续增加到 105h，糖化率几乎没有变化（61.4%），而最大氢产量却减少为 242.4mL/g-TVS。此变化曲线说明所用固体生物添加剂对玉米进行糖化预处理的最佳时间为 60h，此时产氢菌群对底物的利用达到最佳状态，如果预处理时间过长，在糖化率没有显著增长的情况下最大氢产量却明显减少。

3.2.2 底物预处理时间导致厌氧发酵最佳初始 pH 值的变化

图 1-3-2 描述的是底物玉米在不同预处理时间的累积氢产量随初始 pH 值的变化曲线。由图 1-3-2 可以看出，初始 pH 值对厌氧发酵制氢影响显著，厌氧发酵氢产量随初始 pH 值的不同而变化，在玉米不同预处理时间的最大累积氢产量处的初始 pH 值也不同。

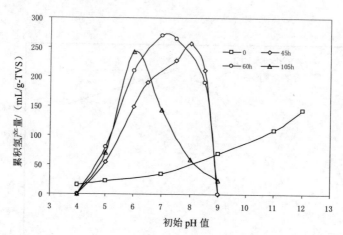

图 1-3-2　底物玉米在不同预处理时间的累积氢产量随初始 pH 值的变化曲线

图 1-3-2 中未处理玉米的累积氢产量在初始 pH 值为 4.0～12.0 的测试范围内都随初始 pH 值的增长而增加，在初始 pH 值为 12.0 时达到最大累积氢产量 142.8mL/g-TVS；经糖化预处理 45h 的底物在初始 pH 值为 4.0～8.0 的测试范围内累积氢产量随初始 pH 值的升高而升高，在初始 pH 值为 8.0 时达到最大累积氢产量 256.6mL/g-TVS，当初始 pH 值继续上升为 8.5 时，累积氢产量下降为 211mL/g-TVS；糖化预处理时间为 60h 的底物在初始 pH 值为 4.0～7.0 的测试范围累积氢产量随初始 pH 值的升高而升高，在初始 pH 值为 7.0 时达到最大累积氢产量 270.5mL/g-TVS，当初始 pH 值继续增加到 8.5 时，累积氢产量只有 190.3 mL/g TVS；而糖化预处理时间为 105h 的底物在初始 pH 值为 4.0～6.0 的测试范围内累积氢产量随初始 pH 值的升高而升高，在初始 pH 值为 6.0 时达到最大累积氢产量 242.4mL/g-TVS，随初始 pH 值继续升高为 9.0，累积氢产量剧减为 23.2mL/g-TVS。在底物不同糖化处理阶段其最佳初始 pH 值不断变化的情况说明：底物和初始 pH 值对厌氧发酵制氢都有重要影响。底物的糖化率越高，厌氧发酵最佳氢产量处的初始 pH 值越小。实验得到的最大累积氢产量是在底物糖化预处理时间为 60h，初始 pH 值为 7.0 处，此时累积氢产量达到 270.5mL/g-TVS。底物预处理时间的不同导致其组分的不同，进而引起生物发酵制氢系统最佳初始 pH 值的变化。由此可得出，底物的预处理时间和初始 pH 值都对厌氧发酵制氢有重要影响，并且两者之间也相互作用，彼此制约。

3.3 底物浓度和初始 pH 值对厌氧发酵制氢的影响

本节通过响应面实验方法中的中心组合设计实验考察了在玉米最佳预处理时间的浓度和反应系统初始 pH 值对生物厌氧发酵制氢的影响。

3.3.1 响应面实验设计

在对实验进行初步考察后知，中心点组合设计实验被设定为两因素五水平的组合实验，加上中心点两次重复，用来估算实验偏差的两组，这个实验设计共有 10 组。其中被选定的考察因素——底物浓度和反应体系初始 pH 值在实验设计中的 5 个水平代码为-2、-1、0、1、2，相对应的具体数值分别为底物浓度（g/L）（10、15、20、25、30）以及 pH 值（5.5、6.0、6.5、7.0、7.5）。具体实验设计的表格及实验结果见表 1-3-2。其中变量对相应结果的影响可以用下面的二次方程式表示：

$$Y = \beta_0 + \Sigma\beta_i X_i + \Sigma\beta_{ij} X_i X_j + \Sigma\beta_{ii} X_i^2 \tag{1-3-1}$$

式中　Y——响应结果；

　　　　β_0——一个常数；

　　　　β_i——线性系数；

　　　　β_{ii}——平方项系数；

　　　　β_{ij}——变量交叉系数；

　　　　X_i、X_j——变量。

3.3.2 实验结果分析

本实验考察了在不同底物浓度和初始 pH 值条件下累积氢产量随厌氧发酵时间的变化，并将实验数据与产氢动力学模型进行拟合，得到了高度相关性的产氢曲线，如图 1-3-3 所示。表 1-3-2 是实验数据和拟合数据的数值变化。

从表 1-3-2 和图 1-3-3 可以看出，在所选定的底物浓度的范围 10～30g/L 以及初始 pH 值变化范围 5.5～7.5 内，根据修正的产氢动力学方程（gompertz equation）

得到的关于底物浓度和初始 pH 值对产氢潜能（P_s）的影响曲线与实验得到的底物浓度和初始 pH 值对累积氢产量的影响数值吻合得很好，所有实验中的相关性系数 R^2 都大于 0.996，说明实验结果在统计学上可信。从实验数据可以看出，尽管累积氢产量数值在不同的因素条件下差别较大，但是其产氢趋势相似，即在 0～20h 之间产氢量很少，20h 以后产氢量陡增，到 60h 时增量缓慢，趋于平稳。因此，累积氢产量的差别来自高效厌氧发酵制氢阶段产氢菌群对不同底物浓度和 pH 值的适应性程度不同。

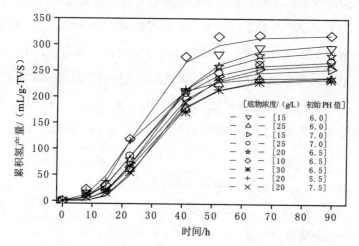

图 1-3-3   实验中实际和拟合累积氢产量随厌氧发酵时间的变化曲线

表 1-3-2   实验中实际和拟合累积氢产量随厌氧发酵时间的数值变化

[S I][a]	时间/h								R^2
	0[b]	8	14.5	22.5	41	52	65.5	89.5	
[15 6.0]	0.00[E]	14.16	24.27	60.14	211.60	282.73	295.28	295.28	0.9960
	0.04[M]	2.69	17.92	67.36	213.71	261.71	288.09	300.71	
[25 6.0]	0.00[E]	12.96	24.73	61.21	177.80	225.17	234.82	234.82	0.9972
	0.00[M]	0.83	10.40	52.39	178.17	212.35	228.16	234.23	
[15 7.0]	0.00[E]	18.35	27.79	72.67	199.05	240.19	254.47	254.47	0.9980
	0.03[M]	2.74	18.85	68.34	194.29	229.26	246.56	253.89	

续表

[S I][a]	时间/h								R^2
	0[b]	8	14.5	22.5	41	52	65.5	89.5	
[25 7.0]	0.00[E]	15.12	20.23	86.96	207.75	246.99	263.53	268.89	0.9984
	0.21[M]	6.29	29.19	84.05	207.25	241.66	259.49	267.61	
[20 6.5]	0.00[E]	15.58	25.21	79.63	210.34	259.26	80.43	280.43	0.9985
	0.36[M]	7.40	30.45	84.17	212.91	253.26	276.07	287.65	
[10 6.5]	0.00[E]	22.43	30.56	119.15	277.26	316.03	318.41	318.41	0.9974
	0.07[M]	6.11	37.14	115.49	266.60	299.22	313.29	318.39	
[30 6.5]	0.00[E]	14.23	20.80	67.43	171.03	214.34	229.05	233.26	0.9984
	0.03[M]	2.61	17.57	63.24	180.32	213.30	229.81	236.90	
[20 5.5]	0.00[E]	19.93	38.78	115.28	215.62	233.61	236.03	238.33	0.9978
	0.35[M]	11.90	48.35	114.34	210.73	228.25	235.33	237.74	
[20 7.5]	0.00[E]	6.94	15.68	55.58	189.58	238.72	263.95	263.95	0.9991
	0.00[M]	0.67	8.96	49.21	189.26	232.47	253.86	262.70	

注　S 指底物浓度/（g/L）值。I 指初始 pH 值。E 指实验中的实际数值。M 指产氢动力学模型拟合的数值。

底物浓度和初始 pH 值对厌氧发酵制氢共同作用的响应面实验设计及实验结果见表 1-3-3。根据实验设计结果得到了产氢潜能和产氢速率随底物浓度和初始 pH 值的响应面图形、相应的等高线图（图 1-3-4）及相应的回归分析数据（表 1-3-4）。从底物浓度和初始 pH 值分别对产氢潜能（P_s）和产氢速率（R）的响应面图形和相对应的等高线图上（图 1-3-4）能更直观地得出糖化预处理的底物浓度和初始 pH 值对厌氧发酵产氢潜能（P_s）和产氢速率（R）的影响。对图形的拟合回归分析得到的变量参数及相对应的 T、P 数值都显示在表 1-3-4 中，T 和 P 值代表相对应变量对考察因素的显著性水平，其中表 1-3-4（a）是底物浓度和初始 pH 值对产氢潜能（P_s）的回归分析数据，表 1-3-4（b）是这两个变量对产氢速率（R）的回归分析数据。

表 1-3-3   中心组合设计实验变量编码和数值及相对应的产氢潜能、产氢速率和相关性系数

编号	X_1	X_2	底物浓度/（g/L)	pH 值	[a]P_s/（mL/g-TVS)	[b]R/［mL/（g-TVS·h)］	[c]R^2
1	-1	-1	15	6.0	299	9.2	0.9960
2	1	-1	25	6.0	235	7.9	0.9972
3	-1	1	15	7.0	257	8.2	0.9980
4	1	1	25	7.0	269	8.0	0.9984
5	0	0	20	6.5	283	8.3	0.9985
6	-2	0	10	6.5	319	11.4	0.9974
7	2	0	30	6.5	246	7.4	0.9984
8	0	-2	20	5.5	239	8.5	0.9978
9	0	2	20	7.5	265	8.5	0.9991
10	0	0	20	6.5	279	8.2	0.9980

注   a 指产氢潜能；b 指产氢速率；c 指相关系数。

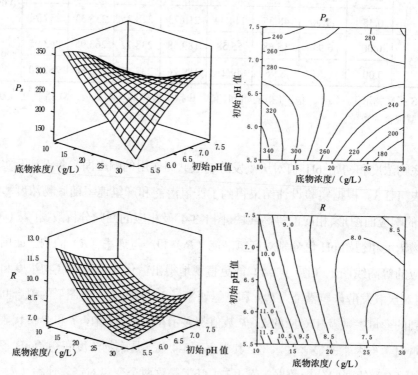

图 1-3-4   产氢潜能（P_s，mL/g-TVS）和产氢速率［R，mL/（g-TVS·h)］关于底物浓度和
初始 pH 值的响应面图

表 1-3-4（a） 关于厌氧发酵产氢潜能的中心组合设计实验回归分析数据

项	系数	标准偏差	T 值	P 值
截距	183.9107	543.7125	0.3382	0.7522
X_1	−54.3488	14.6475	−3.7105	0.0206
X_2	198.3160	144.2928	1.3744	0.2413
X_1^2	0.0411	0.1058	0.3885	0.7174
X_2^2	−26.3843	10.5818	−2.4934	0.0672
X_1X_2	7.6007	2.1552	3.5267	0.0243

表 1-3-4（b） 关于厌氧发酵产氢速率的中心组合设计实验回归分析数据

项	系数	标准偏差	T 值	P 值
截距	45.3209	29.3613	1.5436	0.1976
X_1	−1.3646	0.7910	−1.7252	0.1596
X_2	−6.6187	7.7920	−0.8494	0.4435
X_1^2	0.0123	0.0057	2.1498	0.0980
X_2^2	0.3284	0.5714	0.5747	0.5963
X_1X_2	0.1100	0.1164	0.9450	0.3982

在图 1-3-4 中可以注意到底物浓度和初始 pH 值对厌氧发酵产氢潜能和产氢速率都有重要影响。在产氢潜能（P_s）的等高线图形中，图形倾斜角的主轴没有明显地偏向两个变量中的任何一方，说明两个变量对产氢潜能的贡献相当。在图形中，底物浓度和初始 pH 值对产氢潜能的曲线呈现一个明显的马鞍状。例如当底物浓度和初始 pH 值分别从 16.5g/L 和 6.9 降为 10g/L 和 6.0 时，产氢潜能 P_s 从 280.0mL/g-TVS 增至 340.0mL/g-TVS；当底物浓度和初始 pH 值分别从大约 15.5g/L 和 7.5 降为约 12g/L 和 6.0 时，产氢速率 R 从 10.0mL/h 上升为 11.5mL/h。从表 1-3-4 的回归分析结果来看，底物浓度和初始 pH 值对产氢潜能影响的回归方程拟合程度比对产氢速率的高，因为其模型决定系数 R^2 为 0.9279，大于产氢速率的模型决定系数 0.8758，说明产氢潜能的回归方程中预测值和实测值相关性更好。从回归分析数据可以得到底物浓度和初始 pH 值分别对产氢潜能和产氢速率的回归分析

方程，分别为

$$Y_1 = 183.9107 - 54.3488X_1 + 198.3160X_2 + 0.0411X_1^2 - 26.3843X_2^2 + 7.6007X_1X_2$$

$$\text{(1-3-2)}$$

$$Y_2 = 45.3209 - 1.3646X_1 - 6.6187X_2 + 0.012X_1^2 + 0.3284X_2^2 + 0.1100X_1X_2$$

$$\text{(1-3-3)}$$

式中　Y_1、Y_2——产氢潜能 P_s 和产氢速率 R；

　　　　X_1、X_2——底物浓度和初始 pH 值。

从产氢潜能的回归分析数据［表 1-3-4（a）］可以得出，常数项、初始 pH 值 X_2 以及底物浓度的平方项 X_1^2 对产氢潜能影响不是很显著（$P>0.1$），底物浓度 X_1、初始 pH 值的平方项 X_2^2 以及底物浓度和初始 pH 值的交互作用 X_1X_2 对产氢潜能影响显著（$P<0.1$），其中影响最显著的是底物浓度 X_1 以及底物浓度和初始 pH 值的交互作用 X_1X_2。从产氢速率回归分析数据［表 1-3-4（b）］可以得出对产氢速率影响最显著的因素为底物浓度的平方项 X_1^2（$P<0.1$），其他因素对产氢速率影响都不显著（$P>0.1$）。由于底物浓度和初始 pH 值对产氢潜能 P_s 和产氢速率的影响显著程度不同，因此选择对两者都能兼顾的最适产氢微生物厌氧发酵的环境。从图 1-3-4 以及数据分析的结果（表 1-3-4）可以得出，经过糖化发酵 60h 的底物在浓度为 10g/L 以及初始 pH 值为 6.0 时，产氢微生物有最佳的产氢潜能（340mL/g-TVS）以及产氢速率［11.5mL/（g-TVS·h）］。

上述实验结果说明在一个接近化学中性的 pH 值环境中以及一个比较低的底物浓度条件下，产氢微生物能发挥比较好的产氢潜能。这个实验结果与一些文献中报道的关于厌氧发酵产氢系统最佳产氢条件的范围相似，在这些文献中，最佳初始 pH 值范围为 6.0～8.0，最佳底物浓度范围为 10～20g/L。产氢微生物在底物浓度较低时有良好的产氢状态，当底物浓度增大时，底物的抑制效应就很明显，从而不利于产氢微生物的生长。另外，合适的 pH 值环境也能促进产氢微生物的最佳性能发挥，过高或过低的 pH 值环境都将抑制氢化酶生长发育。

重复验证实验得到在最佳条件下的累积氢产量为 (346 ± 6.3)mL/g-TVS 和产氢速率为 (11.8 ± 0.3)mL/（g-TVS·h）（$N=5$），这个结果与上述分析结果吻合得很好。

3.4　厌氧发酵制氢过程中相关生态因子分析

在上述得到的最佳产氢条件下（即底物浓度为 10g/L 和初始 pH 值为 6.0）厌氧发酵制氢，并分析了累积氢产量、系统 pH 值、氧化还原电位（ORP）[图 1-3-5（a）] 以及末端产物挥发性脂肪酸（VFAs）[图 1-3-5（b）] 和醇含量 [图 1-3-5（c）] 的在制氢过程中的变化。

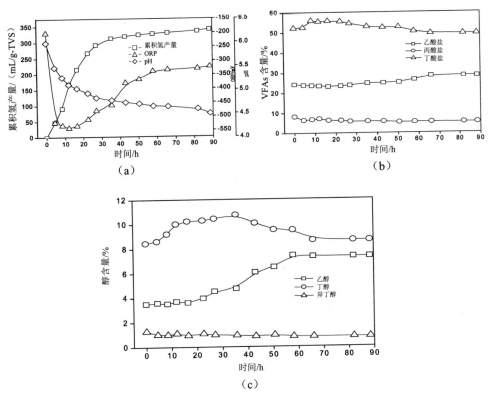

图 1-3-5　厌氧发酵制氢最佳产氢条件下的(a)累积氢产量、系统 pH 值以及氧化还原电位（ORP）和（b）末端产物挥发性脂肪酸（VFAs）含量以及（c）醇含量随厌氧发酵产氢时间的变化趋势。
最佳条件：底物浓度为 10g/L，pH 为值 6.0

如图 1-3-5（a）所示，在厌氧发酵制氢系统启动 2h 后就开始产氢，在启动 8～20h 之间为产氢高峰期，产氢速率维持在较高的数值。系统的 pH 值在启动 27h

时从初始的 6.0 急剧降为 4.79，然后保持在 4.6 左右。累积氢产量从系统启动 4.5h 时的 46.5mL/g-TVS 增至发酵 88.5h 时的 340mL/g-TVS，同时所产生物气中氢气浓度范围为 34.3%～50.2%，并且没有明显的甲烷气体被检测到，说明产甲烷菌被抑制，产氢系统处于良好状态。在最佳产氢阶段，系统的 pH 值范围是 5.12～4.79。这个数值比 Fang 等在 2006 年报道的以大米为底物厌氧发酵产氢的有效 pH 值 4.5 略低，但是比另一篇报道以蔗糖和淀粉为底物的产氢最佳运行 pH 值 5.5～5.7 略低。从目前的报道中知，产氢系统运行 pH 值的最佳范围被认为是 5.0～5.5，对于 pH 值为 5.0 以下的产氢系统几乎没有报道。ORP 值在产氢系统启动 4.5h 后急速从-200mV 降为-521mV，然后在接下来的 7.5h 中又降到-540.6mV，这种变化说明随着反应器中氧气被消耗尽，产氢系统从兼性的厌氧环境转变为更适合厌氧发酵产氢微生物的严格的厌氧环境。在最佳产氢阶段 ORP 维持在-521～-458mV，当产氢系统进入衰竭期即产氢量逐渐减少时，ORP 也随之升为-320mV。这种现象是因为反应系统内挥发性脂肪酸（VFAs）的累积以及环境 pH 值的减小会导致 ORP 呈现一个逐渐上升的趋势。一般来说，氧化还原电位（ORP）会反映出系统中产氢微生物的类型和数量。本实验中从牛粪堆肥中富集的产氢微生物属于一类严格的厌氧菌属（如梭菌属 Clostridium sp），因此在测试中呈现出相对较低的 ORP 值。这个数值甚至比一些报道中的 ORP 数值更低，如 Lay 和 Sung 等从废水处理厂的消化污泥中富集厌氧发酵产氢微生物得到的产氢 ORP 值为-368～-311mV 以及-340～-320mV；Wang 和 Ren 等发现混菌乙醇型发酵类型中最佳产氢时 ORP 范围为-420～-350mV。而在另外一篇利用在碱性条件下处理过的污水污泥产氢的报道中，其最佳产氢 ORP 数值低至-730～-600mV。这些差别可归因于产氢微生物的不同以及产氢过程 pH 值的差异。总之，氧化还原电位（ORP）是识别产氢微生物类型的重要指标。

产氢过程中总伴随有挥发性脂肪酸（VFAs）和醇生成，它们是产氢过程中主要的副产物。如图 1-3-5（b）和 1-3-5（c）所示，丁酸和乙酸是本实验厌氧发酵产氢过程中两个最主要的副产物，分别占末端产物总量的 49.4%～55.7% 和 23.7%～28.5%，两者总量占挥发性脂肪酸和醇总量的 73%～84%，接下来按含量排列的产物是丁醇 8.6%～10.2%，丙酸 5.4%～7.1% 和乙醇 3.6%～7.4%。其中丙酸是对厌氧发酵产氢不利的产物，其产量的抑制有利于厌氧发酵产氢的进行。结果说明从牛粪堆肥中富集的产氢微生物主要为丁酸型厌氧发酵产氢微生物。

3.5 小结

本章的主要内容是：

（1）以牛粪堆肥作为天然产氢菌源，考察了底物玉米的不同生物预处理时间对厌氧发酵制氢的影响。结果发现，底物预处理时间过短会导致糖化不足而产氢量低，预处理时间过长则还原糖被消耗并产生对发酵产氢有抑制作用的酸类物质。同时，适合厌氧发酵制氢的最佳初始 pH 值也随着底物糖化预处理阶段的不同而变化：底物的糖化预处理越充分，适合厌氧发酵制氢的最佳初始 pH 值越低。实验在经过预处理的玉米中还原糖含量为$(51.2\pm3.6)\%$，淀粉含量为$(32.4\pm2.8)\%$，糖化率为$(61.1\pm3.9)\%$时，当系统初始 pH 值为 7.0 时得到最大累积氢产量$270.5mL/g\text{-}TVS$。

（2）利用响应面方法中的中心组合实验设计考察了预处理最佳阶段的底物浓度和初始 pH 值对厌氧发酵制氢的影响。结果发现，底物浓度的单次项、初始 pH 值的二次方项以及底物浓度和初始 pH 值的交互作用项都是对厌氧发酵产氢潜能影响显著的因素，而对厌氧发酵产氢速率影响显著的因素只有底物浓度。通过对实验数据的回归分析，得到了最佳的预处理底物浓度和初始 pH 值，并经过验证，得到了与分析数据相吻合的结果。实验在底物浓度为$10g/L$以及初始 pH 值为 6.0 时得到最大累积氢产量$(346\pm6.3)mL/g\text{-}TVS$和产氢速率$(11.8\pm0.3)mL/（g\text{-}TVS\cdot h）$。

（3）考察了在最佳条件下厌氧发酵制氢过程中相关生态因子的变化，发现在系统高效产氢阶段，环境 pH 值为 $5.12\sim4.79$，氧化还原电位 ORP 维持$-521\sim-458mV$。发酵末端产物以丁酸和乙酸为主，其中丁酸含量占末端产物总量的$49.4\%\sim55.7\%$。

第 4 章 超声波处理天然菌源对生物发酵制氢的影响

4.1 引言

虽然混合菌厌氧发酵制氢与纯菌厌氧发酵制氢相比极大地减少了生产成本，但是如何提高工艺的产氢速率仍然是制约混合菌厌氧发酵制氢实现工业化的主要问题。解决这个问题的关键就是提高产氢混合菌的生物活性。一些研究者通过分离混合菌厌氧发酵制氢中的优势产氢菌株，然后对纯菌株进行性能改善来提高发酵制氢效率，但是对纯菌株的提取和保存对产氢工艺来说又是一大挑战。还有一些研究者通过在产氢体系中添加金属离子来提高产氢效率，并且得到肯定的结果。尽管如此，产氢速率的提高仍然是生物厌氧发酵制氢实现工业化亟待解决的问题。

如前所述，之前报道的超声波在生物质产氢方面利用的重点都放在其对底物的分解作用上，基于超声波也有促进生物体的新陈代谢、提高其生物活性的作用，本章利用超声波方法处理天然产氢菌源以提高厌氧发酵制氢效率。超声波主要有两个评价参数：频率和功率。对于不同的生物学过程，超声波发挥其显著作用的功率也各不相同，一般来说，对具体的生物学过程，超声波起作用的波段很窄，具有专一性和特殊性，因此需要考察超声波的最佳作用条件。本实验利用响应面方法中的中心组合设计实验考察了超声波功率和处理时间对厌氧发酵制氢的影响，并进一步讨论了超声波对天然产氢菌源消化污泥的作用机理。

4.2 实验设计

4.2.1 超声波的利用

本实验所用超声波设备是由 Branson 超声波公司生产的 Branson 2000 系列台

式超声波装置，其最大输出功率是 2.2kW，恒定运行频率 20kHz。系统主要组成包括加压泵（输入功率的放大比例为 1:2）和一端是直径为 13mm 的平面的垂直钛制号角状探头（输入功率的放大比例为 1:8）。处理消化污泥时，先设置好处理功率和时间，然后将探头置于样品液面 2cm 深度后开启设备，达到所设定的时间后设备会自动停止。超声波功率的控制是通过调节振幅的方式完成的，这个振幅是设置在号角状探头的顶端通过脉冲宽度调整电压的外在显示装置，其范围为 0～100%。在本实验中选择的振幅有 16%、20%、30%、40% 和 44%，相对应的超声波功率水平分别为 100W/L、109W/L、157W/L、201W/L 和 240W/L，超声波作用时间分别选择了 3s、5s、10s、15s 和 17s。被超声波处理的富含产氢微生物的消化污泥样品的浓度固定在 15gVSS/L，这个数值是根据实验室之前的实验得到的。

4.2.2　超声波条件优化

Box-Wilson 中心组合实验设计（CCD）是综合实验分析和数学建模中最经济合理的实验设计方法，其被用来考察超声波功率和时间对天然产氢菌源活性的影响。这种实验方法可以弥补单次单因子方法的重复烦琐以及因子间交互作用考虑不足的缺点，以回归法作为函数恒算工具，通过构建多因素的数学模型来呈现实验影响因子与目标响应值以及影响因子与影响因子之间的关系，并通过求导计算，确定最佳实验条件。在对实验进行初步筛选后，实验设计中对超声波处理时间和工作频率两个变量都设定了 5 个水平：$-\alpha$，-1，0，$+1$，$+\alpha$。其中 X_1 代表超声波对天然菌源消化污泥的处理时间，X_2 是超声波工作时的振幅水平，代表超声波的工作频率。超声波处理时间（X_1）的范围为 3～17s，超声波振幅的（X_2）的范围为 16%～44%。实验结果用 Sigmaplot V 10.0 软件进行计算处理，并且使用下面的二元多项式方程模型对数据进行了拟合分析：

$$Y = \beta_0 + \Sigma\beta_i X_i + \Sigma\beta_{ij} X_i X_j + \Sigma\beta_{ii} X_i^2 \tag{1-4-1}$$

式中　Y——响应结果；

β_0——一个常数；

β_i——线性系数；

β_{ii}——平方项系数；

β_{ij}——变量交叉系数

X_i、X_j——变量。

4.2.3　对照实验设计

通过对照实验考察超声波对天然菌源消化污泥厌氧发酵制氢的作用机理，在对比实验中，用最佳超声波条件对天然菌源消化污泥、底物蔗糖以及包括消化污泥和营养底物的混合发酵液分别进行超声波处理。然后根据其厌氧发酵制氢结果分析超声波的作用机理。

4.2.4　产氢动力学模型的应用

产氢动力学模型同第 2 章第 2.5.7 节。模型中产氢潜能 P、产氢速率 R 以及产氢延迟时间 λ 的计算使用的是 SigmaPlot（version 10，SPSS）软件。为了直观分析超声波作用对产氢影响，发酵产氢潜能 P、产氢速率 R 以及产氢延迟时间 λ 均用相应的比率代替，这个比率表示经过超声波处理的消化污泥在发酵制氢过程中的各项参数与未经过超声波处理的消化污泥发酵制氢过程中对应的各项参数的比值，从比值大于 1 或者小于 1 的程度可以判断不同超声波处理条件对消化污泥发酵产氢是否具有促进或者抑制作用。

4.3　超声波处理消化污泥对发酵制氢的影响初探

为了验证超声波处理天然产氢菌源消化污泥对发酵产氢的影响，参照文献方法，初步对超声波功率和处理时间各自设定了 3 个数据条件，组合成了一个二因素三水平的正交实验设计，用来检测消化污泥在不同超声波条件下处理后的发酵产氢效果。

代表超声波功率的振幅水平和处理时间两个因素的具体条件分别为：10%、30%、60%和 5s、10s、30s。其组合实验设计见表 1-4-1，A、B 分别代表超声波振幅水平和时间。本次实验所用底物为 5gCOD/L 的脱脂牛奶粉，消化污泥浓度为 4.3g VSS/L。实验结果如图 1-4-1 所示，其中超声波对消化污泥厌氧发酵产氢

的影响用与未经过超声波处理的消化污泥产氢效果的比率表现出来，即图 1-4-1
中的纵坐标分别是经过超声波处理的消化污泥厌氧发酵产氢的潜能与未经过超
声波处理的产氢潜能的比率、产氢速率的比率以及延迟时间的比率。从比率大
于 1 或者小于 1 的程度可以直接看出超声波对消化污泥中产氢微生物的影响。
从图 1-4-1 可以看出，经过超声波处理的消化污泥其产氢潜能和产氢速率都得到
了提高，其中产氢潜能在所选定的超声波条件下最低的是对照实验的 1.2 倍，产
氢速率提升比率较大，最低的是对照实验的 1.5 倍。这个结果预示着利用超声波
处理富含产氢微生物的消化污泥对消化污泥厌氧发酵产氢有着积极的作用。但
是从延迟时间比率上看，超声波处理会使产氢延迟时间增长，最长是对照实验
的 1.3 倍，说明经过超声波处理的产氢微生物需要一段时间调整及适应其产氢状
态。尽管如此，超声波对产氢消化污泥厌氧发酵产氢潜能和产氢速率的积极影
响不容忽视。从产氢潜能比率结果看，在超声波处理时间为 5s 时，按对产氢潜
能提高的大小程度排列的振幅水平刚好为从高到低的顺序 60%、30%、10%；而
当超声波处理时间为 30s 时，振幅水平对产氢潜能提高的大小程度的排列顺序刚
好相反，为从低到高的顺序 10%、30%、60%。这说明处理时间 5s 和 30s 以及
振幅水平 10% 和 60% 都为比较边缘的条件，而处理时间 10s 和振幅水平 30% 则
比较靠近中间条件。而当超声波处理时间为 10s 时，振幅水平按对产氢潜能提高
的大小程度排列的不规律性也说明了这个问题。从产氢速率比率结果看，尽管
产氢速率提高较多，但是对选定条件的结果没有规律性。从延迟时间比率上看，
在处理时间为 10s 以及振幅水平为 10% 时其对产氢消化污泥影响最小，其延迟
时间与对照实验相比没有变化。

表 1-4-1 超声波处理消化污泥的不同振幅水平和处理时间的条件组合

处理时间	振幅水平		
	A1	A2	A3
B1	A1B1	A2B1	A3B1
B2	A1B2	A2B2	A3B2
B3	A1B3	A2B3	A3B3

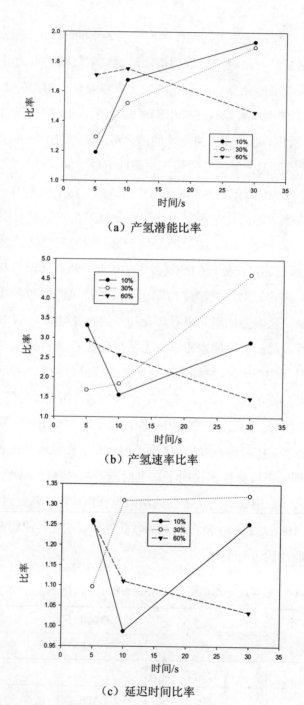

（a）产氢潜能比率

（b）产氢速率比率

（c）延迟时间比率

图 1-4-1　不同超声波处理条件下产氢潜能 P、产氢速率 R 以及延迟时间 λ 与相对应的未经超声波处理的产氢结果的比率

4.4　超声波处理条件的优化

经过对超声波处理消化污泥发酵产氢的初步实验，发现超声波功率和处理时间对消化污泥的产氢活性有重要影响。为了得到超声波对消化污泥的最佳处理效果，使用中心组合实验设计对超声波处理条件即超声波振幅水平（功率）和处理时间进行了优化。通过对比上述结果，初步确定超声波振幅水平30%和处理时间10s 为比较靠近优势水平的条件，因此将其选为中心组合实验设计中的中心点水平。并且为了验证超声波处理产氢消化污泥在厌氧发酵产氢过程中是否受底物的影响，将初步测试实验中的营养底物脱脂牛奶粉换成了更易被产氢微生物利用的蔗糖，其浓度为5gCOD/L。

表 1-4-2 列出了中心组合实验设计中两个变量在每组实验设计中的代码水平及其代表的具体单位数值以及相对应的产氢速率比率参数。此处的产氢速率比率是指利用超声波处理的消化污泥厌氧发酵产氢速率与未用超声波处理的消化污泥厌氧发酵产氢速率之比值。从实验结果中发现，以蔗糖为底物时，经过超声波处理的消化污泥的产氢潜能和延迟时间没有较大变化，分别保持在(250 ± 20)mL/g-COD 和(8.0 ± 0.5)h，因此未在表 1-4-2 中列出。

表 1-4-2 中第 1～8 组是超声波处理时间（X_1）和振幅水平（X_2）两个变量在不同水平下的排列组合，而第 9～13 组都是在中心点水平的重复实验，这些重复实验是为了估算实验方法的可信度。表 1-4-2 中的 R^2 用来评价实际数据与模型方程的拟合程度，为相关性系数，其数值范围为 0～1，数值越趋近 1，说明拟合程度越高，实验可信度越强，为了显示相关性系数 R^2 与产氢速率 R 的区别，将后者写为 r。从表 1-4-2 可看出，所有实验组的相关性系数都大于 0.987，说明实验数据与模型动力学 Gompertz 方程（Eq.2）对应良好。

表 1-4-2　中心组合设计实验变量编码和数值及相对应的产氢速率比率和相关性系数

编号	X_1	X_2	时间/s	振幅水平/%	r	R^2
1	−1	−1	5	20	1.15	0.9891
2	1	−1	15	20	1.20	0.9872

续表

编号	X_1	X_2	时间/s	振幅水平/%	r	R^2
3	-1	1	5	40	1.31	0.9891
4	1	1	15	40	0.90	0.9902
5	-1.4	0	3	30	0.99	0.9952
6	0	1.4	10	44	1.01	0.9955
7	0	-1.4	10	16	1.23	0.9953
8	1.4	0	17	30	0.87	0.9943
9	0	0	10	30	1.16	0.9890
10	0	0	10	30	1.34	0.9938
11	0	0	10	30	1.39	0.9961
12	0	0	10	30	1.20	0.9920
13	0	0	10	30	1.47	0.9935

图 1-4-2 是两个变量超声波处理时间（X_1/s）和超声波振幅水平（X_2/%）对产氢速率比率的响应面图形及相对应的等高线图，表 1-4-3 是对设计实验的回归分析数据及相对应的表示变量对考察因素影响显著性水平的 P 值。从回归分析计算得到的统计学检验 F 值 4.19 大于 F 检验分布表在 5% 水平中 $F(5,7)$ 处的值，说明实验数据和模型方程拟合良好并且模型方程对具体实验可信。显著性水平为 94.76%，反映了模型方程对实验的显著性良好。根据表 1-4-3 中的显著性水平 P 值可以发现，超声波处理时间的单次方项（X_1）、超声波处理时间的平方项（X_1^2）以及超声波处理时间和振幅水平的交互项（X_1X_2）对产氢速率的提升有显著影响，因为其 P 值都小于 0.1，其中超声波处理时间的单次方项（X_1）对产氢速率的影响最为显著；而超声波振幅水平的单次项（X_2）以及它的平方项（X_2^2）对产氢速率比率的提升影响不显著，因为其 P 值都大于 0.1。通过回归分析各变量对应的系数，可以得到超声波处理时间（X_1）和振幅水平（X_2）对产氢速率比率（Y）的回归方程：

$$Y = -0.3284 + 0.1859X_1 + 0.0573X_2 - 0.0065X_1^2 - 0.0007X_2^2 - 0.0023X_1X_2 \quad (1\text{-}4\text{-}2)$$

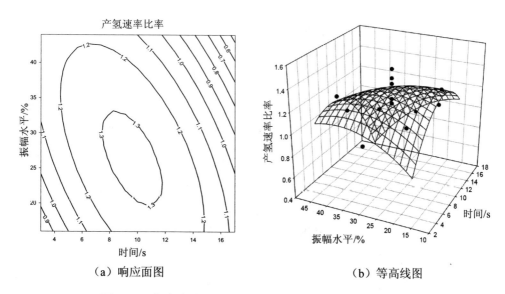

（a）响应面图　　　　　　　　　　（b）等高线图

图 1-4-2　超声波时间和振幅水平对产氢速率比率的响应面图

表 1-4-3　关于产氢速率比率的中心组合设计实验回归分析数据

项	系数	标准偏差	T 值	P 值
截距	−0.3284	0.5920	−0.5546	0.5964
X_1	0.1859	0.0528	3.5199	0.0097
X_2	0.0573	0.0308	1.8616	0.1050
X_1^2	−0.0065	0.0019	−3.4732	0.0104
X_2^2	−0.0007	0.0005	−1.4207	0.1984
$X_1 X_2$	−0.0023	0.0012	−1.9190	0.0965

　　从图 1-4-2（a）响应面图形可以看出，产氢速率的比率呈现一个明显的峰值，说明设计的实验数据接近最佳超声波条件。通过用求导的方式解回归方程（1-4-2）得到了最佳超声波条件即超声波处理时间 10s 和振幅水平 24%，此时得到最大产氢速率比率 1.34。所得的最佳条件接近实验设计中中心点区域，偏离这个区域即任何增大或者减小最佳条件值都会导致产氢速率比率的降低。等高线图形中的主轴倾斜角大于 90，说明超声波处理时间和振幅水平对产氢速率比率增加的影响成

反比的关系。如图 1-4-2（b）所示，当同步增加或者减少超声波处理时间和振幅水平时，产氢速率的比率将会迅速减小。这个结果很容易被理解为强的超声波作用将会对微生物造成不可逆的破坏，而弱的超声波作用对微生物又没有影响。另外从图 1-4-2（b）可以发现，产氢速率的比率数值在靠近中心点附近的区域内变化很小。比如，当超声波振幅水平固定在 24%，超声波处理时间从最优条件 10s 降为 8s 或者 12s 时，产氢速率的比率仅从 1.34 减少为 1.30；类似地，当超声波处理时间固定在 10s，振幅水平从 25%降为 20%或者升为 30%时，产氢速率比率也仅从 1.34 减为 1.30。因此可以将最优的超声波条件固定在超声波处理时间为 8～12s 以及超声波振幅水平为 20%～30%，此时对应的具体超声波功率为 109～157W/L，消化污泥的浓度保持在 15g-VSS/L。利用重复实验验证得到的优化条件，所得结果与预计值吻合良好。

另外从实验结果来看，超声波作用对以蔗糖为底物的发酵制氢的产氢速率的提升程度没有以脱脂牛奶粉为底物时的提升程度大，并且超声波作用没有改变以蔗糖为底物的发酵制氢的产氢潜能，说明经过超声波处理过的消化污泥用于厌氧发酵制氢时，其产氢效果受底物的影响也很显著。对于越难被利用的底物，消化污泥经超声波处理后的产氢效果改善越大。

4.5 超声波处理消化污泥发酵制氢过程中液相组分分析

实验同时检测了超声波在最佳处理条件下作用于天然产氢菌源消化污泥时，其厌氧发酵制氢过程液相组分中挥发性脂肪酸（VFAs）和还原糖量的变化，并且与未经过超声波处理的消化污泥在厌氧发酵制氢过程中的相对应的参数进行了对比，结果列在表 1-4-4 中。由表 1-4-4 可以看出，在两组对照实验中，末端产物中挥发性脂肪酸（VFAs）的浓度都随产氢时间的延长而逐渐增加，其中丁酸是产氢过程中产生最多的液相末端产物组分。另外，两组对照实验中碳水化合物即还原糖的量在产氢过程中的数值以及变化趋势也很相似。这些检测结果表明超声波对消化污泥的处理没有从根本上转变生物制氢的发酵途径和发酵性质。

表 1-4-4　经超声波处理和未经超声波处理的消化污泥在发酵产氢过程中挥发性脂肪酸
以及还原糖含量的变化

时间/h	VFAs/（g-COD/L）								还原糖/（mg/L）	
	VFAs 总量		乙酸		丙酸		丁酸			
0.00	0.19^c	0.17^o	0.00^c	0.00^o	0.07^c	0.07^o	0.06^c	0.05^o	9118.7^c	9121.9^o
8.00	0.90	0.90	0.12	0.12	0.21	0.21	0.42	0.41	3585.1	3606.3
9.00	1.24	1.34	0.14	0.15	0.30	0.32	0.60	0.65	3573.6	3591.4
11.00	3.96	4.04	0.36	0.36	1.13	1.13	2.02	2.10	388.2	400.9
12.00	3.99	4.31	0.37	0.42	0.96	1.06	2.31	2.47	300.7	262.5
18.00	4.56	5.07	0.39	0.43	0.69	0.81	3.23	3.57	124.0	122.7

注　^{c}：未经超声波处理的对照实验。
　　^{o}：经超声波处理的最佳实验。

4.6　超声波处理消化污泥对生物制氢作用的机理分析

为了探讨超声波对消化污泥的处理提高生物制氢效率的作用机理，本书进行了下面的研究分析。首先利用一个对照实验进一步考察超声波对厌氧发酵制氢的作用：分别用最佳超声波条件处理厌氧发酵制氢过程中的底物、产氢菌源消化污泥以及包括底物和消化污泥在内的产氢混合溶液，通过其产氢结果分析超声波作用机理。实验结果列在表 1-4-5 中，表中的相关性系数 R^2 的数值说明实验结果与模型方程相吻合，数据可信度高。表 1-4-5 中最高产氢速率比率数值 1.48 出现在当用超声波直接作用于产氢混合溶液时，最低的产氢速率比率数值 1.17 出现在用超声波单独处理底物蔗糖时，而用超声波处理消化污泥的产氢速率比率为 1.30，这个数值同本章 4.4 节中的实验数据一致。可以从表 1-4-5 中发现，当超声波单独作用于消化污泥和底物时的产氢速率比率之和基本上等于当超声波直接作用于包括消化污泥和底物在内的产氢混合溶液时的产氢速率比率。结果说明经超声波处理的消化污泥的生物制氢速率的提高主要来源于产氢菌源消化污泥性能的改善。由于在前面的研究中发现底物浓度是对产氢速率影响显著的因素，因此实验也考察了经超声波处理过的消化污泥在不添加任何底物的情况下的产氢效果，发现其在实验所用初始 pH 值条件下不产氢，因此排除了以经超声波处理过的消化污泥作为底物促进厌氧发酵产氢速率的可能。

表 1-4-5　对照实验结果

发酵基质	产氢速率比率	R^2
消化污泥	1.30	0.9959
底物庶糖	1.17	0.9970
消化污泥和底物庶糖混合物	1.48	0.9967

然后对经过超声波处理过的消化污泥的化学需氧量（COD）进行了检测，并与未经过超声波处理的消化污泥的化学需氧量进行了对比，结果列在图 1-4-3 中。图 1-4-3 显示的是 3 种不同状态下的消化污泥，即未经过任何处理的消化污泥、经过加热处理的消化污泥以及经过加热处理后又经过超声波处理的消化污泥，各自总的 COD 含量以及可溶性 COD 含量的数值。

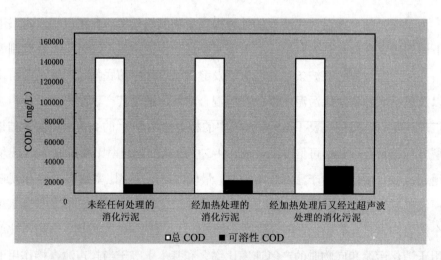

图 1-4-3　消化污泥在不同处理状态下的化学需氧量（COD）的变化

如图 1-4-3 所示，总 COD 的量在消化污泥的 3 种不同状态下数值都保持相似，而可溶性 COD 含量则随消化污泥状态的不同一直在变化：在从未经过任何处理的消化污泥中为 8645mg/L；当消化污泥经过加热预处理后，可溶性 COD 的量升至 12911mg/L；当经过加热预处理的消化污泥再经过超声波作用时，其可溶性 COD 的量急剧升为 27667mg/L。这些数据都为三次平行试验测试所得的平均值。上述结果与 Khanal 等关于废水处理中超声波作用造成消化污泥中可溶性 COD 数值升高的报道是一致的。

从测试结果可以发现，消化污泥经过加热处理以及再经过超声波处理后其可溶性 COD 浓度都在增加，并且后者增加的量是前者的 3.5 倍。从相关文献可知，加热预处理主要是利用微生物对不同温度的适应性，从而富集天然菌源中的产氢微生物以及抑制耗氢微生物从而促进生物制氢的顺利进行，由此推断加热处理中消化污泥可溶性 COD 浓度的增加应该来自被抑制菌体表层的剥落。由于消化污泥在超声波处理之前已经经过加热预处理，并且经过超声波处理后可溶性 COD 的量大幅增加，说明超声波处理对消化污泥的作用与加热预处理的作用不同。在 Khanal 等的研究中使用了高倍显微镜和电镜扫描仪器观察在超声波处理前后消化污泥形态的变化，其中显微镜图形显示经过超声波处理的消化污泥中的絮状丝状结构被瓦解，并且有结构同化的现象出现；电镜扫描图形显示经过超声波处理的消化污泥中絮状丝状结构的完整性被破坏，但是没有菌细胞受到损伤。因此可推断超声波对消化污泥的作用是分散消化污泥中的絮状凝结物，将其中的有机大分子分解成小的颗粒，并且不会损坏包含的微生物细胞。同时，超声波还有去除消化污泥中表面松弛、无活性组织的部分，使其包含的细胞间物质直接与反应相相接触，在一些文献中也证实了超声波的这种功能。比如在 Wang 等的研究中检测到经过超声波处理的污泥液相中的蛋白质成分增多；Bougrier 等和 Khanal 等分别检测到经过超声波处理的废水活性污泥中会释放可溶性有机氮和氨基氮。综上所述，超声波处理显著提升了消化污泥中产氢微生物的活性，由此导致其产氢速率的提高。

4.7　小结

本章的主要内容是：

（1）本实验考察了超声波处理天然产氢菌源消化污泥对其生物制氢的影响，

结果发现超声波对消化污泥生物产氢效果有明显促进作用。超声波对消化污泥产氢效果的影响程度与产氢底物的性质有关，底物越难被产氢菌利用时，超声波对消化污泥产氢效果的促进作用越显著。

（2）利用响应面方法中的中心组合设计实验，以蔗糖为产氢底物，考察了产氢速率有最大提高时超声波对消化污泥的处理条件。在超声波处理时间为 10s 和振幅水平为 24%即功率为 130W/L 时得到产氢速率比率的最大值为 1.34。通过对实验设计进行回归分析发现，超声波处理时间的单次方项（X_1）是对产氢速率影响最显著的因素，接下来的顺序为超声波处理时间的平方项（X_1^2）和超声波处理时间和振幅水平的交互项（X_1X_2）。而超声波振幅水平的单次项（X_2）以及它的平方项（X_2^2）对产氢速率的影响不显著。从以易被产氢微生物利用的蔗糖为底物时产氢速率的提高可知超声波在适当条件下能促进混合菌生物制氢效果的大幅提高。

（3）对经过超声波处理的消化污泥在厌氧发酵产氢过程中的主要末端产物挥发性脂肪酸（VFAs）和还原糖进行检测后发现超声波处理没有改变生物制氢的发酵途径和发酵性质。在设计的对比实验中，超声波同时作用于含有消化污泥和底物的产氢混合溶液时得到的产氢速率比率为 1.48，单独作用于消化污泥和底物蔗糖时得到的产氢速率比率分别为 1.30 和 1.17。

（4）在综合考虑对比实验的结果、消化污泥不同处理状态下 COD 的测定数值以及相关文献报道后，得出用超声波处理天然菌源消化污泥对其厌氧发酵制氢起促进作用的主要机理，即分散消化污泥中的絮状凝结物，在不损坏其中包含的微生物细胞的前提下将其中的有机大分子分解成小的颗粒。同时超声波还能去除消化污泥中表面松弛、无活性组织的部分，使其包含的细胞间物质直接与反应相相接触。这些作用显著提升了消化污泥中产氢微生物的活性，促使其产氢效果得到改善。

第 5 章　纤维素粗酶的制备及其在秸秆生物发酵制氢中的应用

5.1　引言

利用丰富廉价的可再生纤维素类生物质通过生物发酵方式制备清洁能源已经成为研究的热点课题，同时纤维素类物质的生物酶法降解也因其经济环保的特点引起越来越多的关注。但是从目前的技术水平来看，如何在提高纤维素酶对纤维素类生物质的降解能力的同时降低纤维素酶的生产成本是实现纤维素类生物质大规模被用于可再生能源生产亟待解决的问题。另外，固态发酵被广泛应用于纤维素酶的制备中，固态发酵体系中的微生物是通过好氧发酵的方式进行新陈代谢的，发酵基质中物质和能量的传输，比如氧气的溶解、营养成分的利用以及体系热量的扩散等对微生物固态发酵效果有至关重要的作用，因此优化这些因素能改善固态发酵的效果。

本章实验将纤维素酶的制备与纤维素产氢结合起来：先以廉价的农作物废弃物作为固态发酵主要培养基组分用绿色木霉 *Trichoderma viride* 制备纤维素粗酶，考察了固态发酵时间、发酵基质中含水量以及接种量等对纤维素酶活的影响，并且用统计分析中的 Plackett-Burman 设计实验和响应面实验方法优化了发酵培养基的组分和配比；然后用制备的纤维素粗酶处理生物制氢底物玉米秸秆，考察了经处理后的玉米秸秆厌氧发酵氢产量的大小。本实验有效地降低了纤维素酶的利用成本，同时也取得了较好的产氢效果。

5.2 纤维素粗酶的制备

5.2.1 固态发酵条件对纤维素酶活的影响

本实验考察了固态发酵条件如发酵基质含水量、接种量、通风量以及发酵时间对纤维素酶活的影响，通过实验发现，在发酵基质含水量为 55%[图 1-5-1（a）]、接种量为 15%[图 1-5-1（c）]时，10g 的发酵基质在 250mL 的三角瓶中[图 1-5-1（b）]培养 4 天可得到最大纤维素酶活。实验结果都是 3 组平行试验的平均值。其中发酵基质在三角瓶中的质量表示发酵基质的通风量，在固定体积中发酵基质的质量越大说明其通风量越小。此处单位中的 gds 指的是每克干曲。

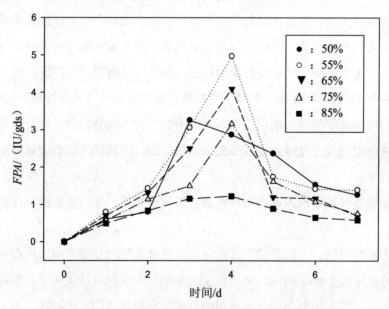

（a）不同培养基含水量条件下纤维素酶活随固态发酵时间的变化曲线

固态发酵固定条件：培养温度 30℃，接种量 10%，30g 的发酵基质在 250mL 的三角瓶中培养

图 1-5-1　不同固态发酵条件对纤维素酶活的影响

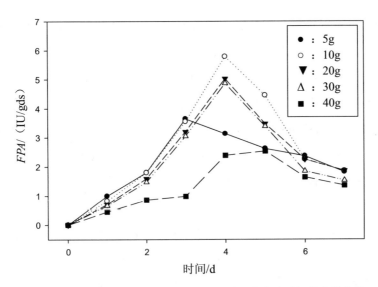

（b）不同通风量水平下纤维素酶活随固态发酵时间的变化曲线

固定条件：培养温度 30℃，接种量 10%，含水量 55%

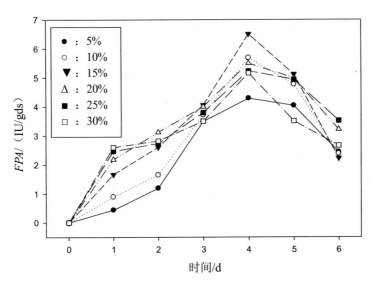

（c）不同接种量水平下纤维素酶活随固态发酵时间的变化曲线

固定条件：培养温度 30℃，含水量 55%，10g 发酵基质在 250mL 的三角瓶中培养

图 1-5-1 不同固态发酵条件对纤维素酶活的影响（续图）

图 1-5-1（a）描述的是当接种量为 10%，30g 发酵基质在 250mL 三角瓶中发

酵时不同含水量对纤维素酶活的影响，考察的含水量水平分别为 50%、55%、65%、75% 和 85%。在纤维素酶固态发酵过程中，每天定时在无菌条件下取一定量酶曲测定纤维素酶活。从图 1-5-1（a）可以看出，当含水量为 50% 时，菌体比其他含水量条件下生长发育速度都快并且在发酵第 3 天就达到其峰值，然而这个峰值比含水量为 55% 和 65% 的菌体在发酵第四天时达到的峰值低。当含水量为 85% 时，纤维素酶活数值比其他含水量条件下的酶活数值低很多，本实验得到的有最大纤维素酶活时的含水量数值为 55%，与 Latifian 等研究的结果很相近，他们报道了利用木霉中的 *Trichoderma reesei* 固态发酵制备纤维素酶，其含水量最佳范围值为 55%～70%。众所周知，微生物的生长和新陈代谢一般都在营养物质能够溶解的水相中进行，如果发酵基质中含水量过低，不利于营养成分的溶解，将会对微生物发酵起阻碍作用，因此实验中在低含水量时纤维素酶活较低的原因应该是可溶解的营养成分的减少导致纤维素酶菌体的生长受阻，而高的含水量又阻碍了纤维素酶菌体对氧气的利用，因此得到的纤维素酶活也很低。

图 1-5-1（b）为在固定含水量为 55% 和接种量为 10% 时，在 250mL 的三角瓶中不同通风量水平对纤维素酶活的影响。从图 1-5-1（b）可以看出，当只有 5g 发酵基质时，其纤维素酶活在发酵第 3 天就达到了高峰值，但其数值没有当发酵基质为 10g、20g 以及 30g 时的高峰值高。三角瓶中发酵基质为 20g 和 30g 时，两者的纤维素酶活曲线非常相近，比如，两者的发酵高峰值即固态发酵第四天时的纤维素酶活，20g 发酵基质的为 5.0IU/gds，30g 发酵基质为 4.9 IU/gds。然而当发酵基质升为 40g 时，纤维素酶活的高峰值急剧降为 2.4 IU/gds，实验结果中最合适的通风量为 10g，发酵基质在 250mL 的三角瓶中发酵，第 4 天得到纤维素酶活高峰值 5.8 IU/gds。发酵系统的通风量与其热扩散和氧传输关系密切，通风量过低会造成发酵系统的扩散限制，因此实验中在发酵基质为 40g 时，发酵系统中的氧气传输和热量扩散障碍导致纤维素酶菌体不能正常发育，纤维素酶活水平一直很低；而过高的通风量将会造成介质中水分随着过于充分的热扩散和氧传输挥发损失过快，导致纤维素酶菌体迅速衰减。

有关固态发酵中接种量的影响报道较少。本实验在固定含水量为 55% 以及发酵基质为 10g 的条件下考察了不同接种量水平对固态发酵纤维素酶活的影响，实验结果如图 1-5-1（c）所示。从图中对比可以看到，尽管不同接种量水平对纤维素酶活造成的差异没有在不同含水量和通风量条件下纤维素酶活的差异显著，然而接种量依然对纤维素酶活的大小有一定程度的影响。在图 1-5-1（c）中，在固态发酵第一天纤维素酶活在接种量从 5% 到 30% 的范围内随接种量的增加而升高，在接下来的培养中，接种量为 15% 的发酵基质中纤维素酶活增速最快，在发酵第四天得到最大纤维素酶活 6.5 IU/gds，接下来按不同接种量水平下酶活高峰值排序：接种量为 10% 时为 5.7 IU/gds，接种量为 20% 时为 5.5 IU/gds，接种量为 25% 和 30% 时为 5.2 IU/gds。可以注意到当接种量为 5% 时纤维素酶活一直都保持最低。发酵系统的接种量同样也影响发酵基质物质传输和热扩散，低的接种量导致菌株不能充分利用发酵基质。而如果接种量过大，一方面菌体不能得到足够的营养，另一方面微生物量的累积会造成发酵系统中温度剧升而出现严重的热扩散问题。实验结果表明固态发酵基质接种量对纤维素酶活影响显著。

另外从上面几组实验中可以看出，无论在何种固态发酵培养条件下，纤维素酶活随时间的变化曲线都为抛物线形状，并且纤维素酶活有最大值的时间都是在固态发酵培养的第 4 天，由此看出合适的固态发酵时间对纤维素酶活影响也很显著，时间过短则其发酵不足，而时间过长则会导致菌体的衰竭。

5.2.2　固态发酵培养基组分的优化

5.2.2.1　实验设计

1. Plackett-Burman 全因子实验设计

利用 Plackett-Burman 全因子实验设计筛选固态发酵培养基中对纤维素酶活影响显著的主要组分。实验设计依据的模型方程为：

$$Y = \beta_0 + \sum \beta_i X_i \tag{1-5-1}$$

式中　Y——响应值；

　　　β_0——方程截距；

　　　β_i——线性系数；

　　　X_i——变量因子。

固态培养基中所有成分都作为变量因子参与实验设计进行筛选。根据设计实验需要，每个因子都选定两个水平数值：编码-1 表示较低水平数值，编码+1 表示较高水平数值。表 1-5-1 列出了固态发酵培养基中各变量因子的 Plackett-Burman 设计实验矩阵及相对应的纤维素酶活响应值，表 1-5-2 列出了 Plackett-Burman 设计实验中变量水平及其结果的统计学分析。实验设计数据分析用 Minitab 14.11 统计分析软件完成。

表 1-5-1　固态发酵培养基中各变量因子的 Plackett-Burman 设计实验矩阵以及相对应的纤维素酶活响应值

系列	X_1	X_2	X_3	X_4	X_5	X_6	X_7	FPA/（IU/gds）
1	1	-1	1	-1	-1	-1	1	1.4
2	1	1	-1	1	-1	-1	-1	4.8
3	-1	1	1	-1	1	-1	-1	4.4
4	1	-1	1	1	-1	1	-1	7.2
5	1	1	1	-1	1	1	1	4.2
6	1	1	1	-1	1	1	-1	4.5
7	-1	1	1	1	-1	1	1	4.1
8	-1	-1	1	1	1	-1	1	4.2
9	-1	-1	-1	1	1	1	-1	7.5
10	1	-1	-1	-1	1	1	1	4.1
11	-1	1	-1	-1	-1	1	1	3.5
12	-1	-1	-1	-1	-1	-1	-1	4.8

表 1-5-2　Plackett-Burman 设计实验中变量水平及其结果的统计学分析

编码	变量	低因素水平（-1）	高因素水平（+1）	影响	标准差系数	P 值	置信水平/%
X_1	麦秸秆/%	10.7	13.4	0.528	0.2532	0.356	64.4
X_2	玉米秸秆/%	10.7	13.4	-0.898	0.2532	0.151	84.9
X_3	麦麸/%	14.3	17.9	-0.761	0.2532	0.207	79.3
X_4	玉米麸/%	7.1	8.9	2.238	0.2532	0.012	98.8
X_5	$(NH_4)_2SO_4$/%	1.8	2.3	0.761	0.2532	0.207	79.3
X_6	KH_2PO_4/%	0.2	0.3	1.676	0.2532	0.030	97.0
X_7	$MgSO_4$/%	0.2	0.3	-2.776	0.2532	0.005	99.5

在利用 Plackett-Burman 全因子实验设计找出对纤维素酶活有重要影响的培养基组分变量因子后，应用最陡爬坡路径实验使选出的变量因子的数值水平接近有最大纤维素酶活时的最佳区域。实验设计及结果列于表 1-5-3 中。

表 1-5-3　最陡爬坡路径实验设计及其对应结果

系列	MgSO₄/%	玉米麸/%	KH₂PO₄/%	FPA/（IU/gds）
1	0.3	5	0.2	5.2
2	0.2	9	0.6	8.6
3	0.1	13	1.0	6.5
4	0	17	1.4	4.6

2. Box-Behnken 实验设计

利用响应面分析中的 Box-Behnken 实验设计优化固态培养基中对纤维素酶活有重要影响的因素水平。设计一组三因子三水平的 Box-Behnken 优化实验，一共有 15 组不同组合水平，其中包括 3 组在选中中心点的重复试验以验证实验误差。表 1-5-4 显示了各因素的水平、设计实验组合及相对应的结果。应用下面的变量对响应值的二维多项式模型方程预测最佳变量点：

$$Y = \beta_0 + \Sigma\beta_i X_i + \Sigma\beta_{ij} X_i X_j + \Sigma\beta_{ii} X_i^2 \qquad (1\text{-}5\text{-}2)$$

式中　　Y——响应值；

β_0——一个常数；

β_i——线性系数；

β_{ii}——平方项系数；

β_{ij}——变量交叉系数；

X_i、X_j——变量因子。

表 1-5-4　Box-Behnken 实验设计中 3 个变量实际值与编码值的排列矩阵及相应的响应值

系列	MgSO₄/%		玉米麸/%		KH₂PO₄/%		FPA/（IU/gds）
	X_1	编码 X_1	X_2	编码 X_1	X_3	编码 X_1	
1	0.10	−1	9	0	0.20	−1	6.0
2	0.20	0	5	−1	0.20	−1	5.2

续表

系列	MgSO₄/%		玉米麸/%		KH₂PO₄/%		FPA/（IU/gds）
	X_1	编码 X_1	X_2	编码 X_1	X_3	编码 X_1	
3	0.10	−1	5	−1	0.60	0	5.3
4	0.10	−1	9	0	1.00	1	5.2
5	0.30	1	5	−1	0.60	0	6.1
6	0.20	0	5	−1	1.00	1	5.1
7	0.30	1	13	1	0.60	0	6.6
8	0.30	1	9	0	1.00	1	4.6
9	0.30	1	9	0	0.20	−1	5.1
10	0.20	0	13	1	0.20	−1	4.8
11	0.10	−1	13	1	0.60	0	6.6
12	0.20	0	13	1	1.00	1	4.0
13	0.20	0	9	0	0.60	0	8.8
14	0.20	0	9	0	0.60	0	8.7
15	0.20	0	9	0	0.60	0	8.6

使用 Minitab 14.11 软件对实验设计结果进行回归和图解分析。对得到的回归方程通过求导求解出在最大纤维素酶活处的变量因子数值

5.2.2.2 纤维素酶固态发酵培养基主要成分的确定

为了进一步提高纤维素酶的活性，利用统计分析方法对绿色木霉 *Trichoderma viride* 固态发酵制备纤维素酶的培养基成分进行优化。表 1-5-1 列出了固态发酵培养基中各变量因子的 Plackett-Burman 设计实验矩阵及相对应的纤维素酶活响应值，每个变量因子选定+1 和−1 两个条件水平，分别表示该因子浓度的较高值和较低值。表 1-5-2 列出了 Plackett-Burman 设计实验中变量水平及其结果的统计学分析（具体数值以及标准偏差、显著性水平 P 值和置信水平）。当对应的变量因子的作用符号为正号时，表示纤维素酶活在该变量因子较高水平时有较大值，相反，当对应变量因子的作用符号为负号时，表示纤维素酶活在该变量因子较低水平处有较大值。从表 1-5-2 可以得出，变量因子麦秸秆（X_1）、玉米秸秆（X_2）、麦麸（X_3）、

玉米麸（X_4）、硫酸铵（X_5）、磷酸二氢钾（X_6）和硫酸镁（X_7）对应的作用数值分别为 0.528、−0.898、−0.761、2.238、0.761、1.676 和−2.776。其中，作用数值为正号的麦秸秆（X_1）、玉米麸（X_4）、硫酸铵（X_5）和磷酸二氢钾（X_6）在较大数值水平处有高的纤维素酶活，而作用数值为负号的玉米秸秆（X_2）、麦麸（X_3）和硫酸镁（X_7）在较低数值水平处能够促进纤维素酶菌体的发育。从表 1-5-2 可以看出，麦秸秆（X_1）、玉米秸秆（X_2）、麦麸（X_3）和硫酸铵（X_5）的置信水平都在 95% 以下，因此被认为是对纤维素酶活影响不显著的因素，而玉米麸（X_4）、磷酸二氢钾（X_6）和硫酸镁（X_7）的置信水平都在 95% 以上，因此是对纤维素酶活影响显著的因素。在以下的实验中，重点考察了对纤维素酶活影响显著的玉米麸（X_4）、磷酸二氢钾（X_6）和硫酸镁（X_7）3 个因素在固态发酵培养基中的最佳浓度，而对纤维素酶活大小影响不显著的因素则根据其作用数值符号的正负，固定在其有较高纤维素酶活的高水平值或者低水平值条件下。实验中各培养基成分浓度的大小用的是百分数的表示形式，代表培养基中各组分在整个发酵基质中的质量分数。

尽管 Plackett-Burman 设计实验没有明确显示培养基成分如何影响纤维素酶活的作用机理，但是是确定营养成分中对响应值有显著影响的因素的主要手段和工具。为了找出培养基中主要影响成分对纤维素酶活的最佳浓度范围，进行下面的优化实验。

5.2.2.3　最陡爬坡实验

根据 Plackett-Burman 实验设计的统计回归分析结果，即由相对应主要因素的正负作用效果，设计了最陡爬坡路径以发现主要因素的最佳条件范围，比如硫酸镁（X_7）的作用效果是负值，因此以其浓度递减的趋势设计实验；而玉米麸（X_4）和磷酸二氢钾（X_6）的作用效果都为正值，因此两者在设计实验中的浓度呈现递增的趋势。实验设计及相应结果见表 1-5-3。从结果可以明显看出，纤维素酶活在爬坡路径的第二阶段有最大纤维素酶活 8.6IU/gds，此时 3 个主要因素的浓度分别为玉米麸 9%、硫酸镁 0.2% 和磷酸二氢钾 0.6%。

5.2.2.4　Box–Behnken 设计实验对主要营养成分浓度的优化

继续使用统计分析方法响应面优化中的 Box-Behnken 设计实验对上述 3 个主

要因素的最佳值范围进行优化，每个因素选定 3 个水平。利用 Minitab 软件中的统计分析功能对实验设计结果进行回归分析得到 3 个主要因素对纤维素酶活的响应面图形以及相应的分析数据。根据分析数据可以得到有较高纤维素酶活的最佳条件范围。由于实验设计考察了 3 个主要培养基成分对纤维素酶活的影响，根据两两因素的交互影响作用，因此共得到 3 组响应面图形，每个图形描述的是在固定其中一个因素的条件下任意两个因素对响应值纤维素酶活的影响。表 1-5-4 列出了 Box-Behnken 实验设计中 3 个变量实际值与编码值的排列矩阵及其相应的响应值，其中 1~12 组是变量因子在不同水平下的排列组合，而 13~15 组都是中心点的重复实验。

从数据的回归分析结果中得到纤维素酶活值对 3 个主要培养基组分的三项二次多元方程：

$$Y = -9.093 + 42.926X_1 + 1.85X_2 + 18.074X_3 - 102.997X_1^2 - 0.094X_2^2 - 15.259X_3^2$$
$$-0.442X_1X_2 + 2.398X_1X_3 - 0.105X_2X_3 \qquad (1\text{-}5\text{-}3)$$

式中　Y——响应值，纤维素酶活大小的潜能；

X_1、X_2 和 X_3——分别对应 3 个变量因子，即硫酸镁、玉米麸皮和磷酸二氢钾。

表 1-5-5　Box-Behnken 实验设计的回归分析结果

项	系数	标准差系数	T	P
常数	-9.093	3.0777	-2.954	0.032
X_1	42.926	16.277	2.637	0.046
X_2	1.85	0.4346	4.257	0.008
X_3	18.074	3.5662	5.068	0.004
X_1^2	-102.997	33.7849	-3.049	0.028
X_2^2	-0.094	0.0211	-4.444	0.007
X_3^2	-15.259	2.1116	-7.226	0.001
X_1X_2	-0.442	0.8115	-0.545	0.609
X_1X_3	2.398	8.1149	0.296	0.779
X_2X_3	-0.105	0.2029	0.518	0.627

表 1-5-5 列出了 Box-Behnken 实验设计的回归分析结果。P 数值显示硫酸镁、

玉米麸皮和磷酸二氢钾的线性项 X_1、X_2 和 X_3 以及各变量的平方项 X_1^2、X_2^2 和 X_3^2 对纤维素酶活有显著影响,因为其 P 值都小于 0.05,而 3 个变量中两两变量(X_1X_2、X_1X_3 和 X_2X_3)的交互作用对纤维素酶活影响不显著,因为其 P 值都大于 0.05。同时,相关性系数 R^2 值为 0.937,说明利用 Box-Behnken 实验设计考察绿色木霉利用可再生资源固态发酵生产纤维维素酶时重要培养基成分的影响的实验结果与设计实验中的数学模型方程吻合得很好。

Box-Behnken 实验设计结果的响应面图形和相应的轮廓图如图 1-5-2 所示。图 1-5-2 中有 3 组曲面,每组显示的都是在固定第 3 个因素的条件下剩余两个因素对纤维素酶活的影响,从图中可以看到,这 3 组曲面形状很相似,说明实验数据的稳定性较高。图 1-5-2 中纤维素酶活响应值呈现一个明显的峰值,说明本实验设计选定的数据范围有效。通过对回归方程(1-5-3)的求解,得到了 3 个培养基成分的最佳条件:硫酸镁质量百分比为 0.20%,玉米麸为 9.0%,磷酸二氢钾为 0.61%,此时得到的最大纤维素酶活响应值为 8.9 IU/gds。这个最佳条件接近响应面图形的中心点范围。同时可以发现,经过 Box-Behnken 实验设计得到的最大纤维素酶活数值与在最陡爬坡路径得到的纤维素酶活数值相差不多,其主要原因是培养基中 3 个主要因素的交互作用不明显,这点由表 1-5-5 中的 P 值大小体现。在这 3 个对纤维素酶活高低有显著影响的固态发酵培养基组分中,硫酸镁和玉米麸皮的主要作用是诱发和促使纤维素酶孢子的产生和发育,而磷酸二氢钾的主要作用是对发酵体系的酸度进行适当缓冲,因为 pH 值范围对微生物生长有重要影响。

上述统计分析方法因其科学、简便和有效的特点逐渐代替传统经验方法,在生物学领域得到很多应用,然而在绿色木霉固态发酵培养基的优化方面还未见有关统计方法的报道。实验设计数据的回归分析显示了 3 个重要培养基组分对固态发酵制备的纤维素酶活的显著影响,而其响应面等高线图形中的环状曲线表明这 3 个重要培养基组分的交互作用不显著,这也是在 Box-Behnken 设计实验前后最大纤维素酶活值相差不大的原因。在验证实验中得到的最大纤维素酶活为(8.5±0.6)IU/gds(N=5),确认了从回归方程中得到的最佳培养基成分条件。

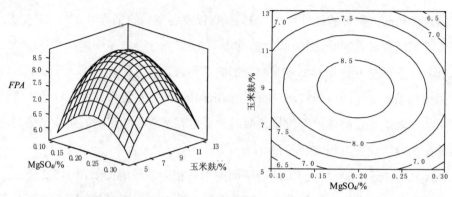

（a）玉米麸和硫酸镁含量的改变对纤维素滤纸酶活 *FPA* 影响的曲面图和等高线图

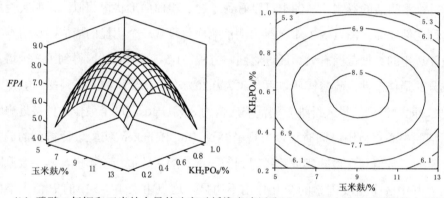

（b）磷酸二氢钾和玉米麸含量的改变对纤维素滤纸酶活 *FPA* 影响的曲面图和等高线图

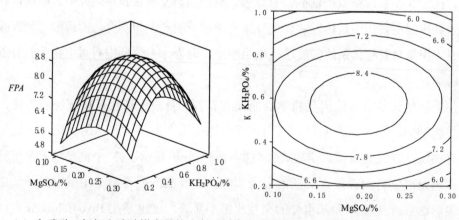

（c）和磷酸二氢钾和硫酸镁含量的改变对纤维素滤纸酶活 *FPA* 影响的曲面图和等高线图

图 1-5-2　3 个培养基重要组分硫酸镁、玉米麸和磷酸二氢钾单个因子和交互因子对绿色木霉固态发酵制备纤维素酶活的影响的响应面图形。每个响应曲面表示在固定第 3 个因素为最佳条件时其他两个因素对响应值的影响

5.3　纤维素粗酶在生物发酵制氢中的应用

5.3.1　纤维素粗酶对玉米秸秆废弃物的预处理

用上述制备的纤维素粗酶与经过粉碎处理的玉米秸秆废弃物混合，排除系统中的空气后，在 40℃下发酵 3 天，考察粗酶的不同剂量对秸秆糖化预处理程度的影响。根据玉米秸秆中的主要组分纤维素、半纤维素以及木质素在发酵处理前后的变化确定粗酶的最佳剂量，其中纤维素、半纤维素以及木质素含量用 Van soest 方法测定。实验结果列在表 1-5-6 中，表中的百分比是指各组分在底物秸秆中的质量分数。

表 1-5-6　不同剂量的纤维素粗酶对玉米秸秆废弃物的糖化处理效果

纤维素粗酶剂量/（IU/g）	纤维素含量/%	半纤维素含量/%	木质素/%	可溶性糖含量/%
0.0	39.1	30.9	11.4	2.0
0.5	33.5	10.9	11.3	18.0
1.0	27.6	1.5	11.3	29.0
1.5	27.5	1.5	11.3	29.1

从表 1-5-6 中可以看出，随着纤维素粗酶剂量的递增，即从 0 增为 0.5IU/g 和 1.0IU/g 时，秸秆中可溶性糖的含量也从最初的 2%升为 18%和 29%。当纤维素粗酶的剂量继续增为 1.5IU/g 时，可溶性糖的含量几乎没有变化。相应地，经过纤维素粗酶糖化发酵的底物秸秆中纤维素的含量也随着纤维素粗酶剂量的增加而减少，当剂量分别为 0IU/g、0.5IU/g、1.0IU/g 和 1.5IU/g 时，相对应纤维素含量分别为 39.1%、33.5%、27.6%和 27.5%；半纤维素含量变化非常显著，随着纤维素粗酶剂量的增加，糖化处理过的秸秆中半纤维素含量分别为 30.9%、10.9%、1.5%和 1.5%；而其中木质素的含量几乎没有变化，实验数据说明秸秆酶解预处理后增加的可溶性糖主要来自秸秆中半纤维素的降解。由于纤维素酶是复合酶，是一类能够降解纤维素生物质中 β-1，4-糖苷键从而生成葡萄糖的酶的总称，因此说明本实

验制备的纤维素粗酶中的主要组成酶对半纤维素的降解有显著的作用，被证实为一种有效的生物制剂。根据实验数据得到纤维素酶粗酶的最佳剂量为 1.0IU/g，因为剂量小时糖化不充分，剂量增大时其中可溶性糖含量无多大变化。

5.3.2　酶解秸秆的发酵生物产氢

以纤维素粗酶糖化预处理的玉米秸秆为底物，用经过预处理的牛粪堆肥为产氢菌源通过生物发酵制备氢气，考察酶解秸秆的浓度对生物发酵产氢的影响。图 1-5-3 表示当初始 pH 值为 6.5，预处理菌源接种量为 100g/L，底物浓度从 10g/L 变化到 25g/L 时，累积氢产量随时间的发展曲线。并且所有产氢量都扣除了纤维素粗酶的产氢空白，因为纤维素粗酶中含有可能被产氢微生物利用的碳水化合物。

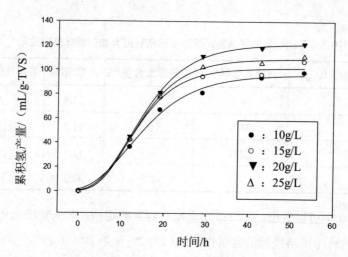

图 1-5-3　经糖化预处理过的秸秆在不同浓度下累积氢产量随时间的变化曲线

从图 1-5-3 可以看出，随着糖化预处理的秸秆浓度从 10g/L 增至 15g/L 和 20g/L，累积氢产量分别从 98mL H_2/g-TVS 升为 107mL H_2/g-TVS 和 122mL H_2/g-TVS。得到的最大累积含氢量 122mL H_2/g-TVS 出现在底物浓度为 20g/L 以及发酵时间为 53h 时。其后，随着底物浓度的进一步增加，累积氢产量呈下降趋势，例如：当底物浓度增加至 5g/L 时，累积氢产量将会降到 111mL H_2/g-TVS。浓度过大时累积氢产量减少是因为反应体系液相产物中酸积累以及过高的氢分压对反应有抑制效应。另外，有研究报道在反应器中过高的氢分压会迫使反应系统将多余的氢气转化为其他还原性产物，如乳酸、乙醇、丙酮和丙氨酸。

为了确认本实验中制备的纤维素粗酶对秸秆进行预处理后，秸秆厌氧发酵产氢的效果，将实验结果与一些文献报道的在不同秸秆预处理方法下的生物产氢量进行了对比，结果列在表1-5-7中。从图1-5-3可得出，本实验得到的最大累积氢产量为122mL/g-TVS，是Al-Alawi报道的用盐酸处理的秸秆产氢量的2倍，同样比用氢氧化钠处理的稻草秆的氢产量90.5mL/g-TVS高。同时也发现，经商业纤维素酶预处理的新鲜秸秆的产氢量为176mL/g-TVS，高于本实验的累积氢产量，是由于新鲜秸秆中有更高的糖含量；经过微波和酸处理的麦麸生物发酵产氢量128.2mL/g-TVS也略高于本实验的数据，因为麦麸中富含20.1%的易被降解利用的淀粉。同样本实验得到的产氢速率6.0mL/（g-TVS·h）（除个别情况外），大多都高于文献报道值。本实验得到的累积氢产量是未经糖化处理的秸秆产氢量的45倍，结果证实了将本实验制备的粗纤维素酶用于玉米秸秆的生物发酵产氢是可行的。

表1-5-7　纤维素类生物质在不同预处理条件下的产氢效果

原料	预处理方法	最大产量		参考文献
		累积氢产量/（mL/g-TVS）	产氢速率 R/[mL/（g-TVS·h）]	
废弃玉米秸秆	纤维素粗酶	122	6.0	本研究
玉米秸秆	商业纤维素酶	176	18	Fan et al., 2008
麦麸	微波辅助盐酸	128.2	2.5	Pan et al., 2008
废弃玉米秸秆	HCl	58.6	——	Al-Alawi, 2007
稻草秸秆	NaOH	90.5	0.58	Zhou et al., 2007

5.4　小结

本章的主要内容如下：

（1）研究和优化了纤维素粗酶的制备条件。考察了几个关键环境因素对绿色木霉固态发酵生产纤维素酶活的影响，得出固态发酵制备纤维素酶合适的环境条件：发酵基质含水量为 55%，接种量为 15%，10g 的发酵基质在 250mL 的三角瓶中培养 4 天，此时得到纤维素粗酶滤纸酶活为 6.5 IU/gds。

（2）采用 Plackett-Burman 试验设计法及响应面法对绿色木霉制备纤维素酶的固态发酵培养基组分进行了优化。利用 Plackett-Burman 实验设计筛选出影响纤维素酶活的 3 个主要培养基组分，即硫酸镁、玉米麸和磷酸二氢钾；在此基础上用最陡爬坡路径使三者浓度接近最大响应值范围，最后利用 Box-Behnken 试验设计及响应面分析法对实验数据进行回归分析。结果表明：硫酸镁、玉米麸皮和磷酸二氢钾三因素对纤维素酶活有显著影响，但是其互相的交互作用对纤维素酶活影响不显著。最终得到了固态发酵培养基组分的优化条件：硫酸镁质量百分比为 0.20%，玉米麸质量百分比为 9.0%，磷酸二氢钾质量百分比为 0.61%。其余对固态发酵制备纤维素酶影响不显著的培养基组分条件：麦秸秆质量百分比为 13.4%，玉米秸秆质量百分比为 10.7%，麦麸质量百分比为 14.3%，硫酸铵质量百分比为 2.3%。此时得到的纤维素粗酶的最大滤纸酶活为 8.9IU/gds，比培养基优化前的酶活提高了 37%。同时测得在最佳条件时纤维素酶的 CMC 酶活为 62.8 IU/gds。

（3）本实验在制备纤维素酶的过程中用秸秆和麦麸等代替传统的结晶纤维素粉、蛋白胨和酵母膏等，因而生产成本显著降低。

（4）当粗纤维素酶最佳剂量为 1.0IU/g（干秸秆）时，在 40℃下发酵 3 天后得到秸秆中最大还原糖含量 29.0%。用其生物发酵制备氢气，在预处理底物浓度为 20g/L，预处理菌源接种量为 100g/L，初始 pH 值为 6.5，发酵时间为 53h 时得到最大氢产量 122mL H_2/g-TVS。该数值是原始秸秆产氢量的 45 倍。结果表明将本实验制备的纤维素粗酶用于秸秆的生物发酵产氢是可行的。

第 6 章　结论

6.1　本部分观点总结

本部分介绍了能源的发展和应用现状以及秸秆在能源化应用方面的优势和需要解决的难题，同时主要针对秸秆类生物质在生物发酵制氢过程中存在的产氢效率不高以及生物质预处理成本高和利用效率低的问题，对生物质发酵产氢过程的重要参数进行了优化，并探讨了相关机理，主要得到了以下结论：

（1）在对生物厌氧发酵制氢过程基本参数进行考察的阶段，以玉米为底物，以牛粪堆肥作为天然产氢菌源，发现玉米经过复合生物添加剂的生物糖化预处理后，其发酵氢产量明显提高。发酵制氢的最佳初始 pH 值随玉米糖化程度的不同而变化：在一定范围内，底物糖化预处理越充分，产氢的最佳初始 pH 值越低。但是糖化预处理时间过长则会对生物产氢有抑制作用。对生物发酵产氢潜能影响显著的因素有底物浓度和初始 pH 值，而对生物发酵产氢速率影响显著的因素只有底物浓度。实验在以还原糖含量为(51.2 ± 3.6)%，淀粉含量为(32.4 ± 2.8)%，糖化率为(61.1 ± 3.9)%，预处理玉米浓度为 10g/L 以及发酵产氢系统的初始 pH 值为 6.0 时得到最大累积氢产量(346 ± 6.3)mL/g-TVS 和产氢速率(11.8 ± 0.3)mL/（g-TVS·h）。

同时检测到系统在最佳产氢阶段的 pH 值为 4.79～5.12，氧化还原电位 ORP 维持在-521～-458mV，发酵末端产物中丁酸含量占末端产物总量的 49.4%～55.7%。

（2）利用超声波方法处理天然产氢菌源消化污泥以提高生物发酵制氢效率。实验发现当产氢体系中的底物越难被降解时，超声波处理消化污泥对生物发酵制氢的促进作用越明显。研究中选取易被降解的蔗糖为底物，经考察得出在超声波功率为 130W/L 及处理时间为 10s 时，生物发酵产氢效率能提高 1.34 倍。对经过超声波处理的消化污泥在厌氧发酵产氢过程中的主要末端产物挥发性脂肪酸（VFAs）和还原糖进行检测的结果显示，超声波处理没有改变生物制氢的发酵途径和发酵性质。将超声波同时作用于含有消化污泥和底物的产氢混合溶液时能使产氢速率提高 1.48 倍，单独作用于底物蔗糖时产氢速率提高 1.17 倍。超声波作用使消化污泥中可溶性 COD 的量显著增加。超声波的作用机理是在不损坏消化污泥中微生物细胞的前提下将其中的有机大分子分解成小的颗粒，同时去除消化污泥中表面松弛、无活性组织的部分，使其包含的细胞间物质直接与反应相相接触。这些作用显著提升了消化污泥中产氢微生物的活性，促使其产氢效果得到改善。

（3）将纤维素酶的制备与纤维素氢气的生产联合起来，构建了玉米秸秆利用纤维素粗酶固态降解生物发酵制氢的系统。在优化纤维素粗酶制备条件的阶段，得到了纤维素酶有最大活性时的培养条件：固态发酵基质含水量为 55%，接种量为 15%，10g 的发酵基质在 250mL 的三角瓶中培养 4 天时，固态培养基主要组分浓度硫酸镁为 0.20%，玉米麸为 9.0%，磷酸二氢钾为 0.61%，以及培养基其他组分浓度麦秸秆为 13.4%，玉米秸秆为 10.7%，麦麸为 14.3%，硫酸铵为 2.3%，此时得到的纤维素粗酶的最大滤纸酶活性为 8.9 IU/gds，CMC 酶活为 62.8 IU/gds。本实验在制备纤维素酶过程中用秸秆和麦麸等代替传统的结晶纤维素粉、蛋白胨和酵母膏等，因而生产成本显著降低。当粗纤维素酶最佳剂量为 1.0IU/g（干秸秆）时，在 40℃下发酵 3 天后得到秸秆中最大还原糖含量 29.0%。用其生物发酵制备氢气，在预处理底物浓度为 20g/L，预处理菌源接种量为 100g/L，初始 pH 值为 6.5，发酵时间为 53h 时得到最大氢产量为 122mL H_2/g-TVS。该数值是未处理秸秆氢产量的 45 倍。结果表明将本实验制备的纤维素粗酶用于秸秆的生物发酵制氢是可行的。

6.2　工作建议

尽管本研究对生物质在生物发酵制氢过程中产氢效率的提高以及生物质的有效利用方面得到了一些结论，但是这些研究都是在批式实验中完成的，有待于在大反应器中得到验证。

在超声波对生物发酵制氢作用的研究中，由于环境条件的局限性，只考察了超声波对产氢菌源消化污泥的影响，因为天然产氢菌来源丰富，因此也应该考察超声波对其他产氢菌源的影响，同时应将超声波应用在秸秆生物发酵制氢过程中。

实现纤维素酶解和生物制氢的同步发酵，即将纤维素原料的生物酶解与其厌氧发酵制氢有机耦合，不仅能克服产物的累积效应，同时也减少了生产步骤。但是同步发酵的实现需要解决纤维素酶和产氢菌共同作用的问题。另外，根据"生物精炼"的概念，应该充分利用生物质发酵制氢过程中的副产物，实现生物资源的最有效利用。

参考文献

[1]   Adsul MG, Bastawde KB, Varma AJ, etc. Strain improvement of Penicillium janthinellum NCIM 1171 for increased cellulase production [J]. Bioresour Technol, 2007, 98: 1467-1473.

[2]   Al-Alawi M. Biohydrogen production by anaerobic biological fermentation of agriculture waste [J]. Assessm Hydrogen Energy Sustain Develop, 2007, 21: 177-185.

[3]   Biswas A, Saha BC, Lawton JW, etc. Process for obtaining cellulose acetate from agricultural by-products [J]. Carbohyd Polyme, 2006, 64: 134-137.

[4]   Borjesson J, Engqvist M, Sipos B, etc. Effect of poly (ethylene glycol) on enzymatic hydrolysis andadsorption of cellulase enzymes to pretreated lignocellulose [J]. Enzyme Microbial Technol, 2007, 41: 186-195.

[5]   Botella C, de Ory I, Webb C, etc. Hydrolytic enzyme production by Aspergillus awamori on grape pomace [J]. Biochemical Engineer J, 2005, 26: 100-126.

[6]   BougrierC, Carrere, Delgenes JP. Solubilization of waste-activated sludge by ultrasound treatment [J]. Chem Eng J, 2005, 106: 163-169.

[7]   Cai ML, Liu JX, Wei YS. Enhanced Biohydrogen Production from Sewage Sludge with Alkaline Pretreatment [J]. Environ Sci Technol, 2004, 38: 3195-3202.

[8]   Chandra M, Kalra A, Sangwan NS, etc.Development of a mutant of Trichoderma citrinoviride for enhanced production of cellulases [J]. Bioresour Technol, 2009, 100: 1659-1662.

[9]   Chang JS, Lee KS, Lin PJ. Biohydrogen production with fixed-bed bioreactors [J]. Int J Hydrogen Energy, 2002, 27(11/12): 1167-1174.

[10] Chen CC, Lin CY, Chang JS. Kinetics of hydrogen production with continuous anaerobic cultures utilizing sucrose as the limiting substrate [J]. Appl Microbiol Biotechnol, 2001, 57: 56-64.

[11] Chen CC, Lin CY, Lin MC. Acid-base enrichment enhance anaerobic hydrogen production process [J]. Appl Microbiol Bitechnol, 2002, 58(2): 224-228.

[12] Chen WH, Sung SW, Chen SY. Biological hydrogen production in an anaerobic sequencing batch reactor: pH and cyclic duration effects [J]. Int J Hydrogen Energy, 2009, 34: 227-234.

[13] Chen WH, Chen SY, Khanal SK, etc. Kinetic study of biological hydrogen production by anaerobic fermentation [J]. Int J Hydrogen Energy, 2006, 31: 2170-2178.

[14] Chen ZG, Zong MH, Gu ZX, etc. Effect of ultrasound on enzymatic acylation of konjac glucomannan [J]. Bioprocess Biosyst Eng, 2008, 31: 351-356.

[15] Chornet E, Czernik S. Harnessing hydrogen [J]. Nature, 2002, 418(29): 928-929.

[16] Curreli N, Agelli M, Pisu B. Complete and efficient enzymic hydrolysis of pretreated wheatstraw [J]. Process Biochemist, 2002, 37(9): 937-941.

[17] Das D, Veziroglu TN. Hydrogen production by biological process: a survey of literature [J]. Int J Hydrogen Energy, 2001, 26: 13-28.

[18] Datar R, Huang J, Maness PC, etc. Hydrogen production from the fermentation of corn stover biomass pretreated with a steam-explosion process [J]. Int J Hydrogen Energy, 2007, 32: 932-939.

[19] Ding WB, Wang YP, Xu Y. Bio-energy material: Potential production analysis on the primary crop straw [J]. China Population Resource Environ, 2007, 17(5): 37-41.

[20] Duangmanee T, Padmasiri S, Simmons JJ, etc. Hydrogen production by anaerobic microbial communities exposed to repeated heat treatments [C]. WEFTEC.02, Conference Proceedings, Annual Technical Exhibition & Conference, 75th, Chicago, IL, United States, Sept 28-Oct 2002, 2: 1247-1265.

[21] Espinoza-Escalante FM, Pelayo-Ortiz C, Gutierrez-Pulido H, etc. Multiple response optimization analysis for pretreatments of Tequila's stillages for VFAs and hydrogen production [J]. Bioresource Technol, 2008, 99: 5822-5829.

[22] Fang HHP, Li CL, Zhang T. Acidophilic biohydrogen production from rice slurry [J]. Int J Hydrogen Energy, 2006, 31: 683-692.

[23] Fang HHP., Yu HQ. Mesophilic acidification of gelatinaceous wastewater [J]. J Biotechnol, 2002, 93: 99-108.

[24] Fan YT, Guo YP, Pan CM, etc. Bioconversion of aging corn to biohydrogen by dairy manure compost [J]. Ind Eng Chem Res, 2009, 48: 2493-2498.

[25] Fan YT, Li CL, Lay JJ, etc. Optimization of initial substrate and pH levels for germination of sporing hydrogen-producing anaerobes in cow dung compost [J]. Biores Technol, 2004, 91: 189-193.

[26] Fan YT, Xing Y, Ma HC, etc. Enhanced cellulose-hydrogen production from corn stalk by lesser panda manure [J]. Int J Hydrogen Energy, 2008, 33: 6058-6065.

[27] Fan YT, Zhang GS, Guo XY, etc. Biohydrogen-production from beer lees biomass by cow dung compost [J]. Biomass Bioeng, 2006, 30: 493-496.

[28] Fan YT, Zhang YH, Zhang SF, etc. Efficient conversion of wheat straw wastes into biohydrogen gas by cow dung compost [J]. Bioresour Technol, 2006, 97: 500-505.

[29] Gao JM, Weng HB, Zhu DH, etc.Production and characterization of cellulolytic enzymes from the thermoacidophilic fungal Aspergillus terreus M11 under solid-state cultivation of corn stover [J]. Bioresour Technol, 2008, 99: 7623-7629.

[30] Ginkel SK, Sung SH. Biohydrogen production as a function of pH and substrate concentration [J]. Environ Sci Technol, 2001, 35: 4726-4733.

[31] Goudar CT, Strevett KA. Estimating growth kinetics of Peniciuium chrysogenum by nonlinear regression [J]. Biochem Eng J, 1998, 1: 191-199.

[32] Graminha EBN, Goncalves AZL, Pirota RDPB, etc. Enzyme production by solid-state fermentation: Application to animal nutrient [J]. Animal Feed Science Technol, 2008, 144: 1-22.

[33] Guo L, Li XM, Xie B, etc. Impacts of sterilization, microwave and ultrasonication pretreatment on hydrogen producing using waste sludge [J]. Bioresource Technol, 2008, 99: 3651-3658.

[34] Hallenbeck PC, Benemann JR. Biological hydrogen production: fundamentals and limiting process [J]. Int J Hydrogen Energy, 2002, 27: 1185-1193.

[35] Hawkes FR, Dinsdale R, Hawkes DL, etc. Sustainable fermentative hydrogen production: challenges for process optimization[J]. Int J Hydrogen Energy, 2002, 27: 1339-1347.

[36] Herran NS, Lopez JLC, Perez JAS, etc. Effects of ultrasound on culture of Aspergillus terreus [J]. J Chemical Technol Biotechnol, 2008, 83: 593-600.

[37] Hu B, Chen SL. Pretreatment of methanogenic granules for immobilized hydrogen fermentation [J]. Int J Hydrogen Energy, 2007, 32: 3266-3273.

[38] Hu WC, Thayanithy K, Forster CF. A kinetic study of the anaerobic digestion of ice-cream wastewater [J]. Process Biochem, 2002, 37: 965-971.

[39] Jorgensen H, Olsson L. Production of cellulases by Penicillium brasilianum IBT 20888—Effect of substrate on hydrolytic performance [J]. Enzyme Microbial Technol, 2006, 38: 381-390.

[40] Kang SW, Park YS, Lee JS, etc.Production of cellulases and hemicellulases by Aspergillus niger KK2 from lignocellulosic biomass [J]. Bioresour Technol, 2004, 91: 153-156.

[41] Kaur J, Chadha BS, Saini HS. Regulation of cellulase production in two thermophilic fungi Melanocarpus sp. MTCC 3922 and Scytalidium thermophilum MTCC 4520 [J]. Enzyme Microbial Technol, 2006, 38: 931-936.

[42] Khanal SK, Chen WH, Li L, etc. Biological hydrogen production: effects of pH and intermediate products [J]. Int J Hydrogen Energy, 2004, 19: 1123-1131.

[43] Khanal SK, Isik H, Sung S, etc. Effects of ultrasound pretreatment on aerobic digestibility of thickened waste activated sludge [C]. Mexico City, Mexico: In Proceedings of 7th Specialized Conference on SmallWater and Wastewater Systems, 2006.

[44] Khanal SK, Isik H, Sung S, etc. Ultrasonic conditioning of waste activated sludge for enhanced aerobic digestion [C]. Moscow, Russia: In Proceedings of IWA Specialized Conference-Sustainable Sludge Management: State of the Art, Challenges and Perspectives, 2006.

[45] Khanal, SK, Isik H, Sung S, etc. Ultrasound pretreatment of waste activated sludge: evaluation of sludge disintegration and aerobic digestibility [C]. Beijing, China: In Proceedings of IWA World Water Congress and Exhibition, 2006.

[46] Hussy I, Hawkes FR, Dinsdale R, etc. Continuous fermentation hydrogen production from sucrose and sugarbeet [J]. Int J Hydrogen Energy, 2005, 30: 471-483.

[47] Khanal SK, Grewell D, Sung SH, etc. Ultrasound applications in wastewater sludge pretreatment: a review [J]. Critl Rev Environ Sci Tech, 2007, 37: 277-313.

[48] Kim DH, Kim SH, Shin HS. Sodium inhibition of fermentative hydrogen production [J]. Int J Hydrogen Energy, 2009, 34: 3295-3304.

[49] Kim IS, Hwang MH, Jang NJ, etc. Effect of low pH on the activity of hydrogen utilizing methanogen in bio-hydrogen process [J]. Int J Hydrogen Energy, 2004, 29: 1133-1140.

[50] Kim SH, Han SK, Shin HS. Optimization of continuous hydrogen fermentation of food waste as a function of solids retention time independent of hydraulic retention time [J]. Process Biochem, 2008, 43: 213-218.

[51] Kim TH, Kim JS, Sunwoo CS, etc. Pretreatment of corn stover aqueous ammonia [J]. Bioresour Technol, 2003, 90(1): 3947.

[52] Kovacs K, Szakacs G, Zacchi G. Comparative enzymatic hydrolysis of pretreated spruce by supernatants, whole fermentation broths and washed mycelia of

Trichoderma reeseiand Trichoderma atroviride [J]. Bioresour Technol, 2009, 100: 1350-1357.

[53] Latifian M, Hamidi-Esfahani Z, Barzegar M. Evaluation of culture conditions for cellulase production by two Trichoderma reesei mutants under solid-state fermentation conditions [J]. Bioresource Technol, 2007, 98: 3634-3637.

[54] Lay JJ. Biohydrogen generation by mesophilic anaerobic fermentation of microcrystalline cellulose [J]. Biotechnol Bioeng, 2001, 74(4): 280-287.

[55] Lay JJ. Modeling and optimization of anaerobic digested sludge converting starch to hydrogen [J]. Biotechnol Bioeng, 2000, 68(3): 269-278.

[56] Lay JJ, Fan KS, Chang JI, etc. Influence of chemical nature of organic wastes on their conversion to hydrogen by heat-shock digested sludge [J]. Int J Hydrogen Energy, 2003, 28(12): 1361-1367.

[57] Lay JJ, Lee YJ, Noike T. Feasibility of biological hydrogen production from organic fraction of municipal solid waste [J]. Water Res, 1999, 33 (11): 2579- 2586.

[58] Lee MJ, Song JH, Hwang SJ. Effects of acid pre-treatment on bio-hydrogen production and microbial communities during dark fermentation [J]. Bioresour Technol, 2009, 100: 1491-1493.

[59] Lin CY, Hung WC. Enhancement of fermentative hydrogen/ethanol production from cellulose using mixed anaerobic cultures [J]. Int J Hydrogen Energy, 2008, 33: 3660-3667.

[60] Lin CY, Lay CH. Carbon/nitrogen-ratio effect on fermentative hydrogen production by mixed microflora [J]. Int J Hydrogen Energy, 2004, 29: 41-45.

[61] Lioyd TA, Wyman CE. Combined sugar yields for dilute sulfuric acid pretreatment of corn stover followed by enzymatic hydrolysis of the remaining solids [J]. Bioresour Technol, 2005, 96: 1967-1977.

[62] Liu BF, Ren NQ, Xing DF, etc. Hydrogen production by immobilized R.faecalis RLD-53 using soluble metabolites from ethanol fermentation bacteria E. harbinense B49 [J]. Bioresource Tech, 2009, 100: 2719-2723.

[63] Liu GZ, Shen JQ. Effect of Culture and Medium Conditions on Hydrogen Production from Starch Using Anaerobic Bacteria [J]. J Biosci Bioeng, 2004, 94(4): 251-256.

[64] Liu J, Yuan XZ, Zeng GM, etc. Effect of biosurfactant on cellulase and xylanase production by Trichoderma viride in solid substrate fermentation [J]. Process Biochem, 2006, 41: 2347-2351.

[65] Liu Y, Yoshikoshi A, Wang B, etc. Influence of ultrasonic stimulation on the growth and proliferation of Oryza sativa Nipponbare callus cells [J]. Coll Surf B: Biointerf, 2003, 27: 287-293.

[66] Li YF, Ren NQ, Chen Y, etc. Ecological mechanism of fermentative hydrogen production by bacteria [J]. Int J Hydrogen Energy, 2007, 32: 755-760.

[67] Long C, Ou Y, Guo P, etc. Cellulase production by solid state fermentation using bagasse with Penicillium decumbens L-06 [J]. Annals Microbio, 2009, 59(3): 517-523.

[68] Neczaj E, Kacprzak M. Ultrasound as a pre-oxidation for biological landfill leachate treatment [J].Water Sci Technol, 2007, 55: 175-179.

[69] Neis U, Nickel K, Lunden A. Improving anaerobic and aerobic degradation by ultrasonic disintegration of biomass [G]. J Environmen Sci Health Part A, 2008, 43: 1541-1545.

[70] Niranjane AP, Madhou P, Stevenson TW. The effect of carbohydrate carbon sources on the production of cellulase by Phlebia gigantean [J]. Enzyme Microbial Technol, 2007, 40: 1464-1468.

[71] Nitayavardhana S, rakshit SK, Grewell D, etc. Ultrasound pretreatment of cassava chip slurry to enhance sugar release for subsequent ethanol production [J]. Biotech Bioeng, 2008, 101(3): 487-496.

[72] Oh SE, Van Ginkel SW, Logan BE. The relative effectiveness of pH control and heat treatment for enhancing biohydrogen gas production [J]. Environ Sci Technol, 2003, 37(22): 5186-5190.

[73]　Pan CM, Fan YT, Hou HW. Fermentation production of hydrogen from wheat bran by mixed anaerobic cultures [J]. Ind Eng Chem Res, 2008, 47: 5812-5818.

[74]　Pan CM, Fan YT, Xing Y, etc. Statistical optimization of process parameters on bio-hydrogen production from glucose by Clostridium sp. Fanp2 [J]. Biores Technol, 2008, 99: 3146-3154.

[75]　Pan CM, Zhang ML, Fan YT, etc. Production of Cellulosic Ethanol and Hydrogen from Solid-State Enzymatic Treated Cornstalk: A Two-Stage Process [J]. J Agricul Food Chem, 2009, 57(7): 2732-2738.

[76]　Panagiotopoulos IA, Bakker RR, Buddy MAW, etc. Fermentative hydrogen production from pretreated biomass: A comparative study [J]. Bioresour Technology, 2009, 100: 6331-6338.

[77]　Pandey A, Soccol CR, Rodriguez-Leon JA, etc. Solid State Fermentation in Biotechnology: Fundamentals and Applications[R]. Asiatech Publishers Inc, New Delhi, 2000.

[78]　Percival Zhang YH, Himmel ME, Mielenz JR. Outlook for cellulase improvement: Screening and selection strategies [J]. Biotechnol Advance, 2006, 24: 452-481.

[79]　Raghavarao kSMS, Ranganathan TV, Karanth NG. Some engineering aspects of solid-state fermentation [J]. Biochem Engineer J, 2003, 13: 127-135.

[80]　Reddy N, Yang Y. Biofibers from agricultural byproducts for industrial applications [J]. Trends Biotechnol, 2005, 23: 22-27.

[81]　Ren NQ, Xing DF, Rittmann BE, etc. Microbial community structure of ethanol type fermentation in bio-hydrogen production [J]. Environ Microbiol, 2007, 9(5): 1112-1125.

[82]　Roychowdhury S. Process for production of hydrogen from anaerobically decomposed orgnic meterials [P]. US 00609266A, 2006.

[83]　Runyan CM, Carmen JC, Beckstead B, etc. Low-frequency ultrasound increase outer membrane permeability of Pseudomonas aeruginosa [J]. J Gen Appl Microbial, 2006, 52: 295-301.

[84]   Sabu A, Augur C, Swati C, etc. Tannase production by Lactobacillus sp. ASR-S1 under solid-state fermentation [J]. Process Biochem, 2006, 41: 575-580.

[85]   Schlafer O, Onyeche T, Bormann H, etc. Ultrasound stimulation of micro-organisms for enhanced biodegradation [J]. Ultrasonics, 2002, 40: 25-29.

[86]   Schlafer O, Sievers M, Klotzbucher H, etc. Improvement of biological activity by low energy ultrasound assisted bioreactors [J]. Ultrasonics, 2000, 38: 711-716.

[87]   Schrope M. Which way to energy utopia [J]. Nature, 2001, 414(13): 682-684.

[88]   Sequeira CAC, Brito PSD, Mota AF, etc. Fermentation, gasification and pyrolysis of carbonaceous residues towards usage in fuel cells [J]. Energ Conver Manage, 2007, 48: 2203-2220.

[89]   Song J, Tao WY, Chen WY. Ultrasound-accelerated enzymatic hydrolysis of solid leather waste [J]. J Clean Product, 2008, 16: 591-597.

[90]   Sukumaran RK, Singhanina RR, Mathew GM, etc. Cellulase production using biomassfeed stock and its application in lignocellulose saccharification for bio-ethanol production [J]. Renewable Energ, 2009, 34: 421-424.

[91]   Tu MB, Sadler, Jack N. Potential enzyme cost reduction with the addidtion of surfactant during the hydrolysis of pretreated softwood [J]. Appl Biochem Biothchnol, 2010, 161: 274-287.

[92]   Vaidya R, Vyas P, Chhatpar HS. Statistical optimization of medium components for the production of chitinase by Alcaligenes xylosoxydans [J]. Enzyme Microbial Technol, 2003, 33: 92-96.

[93]   Van GS, Sung SH, Lay JJ. Biohydrogen production as a function of pH and substrate concentration [J]. Environ Sci Technol 2001, 35: 4726-4730.

[94]   Venkata Mohan S, Lalit Babu V, Sarma PN. Effect of various pretreatment methods on anaerobic mixed microflora to enhance biohydrogen production utilizing dairy wastewater as substrate [J]. Bioresour Technol, 2008, 99: 59-67.

[95]   Wang CC, Chang CW, Chu CP, etc. Using filtrate of waste biosolids to effectively produce bio-hydrogen by anaerobic fermentation [J]. Water Res, 2003, 37(11):

2789-2793.

[96] Wang F, Shan L, Ji M. Components of released liquid from ultrasonic waste activated sludge disintegration [J]. Ultrason Sonochem, 2006, 13(4): 334-338.

[97] Wang JL, Wan W. Effect of Fe^{2+} concentration on fermentative hydrogen production by mixed cultures [J]. Int J Hydrogen Energy, 2008, 33: 1212-1220.

[98] Wang Y, Ren NQ. Analysis on the Mechanism and Capacity of Two Types of Hydrogen Production-Ethanol Fermentation and Butyric Acid Fermentation [J]. Acta Energiae Solaris Sinica, 2002, 123 (13): 366-373.

[99] Weber J, Agblevor FA. Microbubble fermentation of Trichoderma reesei for cellulase production[J]. Process Biochem, 2005, 40: 669-676.

[100] Wood BE, Aldrich HC, Ingram LO. Ultrasound stimulates ethanol production during the simultaneous saccharification and fermentation of mixed waste office paper [J]. Biotechnol Prog, 1997, 13: 232-237.

[101] Xiao BY, Liu JX. Effects of various pretreatments on biohydrogen production from sewage sludge [J]. Chinese Sci Bull, 2009, 54: 2038-2044.

[102] Xiao BY, Liu JX. pH dependency of hydrogen fermentation from alkali-pretreated sludge [J]. Chinese Science Bulletin, 2006, 51(4): 399-404.

[103] Xie B, Wang L, Liu H. Using low intensity ultrasound to improve the efficiency of biological phosphorus removal [J]. Ultrason Sonochem, 2008, 15: 775-781.

[104] Yu HQ, Zhu ZH, Hu WR, etc. Hydrogen production from rice winery wastewater in an upflow anaerobic reactor by using mixed anaerobic culture [J]. Int J Hydrogen Energy, 2002, 27: 1359-1365.

[105] Zhang FX, Wang BN. Optimization of processing parameters for the ultrasonic extraction of goat kid rennet[J]. Int J Dairy Technol, 2007, 60(4): 286-291.

[106] Zhang GM, Zhang PY, Gao J, etc. Using acoustic cavitation to improve the bio-activity of activated sludge [J]. Bioresour Technol, 2008, 99(5): 1497-1502.

[107] Zhang ML, Fan YT, Xing Y, etc. Enhanced biohydrogen production from cornstalk wastes with acidification pretreatment by mixed anaerobic cultures [J].

Biomass Bioenerg, 2007, 31: 250-254.

[108] Zhang Q, Lo CM, Ju LK. Factors affecting foaming behavior in cellulase fermentationby Trichoderma reesei Rut C-30 [J]. Bioresource Technol, 2007, 98: 753-760.

[109] Zhang YHP, Himmel ME, Mielenz JR. Outlook for cellulase improvement: Screening and selection strategies [J]. Biotech Adv, 2006, 24: 452-481.

[110] Zhao XB, Peng F, Cheng KK, etc. Enhancement of the enzymatic digestibility of sugarcane bagasse byalkali–peracetic acid pretreatment [J]. Enzyme Microbial Technol, 2009, 44: 17-23.

[111] Zhou JH, Qi F, Cheng J, etc. Influence factors of hydrogen production in straw fermentation [J]. Huanjing Kexue, 2007, 28(5): 1153-1157.

[112] Ueno Y, Otsuka S, Morimoto M. Itydrogen production from industrial wastewater by anaerobic microflora in chemostat culture [J]. Ferment Bioeng, 1996, 82(2): 194-197.

[113] Lloyd TA, Wyman CE. Combined sugar yields for dilute sulfuric acid pretreatment of corn stover followed by enzymatic hydrolysis of the remaining solids [J]. Bioresour Technol, 2005, 96: 1967-1977.

[114] 姜绪林. 绿色木霉固态发酵产纤维素酶的研究[D]. 无锡：江南大学，2005.

[115] 钱晓荣. 阳离子木屑纤维素吸附剂的制备及其吸附性能与应用研究[D]. 南京：南京理工大学，2010.

[116] 杨雪静. 改性玉米芯的制备及其对钯（Ⅱ）的吸附性能研究[D]. 昆明：昆明理工大学，2009.

[117] 陈明. 利用玉米秸秆制取燃料乙醇的关键技术研究[D]. 杭州：浙江大学，2007.

[118] 郝学财，余晓彬，刘志钰，等. 响应面方法在优化微生物培养基中的应用[J]. 食品研究与开发，2006，27（1）：38-41.

[119] 贺延龄. 废水的厌氧生物处理[M]. 北京：中国轻工业出版社，1998.

[120] 李爱华，李学斌，张涛. 培养条件对康宁木霉产酶的影响[J]. 宁夏大学学报（自然科学版），2007，28（2）：173-175.

[121] 李领川. 秸秆类生物质厌氧发酵产氢产甲烷过程研究[D]. 郑州：郑州大学，2009.

[122] 李明华，辛小芸. 天然秸秆纤维素分解菌的分离选育[J]. 上海环境科学，2002，21（1）：8-11.

[123] 李英英. 概率统计思想方法与解题研究[M]. 天津：天津大学出版社，2005.

[124] 李卫林. 可再生能源的开发与应用前景分析[J]. 能源与环境，2009，1：30-32.

[125] 林建国，胡瑛，王常高，等. 绿色木霉固态发酵啤酒糟生产纤维素酶的研究[J]. 食品与发酵科技，2009，45（3）：30-32.

[126] 林有胜. 玉米秸秆的酶水解与丁醇发酵研究[D]. 大连：大连理工大学，2009.

[127] 刘佳. 表面活性剂在废木质纤维素制酒精中的应用基础研究[D]. 长沙：湖南大学，2008.

[128] 毛宗强. 氢能——21世纪的绿色能源[M]. 北京：化学工业出版社，2005.

[129] 潘春梅. 秸秆类生物质微生物高效转化生产清洁能源的基础研究[D]. 郑州：郑州大学，2009.

[130] 任南琪，王爱杰. 厌氧生物技术原理与应用[M]. 北京：化学工业出版社，2004.

[131] 王福荣. 生物工程分析与检验[M]. 北京：中国轻工业出版社，2005.

[132] 武秀琴. 纤维素酶及其应用[J]. 微生物学杂志，2009，29（2）：89-92.

[133] 徐方成. 暗发酵产氢细菌的产氢机理与产氢代谢调控[D]. 福建：厦门大学，2007.

[134] 张志华. 粗糙脉孢菌AS3.1602乙醇发酵的代谢研究[D]. 济南：山东大学，2007.

[135] 赵攀. 纤维素分解菌的筛选及在生物制氢中的应用[D]. 郑州：郑州大学，2009.

[136] 赵文慧. 固态发酵生产纤维素酶及纤维原料酶法糖化的研究[D]. 杭州：浙江大学，2002.

[137] 赵丹，任南琪，王爱杰. pH、ORP制约的产酸相发酵类型及顶级群落[J]. 重庆环境科学，2003，25（2）：33-38.

[138] 郑先君. 废水生物制氢的理论和技术研究[D]. 合肥：中国科学技术大学，2004.

[139] 周德庆. 微生物学教程[M]. 北京：高等教育出版社，2004.

第二部分　环境领域

第1章　绪论

1.1　水资源污染

1.1.1　污染现状

水是人类赖以存在的三大生命要素之一。对人体来说，水尤其重要，大约占人体组成的70%。在全世界范围内普遍存在着缺水的情况，据联合国调查，全球目前大约有11亿人生活缺水，同时，水污染也进一步蚕食着大量可供消费的水资源，并危害人类的健康。全世界每年排放的污水高达4000多亿t，造成50000多亿t水体被污染，致使数百万人死于饮水不洁所引起的疾病。

我国是一个水资源相对短缺的国家，我国人口占世界总人口的22%，却只有世界7%的水资源占有率，人均淡水资源仅为世界平均水平的1/4，为联合国所认定的13个水资源最贫乏的国家之一。随着工农业生产的高速发展，城市数量快速增长，规模不断扩大，对清洁水的需求也迅速增加，与此同时，废水的排放量也显著增加。废水中包含多种有机和无机有害物质，如果不加以处理便随意排放，将会直接污染清洁水体，同时过多的污染物超出了自然水体的自净能力，从而造成水体的大面积污染。我国水污染情况相当严重，据统计，全国城镇的污水处理率只有20%左右，全国每年排放的废水中有4/5的废水不加处理而直接排入江河湖泊中，每年排放量大概有400亿m^3，直接造成了超过1/3的水体被污染。我国目前有22.3%的河段由于水质污染严重而不能用于灌溉，45%的鱼虾由于污染严重而绝迹，当地的生态功能也由此发生了严重的衰退。90%的城镇都受到了污染，严重地威胁了数亿人口的生活饮用水的安全，导致人们得病、丧失劳动力、早衰，甚至死亡。因此，治理污染水体是一个刻不容缓的关键任务。

工业废水，特别是重金属废水，成为了污染环境的主要污染源。随着采矿、冶金、电镀、电子等行业的发展，重金属废水污染日益严重，在整个废水排放中，重金属废水占到 60%，可谓是危害最大的水污染问题之一。重金属铜广泛存在于工业废水中，如印染工业、电镀、冶炼、有机合成和金属加工等行业，其中的每升废水含铜量最高可达几百毫克。铜离子是众所周知的人体必需的金属元素之一，因为它可催化血红蛋白的合成，影响着内分泌腺的功能。缺铜在人体中的典型表现是腹泻、贫血等症状，但对于人和动植物来说，过量的铜也是有害的。当过量的铜进入人体后，会损伤人体内肝、肾、脑等重要的器官，表现为威尔逊症。过量的铜会损坏血红蛋白，损伤细胞膜，使一些酶的活性受到抑制，影响机体的正常代谢，导致心血管系统疾病。当水体含铜量超过 1.0mg/L 时可使白色织物染色，超过 1.5mg/L 时水有异味。据报道，鲤鱼在水中的铜离子安全浓度仅为 0.7mg/L，饮用水中铜离子的最高允许限量为 2mg/L。如果农田使用含铜废水浇灌，则在土壤和农作物中便会累积铜，并影响水稻和大麦等农作物的生长，据报道，铜离子危害水稻的临界浓度为 0.6mg/L。

1.1.2 重金属废水的污染特性及处理方法

含有重金属的废水对环境的影响是巨大的，其对水体的污染有以下特点：

（1）重金属毒性的持续时间一般都比较长，是一种永久性的污染物。

（2）污染废水的重金属可经过食物链富集，有一些重金属的富集概率非常大，最后可通过食物链累积在人体器官内引起慢性中毒，严重危害人类的健康。

（3）重金属无法通过任何途径进行降解，现在所能做的就是通过改变其化合态来改变其存在状态，比如生成重金属沉淀或者是螯合物，但是在一些情况下这些沉淀和螯合物还会释放到水体中，从而造成再次的污染，无法彻底去除。

研究者也意识到了重金属废水污染的复杂性，采用了许多方法来处理它，近年来有 3 类方法在处理重金属废水中比较常用。

1. 化学法

化学法中的沉淀法是比较常见的方法，其次还有氧化还原法、混凝法和电解法等，它们的特点是改变了重金属的存在状态从而将其回收。沉淀法设备简单，操作方便，能处理离子浓度高、废水量大的重金属废水。化学沉淀法包括氢氧化物沉淀法和硫化物沉淀法。

2. 物理化学处理法

物理化学处理法中比较常见的是吸附法、离子交换法、萃取法和膜分离法等。其中吸附法应用范围最广，经常用多孔吸附材料来吸附重金属。处理低浓度的重金属废水比较常用的方法是吸附法，其主要特点是不会产生二次污染。离子交换法也是一种常用的方法，它处理的废水容量比较大，出水的水质一般也比较好，而且对环境没有二次污染，但缺点是离子交换树脂容易被氧化而失效，循环利用的成本比较高。萃取法处理重金属废水比较有前景，因为其设备的占地面积比较小，萃取剂一般也可以二次利用，并且对环境也没有污染。相比于常规的水处理法，膜分离法的处理效率比较高，且占地面积比较小，具有非常广泛的适用范围。由于其不需要加入化学剂，所以也不会造成二次污染，但在处理废水时，膜的选择是一个关键问题，针对不同的废水需要选择不同的膜，同时膜的应用对废水的成分也有一定的要求，并且膜的设计也是一个难题，这些都增大了大范围应用膜分离法处理废水的难度。

3. 生物处理法

利用微生物处理重金属离子废水，在国外也有提及。生物处理法的关键问题是需要连续培养菌种，而且根据不同的废水处理要求需要培养的菌种也有区别，这些都提高了生物处理的成本，并且多余的菌种也无法直接向环境排放，必须经过后续处理，这在一定程度上也会给环境带来污染，故较难广泛应用。

上述几种处理方法在净化效率、经济效益及后续处理方面都还存在或多或少的问题，从去除效率和经济适用性来看，吸附法最具有应用性，它一般是用一些多孔性的吸附物质来吸附水中的重金属。吸附法设备简单、占地面积小、操作容易，尤其适用于低浓度电镀废水处理，同时因效果稳定、投资少、可以再生使用而且不会产生二次污染等优点而被广泛采用。一般吸附效果的好坏与吸附材料的比表面积和孔径大小等有关，所以开发吸附效果显著并且廉价易得的吸附材料成为研究重点。

农作物秸秆作为一种农业固体废弃物，其来源广、产量大，如果在处理重金属废水方面能够被合理地利用，则对我国的环境保护以及可持续发展有重要的战略意义。作为污染性较强的一类废水，重金属废水即使浓度很低，也会因为毒性持续时间较长、重金属易累积而造成较大的危害。作为工业中经常使用的金属，铜在自然界中分布广泛，并且随着工业化进程的加快，也被更广泛地应用于工业生产的各个领域。这些行业产生的工业废水如果不经处理就排入河中，对动植物和人类生活都会造成巨大伤害。处理工业废水常用的方法有化学沉淀法、膜分离法、电解法、吸附法以及离子交换处理法等，这些方法对于低浓度废水的处理效果虽然不错，但是成本较高。

1.1.3 农作物秸秆去除废水中重金属的研究现状

农作物秸秆作为一种高纤维含量的生物质资源，很早便受到了研究人员的关注。天然纤维素是一种可再生的新型吸附材料，它以天然纤维为基体，有良好的亲水性和多孔结构，同时，农作物秸秆中的纤维素、半纤维素及木质素还含有丰富的官能团结构。目前一些研究集中在利用改性的农作物秸秆去除重金属，以提高秸秆对重金属的处理效果，例如陈德翼等人以丙烯腈改性玉米秸秆为吸附剂，对水体中的 Cu^{2+}、Pb^{2+}、Cd^{2+} 进行吸附，研究其吸附效果；刘婷等人以农业废弃物稻草秸秆为原料，经过高锰酸钾和乙二胺改性后，制成对金属离子具有吸附作用的新型吸附材料，研究其对废水中 Pb^{2+} 的吸附效果；刘恒博等人在微波辐射条件下，用 $ZnCl_2$ 改性小麦秸秆，制备吸附剂，处理含 Cd^{2+} 的废水，研究吸附剂投加量、初始 pH 值、吸附时间、温度对水溶液中 Cd^{2+} 的去除率与吸附量的影响。研究证明，秸秆经过适当的改性处理后，其对有害物质的去除效果得到显著提高。作为农业大国，我国的秸秆资源比较丰富，然而每年产生的大部分秸秆由于得不到有效利用而被丢弃、焚烧，不仅造成了资源浪费，还严重污染了环境，引起了全社会的广泛关注。为了发展可持续性经济、实现资源再生，同时也为了保护环境，寻找一条资源化利用农业废弃物的途径变得十分重要。

作为 20 世纪 90 年代发展起来的一项新技术，生物吸附的应用前景十分广阔。生物材料对污染物（包括金属离子）的结合作用被称为生物吸附。生物吸附处理重金属废水的主要优点如下：

（1）生物材料来源广泛，廉价易得，比如农业废弃物。

（2）能够快速地降低废水中的重金属浓度。

（3）适用的 pH 值范围较广。

（4）吸附速率快，处理效率高，适合处理低浓度废水，尤其是对重金属离子浓度为 1～100mg/L 的废水处理效果好。

1.2 土壤污染

1.2.1 污染现状

土壤是我们不可或缺的基本生存资源，是人类农业生产的重要组成部分。随着我国经济生活水平的提高和工农业、城市交通化的发展，土壤污染日益严重，对人类社会生活环境造成了严重威胁。土壤重金属污染影响及危害常见诸报道，对其进行研究治理已成为当今我国环保和土壤学科的重点及热点话题。

因为人类生产生活等活动不断排放重金属，土壤中的重金属含量明显超过了原有含量，重金属逐渐蓄积，使得土壤中重金属浓度过高，并造成生态环境恶化，这种现象称为土壤重金属污染。土壤重金属污染是全球主要环境危害之一，据统计，造成土壤重金属污染的因素多种多样，主要来自灌溉水（特别是污灌水）、固体废弃物（污泥、垃圾等）、农药和肥料以及大气沉降物等。含重金属的矿产开采、冶炼、加工排放的废气、废水和废渣；煤、石油燃烧过程中排放的飘尘；电镀工业废水；塑料、电池和电子等工业排放的废水；染料、化工、制革工业排放的废水等均含有多种重金属成分。重金属 Cu 进入土壤后的危害主要表现在以下 3 个方面：

（1）重金属不容易被微生物分解，是一种长期、潜在的环境污染物。因为重金属与土壤中的配位体（硫酸离子、氢氧根离子、腐蚀质等）生成络合物，可被土壤胶体吸附结合，移动性小，不易被水淋溶，浓度多成垂直递减分布，长期存在于土壤中，所以一旦由重金属引起土壤污染，就难以完全根除。

（2）重金属受降水和径流的淋溶影响会进入地表水和地下水，造成水资源污染，危害水生生物，或经化学或微生物的作用转化为金属有机化合物或蒸气态金属或化合物而挥发到大气中。

（3）含重金属的污染物通过各种途径进入环境，重金属能影响许多细菌的繁殖，抑制作物根系的生长和光合速率，土壤重金属可以通过食物链而富集，从而被动物和人体吸收，对动物和人的健康危害严重、影响周期长。

随着工业快速发展、废弃物排放以及农业化肥施用量的增加，土壤重金属污染日益严重，给我国环境和食品安全提出了严峻考验。我国首次土壤普查显示，存在镉、砷、汞、铅、镍、铜等重金属含量高于背景含量的耕地超过20%。调查显示，我国有3488万亩重金属中重度污染或超标耕地，在南方沿岸城市，50%的耕地已经遭受有毒重金属镉、砷、汞和石油等有机物污染，众多复合重金属污染了部分长江三角洲地区城市的邻近土壤，导致1/10的农田几乎缺失粮食产量。据统计长三角洲地区至少有10%的土壤基本丧失生产力，南京郊区有30%的土壤遭受污染，浙江省将近20%的土壤受到不同程度的污染，这些土壤普遍遭受镉、汞、铅和砷等重金属的污染；华南地区部分城市有将近50%的耕地遭受镉、砷和汞等有毒重金属以及石油类有机物污染，有近40%的农田菜地土壤重金属污染超标，其中10%属于严重超标。华南地区主要的重金属污染物有铜、砷、锌、镍、铅、镉和汞等；东北地区存在严重的铅、镉、汞、砷和铬污染，主要分布在黑龙江、吉林和辽宁的污水灌区、旧工业区及城市郊区；我国西部地区主要污染物是重金属汞、镉、铜、砷、铅、铬、锌和镍等，其中云南、四川、甘肃白银市和内蒙古河套地区污染较严重。云南地区单个元素超标率在30%以上的县达到37个，而在河套地区共有近30万人受到砷中毒的威胁。这些重金属可被农作物吸收进入食物链，严重影响粮食安全，危害人类健康。2016年5月31日，国务院正式印发《土壤污染防治行动计划》，即"土十条"，"土十条"的出台使我国的土壤治理有了明确的军令状和时间表。

土壤污染治理是一项艰巨的工程，其难度表现在以下4个方面：

（1）土壤污染具有隐蔽性和滞后性。大气污染和水污染一般都比较直观，通过感官就能察觉，而土壤污染往往要通过土壤样品分析、农作物检测，甚至人畜健康的影响研究才能确定，从而导致土壤污染从产生到发现危害通常时间较长。

（2）土壤污染具有累积性。与大气和水体相比，土壤中的污染物更难迁移、扩散和稀释，因此污染物容易在土壤中不断累积。

（3）土壤污染具有不均匀性。土壤性质差异较大，而且污染物在土壤中迁移慢，导致土壤中污染物分布不均匀，空间变异性较大。

（4）土壤污染具有难可逆性。重金属难以降解，导致重金属对土壤的污染基本上是一个不可完全逆转的过程，另外土壤中的许多有机污染物也需要较长的时间才能降解。

因此，土壤污染一旦发生仅仅依靠切断污染源的方法很难恢复，总体来说治理土壤污染的成本高、周期长、难度大。

20 世纪 50 年代以来，大约有 $9.39×10^5$t 的 Cu 释放到全球环境中。我国土壤中含铜量在 3～300mg/kg 之间，平均含量为 22mg/kg。铜污染的土地中铜含量超高，如一些铜冶炼厂附近，土壤含铜量为普通土壤的 3～200 倍。铜污染土壤中生长的植物的铜含量为正常植物的 30～50 倍。农作物通过根系吸收而累积铜，进而发生发育受影响，甚至减产绝收的情况。通过食物链的富集，最终一部分铜进入动物和人体内，当铜在体内蓄积到一定程度后即可危及人畜健康。研究农田土壤重金属的行为过程可以为我国重金属污染土壤的修复和管理提供技术支撑，还可以为阻止重金属污染物进入食物链以及预防其危害人类健康提供一定的理论数据。

1.2.2　土壤重金属形态的环境学意义

1.2.2.1　土壤重金属形态的定义及划分

重金属形态是指重金属的化学态、价态、结合态和结构态 4 个方面，就是指环境中的重金属元素以一些离子、分子或其他结合方式存在的物化形式。一般情况下，根据重金属与土壤结合强度的差异，使用不同的提取剂对土壤中的重金属进行连续提取，然后按照提取的难易程度将重金属划分为不同的形态。

目前，有许多方法区分土壤重金属的化学形态，但 Tessier 等人提出了被最广泛使用、最有代表性的形态分析法，其中在土壤或沉积物中根据化学浸提剂的不同，重金属被分成 5 种形态，分别为交换态、碳酸盐结合态、铁锰氧化物态、有机物结合态和残留态。根据研究目的和土壤条件的不同，实验人员还提出了不同的分类系统，如 Shuman 将土壤重金属的形态分为 8 种，即离子交换态、水溶态、碳酸盐结合态、氧化锰结合态、松散结合有机态、紧密结合有机态、不定形氧化铁结合态和硅酸盐矿物态；欧共体物质标准局则建立了较新的标准化的 BCR 连续提取法，将重金属分为酸可提取态（如交换态和碳酸盐结合态）、可还原态［如铁锰（铝）氧化物结合态］、可氧化态（如有机结合态）和残余态 4 种形态；Gambrell 将土壤和沉积物中的重金属划分为 7 种形态，即水溶态、易交换态、无机化合物沉淀态、大分子腐殖质结合态、氢氧化物沉淀吸收态、硫化物沉淀吸附态和残渣态；Leleyter 等在 Shuman 的基础上提出土壤中重金属存在 8 种形态：水溶态、交换态、碳酸盐结合态、无定型氧化锰结合态、无定型氧化铁结合态、晶型氧化铁结合态、有机态和残渣态。目前 Tessier 的分类法被最广泛地应用于描述土壤重金属形态，具体分类如下所述。

1. 可交换态重金属

这类重金属主要是通过扩散和外部螯合作用非特异性地与土壤黏土矿物及其他成分（如氢氧化铁、氢氧化锰、腐殖质）黏合沉淀。有研究表明，这部分形态的重金属拥有最强的在土壤中的生态活性，土壤环境变化对其作用最大，在 pH 值越接近 7 的条件下越容易被释放，从而被吸附、淋失或发生反应转化为其他形态，具有最大的可移动性和生物活性，毒性也最强，是引起土壤重金属污染和危害生命体的主要来源。另外，水溶态重金属存在于土壤溶液中，因为含量较低，不易被仪器检出，而且很难与交换态区分开来，一般将两者结合起来共同研究。

2. 碳酸盐结合态重金属

这类金属通过与碳酸盐结合以沉淀或共沉淀的形式存在，土壤 pH 值最易对该形态产生重要影响。碳酸盐态重金属容易随着土壤酸碱度的中性化而重新溶出进入生态环境，流动性和生物可利用性大幅提高，而 pH 值的增大有利于碳酸盐态的形成，因此当不同环境的 pH 值变化时，碳酸盐态重金属将进行迁移转化，从而对生态环境造成潜在污染。

3. 铁锰氧化物结合态重金属

这类重金属通常以强大的离子键与土壤中的铁锰氧化物络合，该形态重金属会与铁、锰氧化物发生吸附反应而形成晶体型，也可能包裹在沉积物和土壤颗粒表面，能被继续分为 3 种形态：未定形铁、未定形锰氧化物态和结晶体氧化铁结合态等。一般使用 $NH_2OH \cdot HCl$ 萃取剂来分离该铁锰氧化物态。该形态对环境 pH 值和 Eh 值最为敏感，当发生淹水、缺氧等情况时，土壤氧化还原电位（Eh）会下降，这部分形态的重金属可在土壤中被还原而释出，从而对环境形成二次危害。

4. 有机物结合态重金属

该部分重金属主要是以复合作用存在于土壤中，这些络合物由重金属离子和各种土壤有机质（如动物和植物残渣、分解腐殖质等）以及土壤中含硫物质产生的不易被水溶解的复杂硫化物结合形成，可进一步分为松、紧结合有机物态。分离有机物结合态重金属一般是根据它们在 H_2O_2 中的不同氧化溶解度来完成的。该形态重金属较为稳定，被释放过程较长，动植物通常不容易吸收和利用该形态。但当在 pH 值大于 7 的土壤或者氧化条件下，有机质会被分解，从而释放小部分重金属进入土壤。

5. 残渣态重金属

残渣态重金属在未被污染的土壤中含量最高，通常存在于土壤硅酸盐、原生和次生矿物等晶格中。影响残渣态重金属的关键因素是矿物组成、岩石风化和土壤侵蚀，该形态重金属通常难以释放溶出，在土壤和沉积物中的稳定性很好，很难用一般传统的方式溶出浸提，只能经过一个长期的过程（比如风化）才能释放出来，因而移动性和活跃性较小，利用度和危害性也不强。

综上所述，重金属的形态不一，迁移的难易程度也各异，导致其在土壤中的不同转化、吸附和解吸能力，影响其流动性以及环境生态效力。一般来讲，在土—植系统中，按照对环境损害的程度，不同形态的重金属生物有效性从大到小排列为可交换态、碳酸盐结合态、有机结合态、铁锰氧化物结合态和残渣态。

1.2.2.2　重金属形态转变的影响因素

外源重金属的赋存形态及其相互间的比例关系会在土壤固相之间重新分配，

这不仅与物质来源有关，而且与土壤质地、理化性质（例如土壤 pH 值、Eh 值和 CEC 等）、土壤胶体、有机质含量、矿物特征和环境生物等因素有关，其中 pH 值和 Eh 值等为最常见的影响土壤中重金属形态分布的因素。

环境 pH 值的增大会降低重金属在土壤中的活跃性，两者之间呈反向趋势。土壤酸碱度会通过改变土壤有机质和氧化物胶体等影响重金属的形态。根据有关研究，当土壤环境趋于碱性时，土壤中有机胶体和黏土氧化物的负电荷增多，形成螯合物的稳定程度上升，导致溶液中重金属离子的含量下降，与氢氧根离子反应得到的沉淀也更多，这些都使得土壤对重金属离子的专性吸附力随之加大。

影响重金属行为的另一个重要因素是土壤 Eh 值，即土壤氧化还原电位。Eh 值的不同会导致土壤中重金属的形态和离子浓度发生相应变化，这一参数能够改变重金属结合物在土壤中还原溶解的难易程度，由此改变土壤剖面的重金属形态及分布。

对庄稼处于成长期的农田土壤进行灌溉，其中有机化肥、有机质或有机物料的添加也会引起重金属赋存形态发生巨大变化，例如秸秆还田会改变土壤的 pH 值、Eh 值、有机质和 DOC 等理化性质，进而影响土壤对重金属元素的吸附强度，改变土壤中的重金属形态、分布及植物对其的吸收利用。另外其他因素（如外源重金属的种类浓度、土壤中水分条件以及土壤颗粒组成等）也会对重金属形态的重新分配产生影响。

1.2.3　秸秆还田对土壤重金属影响的研究现状

1.2.3.1　秸秆还田应用现状

中国是一个农业资源极为丰富的国家，其中秸秆资源产量在各国之间也排前列。目前，我国每年生产的作物秸秆超过 8 亿 t，全球秸秆产量的 30% 出自我国，其中小麦秸秆占 17% 左右，主要产区分布在黄河和长江流域。作物秸秆是一种用途多样、环境友好的可再生纤维素生物质资源，富含有机质和氮、磷、钾等多种微量元素，秸秆的有机成分主要为纤维素、半纤维素，其次为木质素、灰分、粗蛋白质和粗脂肪等。

秸秆还田在世界上有广泛的应用。20 世纪 50 年代后期，美国和加拿大的研究者率先将秸秆留茬还田、少耕和免耕的农业技术推广到世界，根据其农业部的相关数据，美国每年的作物秸秆生产量达到 450 万 t，秸秆还田量超过 300 多万 t，占全国秸秆总产量的 70%，在维护国土面积和保持土壤肥沃方面发挥着非常重要的作用。英国洛桑试验站每年坚持翻耕压实玉米秸秆超过了 100 年，其秸秆还田量达到了生产总量的 73%。作为中国传统农业的精髓之一，秸秆还田在提高土壤肥力和改良土壤理化性质方面发挥着重要作用，目前仍然是秸秆回收利用的主要手段之一。据有关报道，我国小麦、玉米和水稻等主要粮食作物秸秆的直接还田面积已达到了总生产量的 35%，约为 0.26 亿 hm²。随着国家对环境越来越重视，人们环保意识不断加强，秸秆还田更会成为日益普遍的行为。

根据秸秆种类的不同，秸秆还田量以每亩在 150～450kg 之间为宜。作为一项全球关注的提高土壤肥力的措施，秸秆还田不仅能够对秸秆焚烧造成的空气污染有消除作用，还可以起到增产增肥的效果。秸秆还田会影响土壤的一些基本理化性状，例如使土壤有机质及氮、磷、钾等含量升高，中和土壤酸碱度，使土壤孔隙度变大、容量减小、土壤质地变得松软等，同时这也会改变土壤中重金属的赋存形态。秸秆还田使施肥效果显著提高，通常增产可达到 5%～10%，但是如果方式不正确，也会出现土壤作物虫害加重、疾病恶化及缺苗（僵苗）、重金属含量超标等不良情况。因此采取合理的秸秆还田措施，研究小麦秸秆与土壤重金属之间的形态转化、吸附解吸、淋溶特性等的关系和规律，才能起到良好的还田效果。

1.2.3.2 秸秆还田对土壤重金属影响研究

秸秆还田后，分解产生的中间产物小分子有机酸类物质可以增加土壤中溶解性有机碳（dissolved organic carbon，DOC）含量，溶解性有机碳（DOC）中的羧基、羟基、羰基等官能团能与铅、镉、铝、锌、铜等重金属离子形成络合物而影响这些元素在土壤中的迁移。据报道，当土壤中 DOC 含量提高 3～4 倍时，可溶性铜即可增加 4～5 倍。一方面，DOC 可显著降低土壤对镉的吸附固化能力，从而提高土壤溶液中镉的浓度，增加镉的流失量；另一方面，作物秸秆中的纤维素、半纤维素及木质素含有能够结合重金属离子的官能团。目前有一些研究是利用原状或改性后的秸秆作为吸附剂来吸收水体或土壤中的重金属，例如山东大学陈素红等利用二乙烯三胺（DETA）交联化以及三乙胺接枝共聚等方法对玉米秸秆进行改性来吸附模拟废水中的 Cr（VI），其模型拟合得到的最大吸附量为 227.27mg/g；西北大学于芳等利用小麦秸秆来吸附溶液中的铅和镉离子，考察了其在动态、静态以及竞争吸附下的吸附效果。由以上可知，作物秸秆在秸秆还田过程中必将对土壤中重金属的有效性及其迁移转化过程产生不同程度的影响。

秸秆还田的方式主要有直接粉碎还田、覆盖还田、过腹还田或堆沤还田等，其中过腹还田就是将秸秆加工成饲料，喂养家畜后把牲畜产生的粪尿发酵后作为有机肥施入农田，常见的堆肥一般是将禽畜粪便与秸秆或杂草等一起堆沤。随着化学肥料的施用对土地造成的破坏日益严重，传统的堆沤有机肥料越来越受到重视，并且由于秸秆在堆沤和过腹还田过程中促进了秸秆中有机成分的降解，因此它们比直接粉碎还田具有更显著的影响效果。

许多研究已经表明施用秸秆可以通过改变土壤的一些基本理化性状从而改变土壤中重金属的赋存形态，同时不同的秸秆还田方式会对土壤中重金属的迁移转化及其生物有效性产生不同程度的影响，例如王凡等利用华北平原冬小麦－夏玉米轮作区始于 2005 年的长期定位试验于 2011—2013 年采样冬小麦，研究不同秸秆还田量及还田时期对土壤－作物系统中主要重金属含量变化的影响，结果发现秸秆还田可以使小麦籽粒中 Fe、Zn、Cu 和 Mn 的含量在连续两年内有不同程度的降低，施用粪肥则使小麦籽粒中 Fe 和 Zn 的含量在两年内有较大幅度的增长，而 Cu 和 Mn 的含量在两年内有较大程度的降低；陈国华等通过盆栽试验研究了秸秆还田对土壤 Cd 活度及水稻 Cd 积累的影响，发现在施用秸秆后稻田土壤全 Cd、有效态 Cd 的含量降低了，并随秸秆施用量的增加，土壤残留的全 Cd 和有效态 Cd 的含量呈逐渐下降的趋势；Cui 等通过研究在 4 种不同土壤上施用水稻秸秆对土壤 Cu、Cd 形态的影响，发现秸秆还田使得土壤可溶性 Cu、Cd 含量有所下降；章明奎等进行的模拟试验，发现秸秆还田降低了矿区土壤水溶态 Cu 含量，但由于腐殖质逐渐被分解而呈现"下降－升高－下降－再升高"的特点，达到最佳效果的时间一般为 2～3 年；徐龙君和袁智发现随着稻草发酵液添加量的增加，土壤水溶性 Cd 的含量逐渐增加；丁琼等田间试验的结果表明，油菜秸秆、玉米秸秆还田可显著（$P<0.05$）降低土壤中水溶态 Cd 的和可交换态 Cd 的含量，增加 EDTA-Cd 的含量；王立群等的研究表明，富含巯基植物（蒜苗、油菜、大葱）的

残体可显著降低土壤中可交换态 Cd 的含量；陕红等经试验发现添加秸秆可增加土壤交换态 Cd 的含量，土壤碳酸盐结合态 Cd、铁锰氧化物结合态 Cd 的含量显著降低，残渣态 Cd 的含量变化则不显著；贾乐等在镉污染水稻土壤上还田玉米和菜豆秸秆，显著提高了土壤中醋酸铵提取态 Cd 和 DTPA 提取态 Cd 的含量，还田后 2 周时醋酸铵和 DTPA 提取态 Cd 的含量增加幅度分别达到 17% 和 6% 及以上；张晶等认为，在 Cd 污染土壤上根茬连续还田增加了土壤中氧化物结合态 Cd 的含量，玉米根茬显著降低了土壤碳酸盐结合态 Cd 的含量，菜豆根茬显著降低了土壤交换态 Cd 的含量；孙文彬等以油菜、小麦、玉米和水稻秸秆为调理剂，与城市污泥混合进行好氧堆肥，发现堆体中 Cd、Pb 质量分数升高，其中，添加玉米秸秆有利于 Cd、Pb 的碳酸盐结合态向残渣态转化。

以上这些研究都是由于秸秆还田所造成土壤中重金属赋存形态的变化从而影响重金属的生物有效性。但是由于作物秸秆种类、土壤类型各有差异，因此秸秆还田对土壤重金属形态变化和生物有效性等的影响也各有不同。

1.3　本部分的研究思路和主要内容

1.3.1　秸秆处理废水中重金属的研究

此研究以含 Cu^{2+} 水溶液模拟废水，选用小麦秸秆为原料，进行物理改性，通过对水溶液中铜离子吸附性能的研究，考察两类吸附剂的吸附性能。本项研究实现了农业废弃物的资源化利用，不仅减少了废弃物的产生，而且达到了以废治废的双赢状态，保护环境的同时也实现了资源的再生利用，对我国的可持续发展具有重要的意义。

本研究选用农作物秸秆中的小麦秸秆为原料，粉碎过筛后，选用两种方法对其进行改性，分别制备了氢氧化钠改性、氢氧化钠与氯化钠同时改性两种吸附剂，并通过其对水溶液中铜离子吸附性能的研究，考察两类吸附剂的吸附性能。利用 SEM、FITR 及 TGA 等检测仪器，从材料的孔结构、形貌、能谱和质量变化等方面，详细分析了改性小麦秸秆的结构与性能。

实验通过静态吸附考察了多种外源因素对两种吸附剂对 Cu^{2+} 的吸附效果，研究了两类吸附剂吸附该金属的吸附热力学和吸附动力学过程，同时还研究了氢氧化钠与氯化钠改性吸附剂的动态吸附过程。该研究对于以农业秸秆为原料的吸附剂的研制开发和应用具有理论意义和现实意义，同时，为秸秆等生物质规模化应用于废水治理提供科学依据。

1.3.2　秸秆处理土壤中重金属的研究

本研究利用室内培养试验、化学定量分析和土柱模拟模型等方法，研究污染环境中我国典型农田土壤中重金属的动态转化规律、土壤重金属的吸附—解吸行为和土壤污染过程中重金属的释放动力学特征。本研究的主要研究内容如下：

（1）干湿交替水分条件下重金属 Cu 在农田土壤中形态转化的动态过程：利用重金属形态分析的方法，探讨农田土壤中不同浓度外源重金属进入土壤后重金属形态随时间的变化及秸秆对形态分布转变的影响的关系。

（2）河南省郑州市农田土壤对 Cu 的吸附与解吸特性：分析温度、外源 Cu 和小麦秸秆对我国中原地带农田土壤吸附—解吸重金属特征的影响，同时分析在设定条件范围内土壤对重金属的吸附等温模型和动力学模型，探讨土壤对重金属 Cu 的吸附与解吸规律，为重金属在土壤中的等温和动力学吸附提供拟合数据。

（3）降水条件下 Cu 污染土壤中重金属的淋溶规律及释放动力学：采用室内土柱模拟实验，研究淋溶条件下不同污染程度土壤中重金属的溶出特征，了解外源重金属含量、秸秆与重金属的释放特性之间的关系，开展重金属污染过程中农田重金属的动态变化研究。

第 2 章　改性小麦秸秆对水溶液中 Cu^{2+} 的去除效果研究

2.1　实验方法

2.1.1　试验材料与仪器

2.1.1.1　实验材料

小麦秸秆购自普通农户，经洗净、80℃烘干、粉碎后过 40 目的筛子，再取适量的蒸馏水浸泡 24h 去除杂质，过滤，在 80℃下烘 24h 后再过 40 目筛，即制得未改性小麦秸秆吸附剂，记作 UWS，放在干燥器内备用。取适量未改性小麦秸秆吸附剂，加入一定浓度的 NaOH 溶液浸渍一定时间，浸渍比（小麦秸秆粉末与 NaOH 溶液的体积比）为 1:2，再分别用质量分数为 1%的盐酸和去离子水冲洗至 pH 接近于 7，过滤，在 80℃下烘 24h 后再过 40 目筛，即制得氢氧化钠改性小麦秸秆吸附剂，记作 AWS，放在干燥器内备用。

铜标准液的配制：准确称取 3.906gCuSO$_4$·5H$_2$O 置于 250mL 的烧杯中，加入蒸馏水溶解并转入 1000mL 的容量瓶中，用蒸馏水定容至标线，即得 1000mg/L 含 Cu^{2+}储备液，试验中根据需要稀释成不同的浓度，以模拟含铜废水。水样 pH 值采用滴加 0.10mol/L 的 HCl 和 0.10mol/L 的 NaOH 调节，现配现用。

实验用到的试剂及其规格和来源见表 2-2-1。

表 2-2-1　实验用到的试剂及其规格和来源

试剂名称	规格型号	化学式	生产厂家
氨水	分析纯	NH$_3$·H$_2$O	开封市芳晶化学试剂有限公司

续表

试剂名称	规格型号	化学式	生产厂家
氯化铵	分析纯	NH_4Cl	烟台市双双化工有限公司
硫酸	分析纯	H_2SO_4	开封市芳晶化学试剂有限公司
盐酸	分析纯	HCl	开封市芳晶化学试剂有限公司
双环己酮草酰二腙	分析纯	$C_{14}H_{22}N_4O_2$	国药集团化学试剂有限公司
氢氧化钠	分析纯	$NaOH$	烟台市双双化工有限公司
五水硫酸铜	分析纯	$CuSO_4 \cdot 5H_2O$	郑州化学试剂一厂
无水乙醇	分析纯	C_2H_5OH	天津市得恩化学试剂有限公司
柠檬酸三铵	分析纯	$C_6H_5O_7（NH_4）_3$	天津市科密欧化学试剂有限公司
硝酸	分析纯	HNO_3	天津市科密欧化学试剂有限公司
氯化钠	分析纯	$NaCl$	烟台市双双化工有限公司

2.1.1.2 实验仪器

实验的仪器设备及其规格型号、生产厂家见表 2-2-2。

表 2-2-2 实验的仪器设备及其规格型号、生产厂家

仪器设备名称	规格型号	生产厂家
电热鼓风恒温干燥箱	FN101-0A	湘潭华丰仪器制造有限公司
电子分析天平	FA1004	上海恒平科学仪器有限公司
多功能粉碎机	ST-07B	上海树立仪器仪表有限公司
超级恒温水浴	SYC-15	南京桑力电子设备厂
扫描电子显微镜	JSM-6490LV	日本电子株式会社（JEOL）
热重分析仪	SDT-Q60OVS.OBulld95	美国 TA 仪器公司
紫外一可见分光光度计	UVmini-1240	美国 PerkinElmer 公司
红外光谱仪	Bruker TENSON 27	德国布鲁克光谱仪器公司
酸度计	Model PHS-3C	上海盛磁仪器有限公司
HL-2B 数显恒流泵	HL-2B	上海沪西分析仪器有限公司
全温振荡器	ZH-D	金坛市精达仪器制造有限公司

2.1.2　吸附剂性质表征方法

2.1.2.1　电镜分析

采用日本电子株式会社（JEOL）的 JSM-6490LV 扫描电子显微镜观察各种吸附剂的微观结构特征。

2.1.2.2　热重分析

采用美国 TA 仪器公司的 SDT-Q60OVS.OBulld95 热重分析仪，在氮气中以 10℃/min 的升温速度升至设定温度，测定各样品的 TGA 谱图。

2.1.2.3　红外光谱分析

采用 KBr 压片法在德国布鲁克光谱仪器公司的 Bruker TENSON 27 傅里叶变换红外光谱仪上测定各样品的 FTIR 光谱，波长范围为 400～4000cm。

2.1.3　铜离子的测定方法：双乙醛草酰二腙分光光度法

2.1.3.1　实验试剂的配制

0.2%双环己酮草酰二腙（简称 BCO）溶液，称取 0.2g 双环己酮草酰二腙置于烧杯中，加入乙醇溶液（1:1）50mL，稀释至 100mL，加热到 60～70℃溶解；柠檬酸三铵溶液（400g/L）；pH 值为 9.0 的缓冲溶液，35g 氯化铵（NH_4Cl）溶于适量水中，加入 24mL 浓氨水（市售），用纯水稀释至 500mL。

2.1.3.2　分析测试方法

铜离子测定采用双乙醛草酰二腙分光光度法。每次取水样 1～5mL（根据铜含量决定取样量）加入 10mL 的比色管中，用去离子水稀释至 5mL，加 20%柠檬酸三铵溶液 0.4mL，用氨水调节溶液的 pH 值为 9，加缓冲溶液 1mL，2%BCO 试剂 1mL，40%乙醛 0.2mL，然后用去离子水稀释至 10mL 标线，摇匀。在 50℃水浴加热 10min 取出，冷至室温。以纯水为参比，在 546nm 波长处，用 10mm 比色皿测量吸光值。根据标准曲线，计算出该吸光值对应的铜离子浓度。

2.1.3.3　标准曲线的绘制

制备铜标准使用液 10mg/L，移取 0.0mL、0.1mL、0.2mL、0.4mL、0.8mL、1.2mL、1.5mL、2.0mL 于 8 个 10mL 的比色管中，用蒸馏水稀释至 5mL，分别向

各管中加入 0.4mL 柠檬酸三铵溶液，1.0mL pH 值为 9.0 的缓冲溶液，1.0mL BCO 溶液，最终加入 1.0mL 乙醛溶液，加纯水至刻度摇匀。在 50℃ 水浴中加热 10min，取出，冷至室温。以纯水为参比，在 546nm 波长处，用 10mm 比色皿测量吸光值。标准曲线如图 2-2-1 所示。

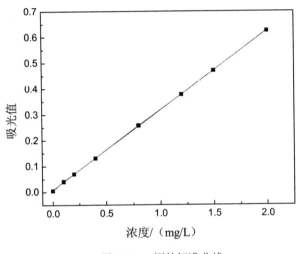

图 2-2-1 铜的标准曲线

2.1.4 基本参数的表达及数学模型

2.1.4.1 基本参数的表达式

秸秆吸附剂对 Cu^{2+} 的吸附量 q（mg/g）和 Cu^{2+} 的去除率 R（%）采用式（2-2-1）和式（2-2-2）计算：

$$q = (C_0 - C_t)V / M \qquad (2\text{-}2\text{-}1)$$

$$R = (C_0 - C_t)V / C_0 \qquad (2\text{-}2\text{-}2)$$

式中 q——t 时刻的吸附量，mg/g；

C_0、C_t——Cu^{2+} 的原液浓度和 t 时刻的浓度，mg/L；

V——移取的溶液体积，L；

M——吸附剂用量，g。

2.1.4.2　吸附动力学模型

吸附过程的吸附速度可以用吸附动力学公式来表征。吸附速度指的是一定重量的吸附剂在单位时间内所能吸附的吸附质的量。一般吸附剂对吸附质的吸附过程可分为颗粒的外部扩散（膜扩散）、孔隙扩散、吸附反应 3 个连续阶段。一般而言，整个吸附过程的快慢决定性步骤是膜的扩散速度和孔隙的扩散速度。本节通过准一级动力学模型、准二级动力学模型和 Elovich 动力学模型拟合秸秆对铜离子的平衡吸附试验数据。

准一级动力学公式：

$$q_t = q_e(1 - e^{-k_1 t}) \tag{2-2-3}$$

准二级动力学公式：

$$q_t = \frac{k_2 q_e^2 t}{(1 + k_2 q_e t)} \tag{2-2-4}$$

Elovich 动力学公式：

$$q_t = a + k \ln t \tag{2-2-5}$$

式中　q_e——小麦秸秆对 Cu^{2+} 的平衡吸附容量，mg/g；

　　　q_t——不同吸附时间小麦秸秆对 Cu^{2+} 的吸附容量，mg/g；

　　　k_1、k_2——准一级和准二级动力学模型的吸附常数，min^{-1} 和 $g \cdot mg^{-1} min^{-1}$，

　　　　　　数值与吸附反应的活化能有关；

　　　t——吸附时间，min；

　　　k——吸附速率常数；

　　　a——常数。

2.1.4.3　吸附等温线模型

在一定温度下，溶液中的溶质分子在吸附剂上进行的吸附过程会达到平衡，在两相中的浓度关系可以用一个曲线表示，即吸附剂的吸附量与吸附质分子在溶液中的浓度的关系曲线，叫作吸附等温线。吸附等温线常常用来表征吸附剂的吸附性能，因为它的形状能够比较准确地反映吸附剂和吸附质的相互作用，以下是比较常用的吸附等温线方程。

（1）Langmuir 吸附等温线。Langmuir 等温吸附方程是常用的吸附等温线方

程之一，是由物理化学家朗格缪尔（Langmuir）于 1916 年根据分子运动理论和一些假定提出的，朗格缪尔的研究认为被吸附的物质之间不存在相互作用，固体表面的原子或分子存在向外的剩余价力，可以捕捉气体分子，这种剩余价力的作用范围与分子直径相当，因此吸附剂表面只能发生单分子层吸附。

Langmuir 等温吸附方程：

$$q_e = \frac{q_m k_L C_e}{1 + k_L C_e} \tag{2-2-6}$$

式中　C_e——平衡浓度，mg/L；

　　　q_e——平衡吸附量，mg/g；

　　　q_m——最大吸附量，mg/g；

　　　k_L——Langmiur 系数，与吸附量和吸附能量相关。

（2）Freundlich 吸附等温线。Freundlich 吸附等温线常用于在液相吸附中的数据分析，其考虑了固体表面都是不均匀的情况，具有更加广泛的适用性。Freundlich 等温吸附方程：

$$q_e = k_F C_e^{\frac{1}{n}} \tag{2-2-7}$$

式中　C_e——平衡浓度，mg/L；

　　　q_e——平衡吸附量，mg/g；

　　　$\frac{1}{n}$——吸附指数；

　　　k_F——吸附系数。

（3）Temkin 吸附等温线。Temkin 吸附等温线适用于不均匀表面的吸附，它描述的能量关系是吸附热随吸附量线性降低，Temkin 等温吸附方程：

$$q_e = A + B \ln C_e \tag{2-2-8}$$

式中　C_e——平衡浓度，mg/L；

　　　q_e——平衡吸附量，mg/g；

　　　A、B——等温常数。

2.1.4.4　吸附热力学模型

反应的热力学函数采用吉布斯方程进行计算。

吉布斯方程： $\Delta G^0 = -RT \ln K$ （2-2-9）

范特霍夫等温式： $\Delta G^0 = \Delta H^0 - T\Delta S^0$ （2-2-10）

式中 ΔG^0——标准吸附吉布斯自由能，$J\cdot mol^{-1}$；

ΔS^0——标准吸附熵变，$J\cdot mol^{-1}\cdot K^{-1}$；

ΔH^0——标准吸附焓变，$J\cdot mol^{-1}$；

R——气体摩尔常数，$8.314 J\cdot mol^{-1}\cdot K^{-1}$；

T——热力学温度，K；

K——平衡吸附常数。

2.1.4.5 动态吸附模型

Thomas 模型用来描述固定床动态柱吸附过程中的理论性能。其线性表达式：

$$\ln\left(\frac{C_0}{C_t} - 1\right) = \frac{k_{Th}q_0 m}{Q} - k_{Th}C_0 t$$ （2-2-11）

式中 k_{Th}——Thomas 模型常数，mL/min·mg；

q_0——Thomas 动态吸附能力，mg/g；

t——整个流出时间，min；

C_t，C_0——出水浓度和进入浓度，mg/L；

Q——流速，mL/min；

m——吸附剂质量，g。

Adams-Bohart 模型常被用来描述穿透曲线的初始吸附阶段，建立基础是假设吸附平衡不是瞬间发生的。其表达式：

$$\ln\left(\frac{C_t}{C_0}\right) = k_{AB}C_0 t - k_{AB}N_0\left(\frac{Z}{U_0}\right)$$ （2-2-12）

式中 C_t、C_0——出水浓度和进入浓度，mg/L；

k_{AB}——动力学常数，L/mg·min；

N_0——饱和浓度，mg/L；

Z——固定床填料层高度，cm；

U_0——空塔速率，cm/min，定义为流速 Q（mL/min）与固定床断面面积 A （cm^2）的比例。时间 t 的范围记为达到饱和所用时间。

2.2 氢氧化钠改性小麦秸秆对溶液中 Cu²⁺的静态吸附研究

2.2.1 实验材料

未改性小麦秸秆吸附剂的制备：将收集而来的小麦秸秆用蒸馏水冲洗表面的浮土与灰尘，80℃下烘 24h，然后粉碎成粉末状，过 35 目的筛子，再取适量的蒸馏水浸泡 24h，去除杂质，过滤，在 80℃下烘 24h 后再过 35 目的筛子，装入广口瓶中备用。

氢氧化钠改性小麦秸秆吸附剂的制备：将收集而来小麦秸秆用蒸馏水冲洗表面的浮土与灰尘，80℃下烘 24h，然后粉碎成粉末状，过 35 目的筛子，再取适量的具有一定浓度的氢氧化钠溶液浸泡设定时间，用质量分数为 1%的盐酸和去离子水冲洗至酸碱度接近中性后，抽滤，在 80℃下烘 24h 后再过 35 目筛子，装入广口瓶中备用。

2.2.2 吸附剂的表征

2.2.2.1 未改性吸附剂和改性吸附剂的 SEM

如图 2-2-2 所示，未改性秸秆结构松散、表面粗糙，表面附着有许多杂质颗粒，这是因为未改性的秸秆除了含有纤维素、半纤维素及木质素外，还含有一定比例的灰分、可抽取物等少量有机物或无机物，这些物质多包裹在纤维素或木质素的表面，甚至还有少量存在于纤维素的非晶区。用 NaOH 处理后的改性秸秆结构比较紧密、表面光滑、界面清晰，这是因为在改性过程中，半纤维、木质素、灰分以及一些可提取物（如果胶、色素、脂类等）被有效去除，这一结论与龚志莲等研究使用碱或者有机物改性玉米秸秆的结论相同。小麦秸秆纤维素的纤维排列的有序度得到了很大的提高，使得吸附剂表面看起来更加均匀，更有利于吸附过程的进行。

（a）原小麦秸秆 　　　　　　　　　　　（b）改性后小麦秸秆

图 2-2-2　原小麦秸秆和改性后小麦秸秆的 SEM 图像

2.2.2.2　未改性吸附剂和改性吸附剂的红外分析

如图 2-2-3 所示，改性前小麦秸秆在 3424.45cm^{-1} 处是一个强而宽的伸展振动吸附峰，这是-OH 和-NH 的伸缩振动，在 2919.68 cm^{-1} 和 607.13 cm^{-1} 处出现 C-H 伸缩振动吸收峰，1733.16 cm^{-1} 处出现-C=O 伸缩振动吸收峰，1634.48cm^{-1} 处的峰为吸收水的弯屈振动，1253.53 cm^{-1} 处的峰主要是－C－O－的反称伸展振动的结果，在 897.66 cm^{-1} 处出现的一个小的尖峰代表 C－H 的变形峰和-OH 弯屈特征峰。其中 1733.16 处为半纤维素的特征吸收峰，这可能是部分的在多聚糖和木质素中的羟氢氧基的乙酰化作用的结果，暗示了没有改性处理的秸秆粉末有十分显著的乙酰基化作用。经 NaOH 改性处理后 1253.53cm^{-1} 的峰变为两个小峰，这说明在－C－O－上发生了取代反应，因此推断，经过碱改性后小麦秸秆吸附性能提高是因为醚键的增加。改性小麦秸秆吸附 Cu^{2+} 后的红外光谱出现了明显的频带转移，而静电吸引作用不足以引起吸附峰的偏移，这表明了小麦秸秆对 Cu^{2+} 吸附主要发生在吸附剂表面的官能团上，因此，可以推断在－C－O－官能团上引入了－OH，提高了改性秸秆对 Cu^{2+} 的吸附效果。

2.2.2.3　未改性吸附剂和改性吸附剂的热重分析

如图 2-2-4 所示，UWS 质量的减少是从 30.7℃开始的，而 AWS 质量的减少是从 39.7℃开始的。同时，UWS 在温度由 30.7℃升高到 248.8℃的过程中损失质量 4.89%，AWS 在温度由 39.7℃升高到 266.9℃的过程中，损失质量 2.87%。这些质量损失是由杂质的蒸发和物理吸附的水的材料的表面上引起的，而 UWS 和 AWS

的质量损失值正好与 SEM 结果的分析相一致。温度从 248.8℃升高到 349.4℃的过程中，UWS 损失质量 59.83%，温度由 266.9℃升高至 373.4℃的过程中，AWS 损失质量 63.12%。这些质量损失，主要是由脱羟基造成的，这说明 AWS 形成了更多的羟基。因此，UWS 和 AWS 之间失重温度的差异表明，小麦秸秆经碱处理后吸附效果的改善是因为羟基的引入。

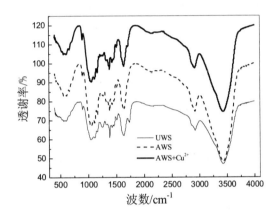

图 2-2-3　改性前/后小麦秸秆以及改性小麦秸秆吸附 Cu^{2+} 后的红外分析

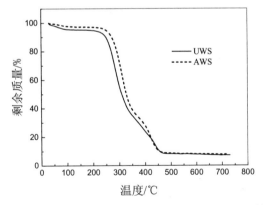

图 2-2-4　未改性小麦秸秆（UWS）和改性小麦秸秆（AWS）的热重分析曲线

2.2.3　实验内容

2.2.3.1　氢氧化钠浓度对改性小麦秸秆吸附能力的影响

采用氢氧化钠浓度分别为 0%、4%、5%、10%、20%、30%、40%、50%的一

组溶液，对定量的小麦秸秆进行改性 12h，得到一组碱改性小麦秸秆吸附剂，在常温下，用该吸附剂对 Cu^{2+} 初始浓度为 20mg/L 的溶液进行吸附，取样测定滤液中 Cu^{2+} 的浓度。

2.2.3.2　氢氧化钠处理时间对秸秆吸附铜离子效果的影响

采用由 2.2.3.1 得到的最佳吸附效果的氢氧化钠浓度改性小麦秸秆，改性时间分别为 2h、3h、4h、6h、12h、24h 和 48h，对同样质量的小麦秸秆进行改性，得到一组碱改性小麦秸秆吸附剂，在常温下，用该吸附剂对 Cu^{2+} 初始浓度为 20mg/L 的溶液进行吸附，取样测其吸附效果。

2.2.3.3　小麦秸秆的投加量对吸附性能的影响

取 Cu^{2+} 初始浓度为 20mg/L，pH 值为 5 的溶液，在振荡时间为 24h，温度为 25℃，吸附剂投加量为 0g/L、0.5g/L、1g/L、2g/L、5g/L、10g/L 和 20g/L 的条件下，考察改性吸附剂和未改性投加量对 Cu^{2+} 去除率的影响，其中改性吸附剂为在 2.2.3.1 和 2.2.3.2 节得到的最佳条件下得到的，取样测定滤液中 Cu^{2+} 的浓度。

2.2.3.4　溶液 pH 值对吸附的影响

取 Cu^{2+} 初始浓度为 20mg/L 的溶液，在温度为 25℃，振荡时间为 24h，改性和未改性小麦秸秆用量为实验得到的最佳投加量的条件下，设置系统 pH 值分别为 2、3、4、5、6，初始 pH 值分别为 2、4、6、8、10。取样测定滤液中 Cu^{2+} 的浓度，考察初始 pH 值和系统 pH 值对改性吸附剂和未改性吸附剂去除溶液中 Cu^{2+} 效果的影响。

2.2.3.5　吸附动力学试验

采用 pH 值为 2.2.3.4 节所得的最佳系统 pH 值，吸附剂用量为 2.2.3.3 节所得的最佳投加量，温度为 15℃，Cu^{2+} 初始浓度分别为 5mg/L、10mg/L、20mg/L、50mg/L，溶液总量均取 1L，在恒温磁力搅拌器上搅拌，通过 0.45μm 滤膜过滤取样，取样时间分别为 5min、10min、20min、30min、50min、80min 和 120min，测定滤液中 Cu^{2+} 的浓度。

2.2.3.6　吸附等温线试验

采用 pH 值为 2.2.3.4 节所得的最佳系统 pH 值，吸附剂用量为 2.2.3.3 节所得的最佳投加量，温度分别为 15℃、25℃、35℃，振荡时间为 120min，Cu^{2+} 初始浓度分别为 5mg/L、10mg/L、20mg/L、50mg/L、100mg/L、150mg/L 和 200mg/L，取样测定滤液中 Cu^{2+} 的浓度。

2.2.4　结果与分析

2.2.4.1　氢氧化钠浓度对小麦秸秆吸附 Cu^{2+} 效果的影响

如图 2-2-5 所示，当氢氧化钠浓度为零时，即小麦秸秆未经碱处理，对 Cu^{2+} 的去除率为 54.0%。氢氧化钠的浓度增加到 1% 时，小麦秸秆对 Cu^{2+} 的去除率增长到 75.6%。氢氧化钠的浓度增加到 4% 时，对 Cu^{2+} 的去除率达到峰值，为 83.0%。之后，随着氢氧化钠浓度从 5% 上升到 40%，Cu^{2+} 去除率从 82.5% 下降到 79.4%。当氢氧化钠浓度不断增加到 50% 时，Cu^{2+} 去除率出现了大幅度下降，下降至 72.8%，下降了 6.6%。结合 SEM 图分析可知，在氢氧化钠浓度低时，可以有效地去除秸秆表面的杂质颗粒和灰分，小麦秸秆纤维素的纤维排列的有序度得到了很大的提高，使得吸附剂表面看起来更加均匀，更有利于吸附过程的进行。随着氢氧化钠浓度的进一步增高，吸附效果下降的原因可能是过高浓度的氢氧化钠分解了小麦秸秆去除 Cu^{2+} 的有效组成部分。该实验得到的最佳氢氧化钠浓度为 4%，结果与 Barman 等人所研究的使用低浓度的碱改性芦苇秸秆所得的最佳氢氧化钠浓度 2% 相接近，其差别应该是芦苇秸秆与小麦秸秆结构的差异所导致的。

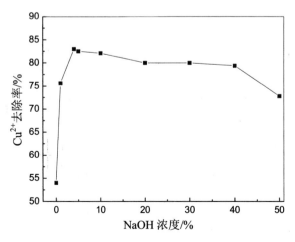

图 2-2-5　氢氧化钠浓度对小麦秸秆吸附 Cu^{2+} 效果的影响

1.2.4.2 氢氧化钠处理时间对小麦秸秆吸附 Cu²⁺效果的影响

从图 2-2-6 的趋势可以看出,不同的氢氧化钠改性时间得到的改性小麦秸秆吸附剂对 Cu²⁺的去除效果不同。当氢氧化钠处理时间从 2h 增加到 24h 时,AWS 对 Cu²⁺的去除效果从 77.2%升到 83.4%,这是因为经过氢氧化钠一定时间的处理后,有效地去除了秸秆表面的杂质颗粒和灰分,小麦秸秆纤维素的纤维排列的有序度得到了很大的提高,在氢氧化钠的处理时间为 24h 时,去除率达到最大值。氢氧化钠处理时间增加到 48h 时,AWS 对 Cu²⁺的去除效果下降到 82.3 %,这是因为处理时间过长,氢氧化钠破坏了小麦秸秆的与吸附有关的结构。所以氢氧化钠处理小麦秸秆的最佳时间为 24h。

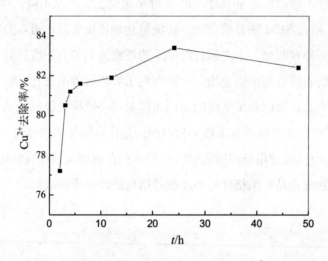

图 2-2-6 氢氧化钠处理时间对小麦秸秆吸附 Cu²⁺效果的影响

2.2.4.3 小麦秸秆的投加量对其自身吸附 Cu²⁺效果的影响

如图 2-2-7 所示,改性后的小麦秸秆吸附效果明显好于改性前,改性前最大去除率为 52.5%,改性后的最大去除率为 85.7%。未改性和改性吸附剂投加量较低时对 Cu²⁺的去除率也偏低,随着秸秆投加量的增加去除率逐渐增加,当投加量达到 5g/L 时,去除率分别达到 45.2%、82.7%,此后增加吸附剂投加量,Cu²⁺的去除率增幅放缓,即单位质量吸附剂吸附量降低。这是因为吸附剂量的增加提供了更多的吸附位点,故去除率增加,但是去除率的进一步提高会导致 Cu²⁺的浓度减小，解吸附力便会增大，单位吸附剂上的铜离子量减小，因此增大吸附剂的用量，相对吸附率便会下降，单位吸附剂的吸附量也就会相应地减小。当 AWS 用量达到 5g/L 后，去除率达到 82.7%，基本上达到了最大的吸附量，在进一步增加吸附剂的情况下 Cu^{2+}去除率改变较小。从经济的角度出发，吸附剂的最佳投加量为 5g/L。

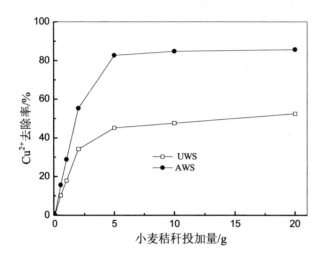

图 2-2-7　小麦秸秆投加量的对其自身 Cu^{2+}吸附效果的影响

2.2.4.4　系统 pH 值对小麦秸秆吸附 Cu^{2+}效果的影响

用两种方法研究 pH 值对吸附效果的影响，图 2-2-8 反映了系统 pH 值影响 UWS 和 AWS 对 Cu^{2+}的吸附效果的情况，图 2-2-9 反映了初始 pH 值影响 UWS 和 AWS 对 Cu^{2+}的吸附效果的情况。从图 2-2-8 可以看出当系统 pH 值为 2.0 时，AWS 对 Cu^{2+}的去除率为 4.6%，UWS 对 Cu^{2+}的去除率为 1.1%，当系统 pH 值持续增加至 5.0 和 6.0 时，AWS 对 Cu^{2+}的去除率分别增至 82.8%、92.4%，UWS 对 Cu^{2+}的去除率分别增至 45.1%、71.7%，去除效果显著提升。当系统 pH 持续增加至 7.0 和 8.0 时，AWS 对 Cu^{2+}的去除率分别增至 95.1%、95.6%，UWS 对 Cu^{2+}的去除率分别增至 78.9%、79.9%，当系统 pH 值上升至 10.0 时，AWS 对 Cu^{2+}的去除率为 95.6%，UWS 对 Cu^{2+}的去除率为 81.2%，去除效果提升平缓。从图 2-2-9 可以看出，当初始 pH 值从 2.0 提高到 4.0 时，AWS 对 Cu^{2+}的去除率由 4.9%上升至 92.9%，UWS 对 Cu^{2+}的去除率从 1.1%上升至 43.9%。当初始 pH 值持续增加至 5.0 和 6.0

时，AWS 对 Cu^{2+} 的去除率分别增至 94.4%、95.1%，UWS 对 Cu^{2+} 的去除率分别增至 48.8%、52.7%，在吸附过程中，初始 pH 值随时间变化的情况见表 2-2-3。从表 2-2-3 可以看出，随着时间的增加，溶液初始 pH 值有所提升。根据 Cu^{2+} 在特定条件下的溶度积常数，当 Cu^{2+} 浓度为 20mg/L 时，可以计算出 Cu^{2+} 发生沉淀反应的 pH 值为 6.13。当 pH 大于 6 时，Cu^{2+} 会发生沉淀反应，Cu^{2+} 去除效果增加不显著，影响秸秆吸附效果的研究。因此，为了研究碱处理对小麦秸秆吸附水溶液中 Cu^{2+} 的效果，选择系统 pH 值为 5.0。

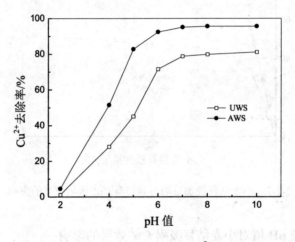

图 2-2-8　系统 pH 值对小麦秸秆 Cu^{2+} 吸附效果的影响

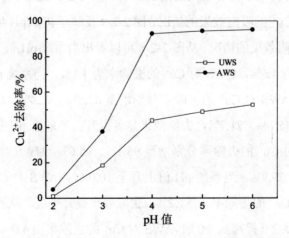

图 2-2-9　初始 pH 值对小麦秸秆 Cu^{2+} 吸附效果的影响

表 2-2-3　初始 pH 值随时间变化的情况

时间/min	pH 值									
	AWS					UWS				
0	2.00	3.00	4.00	5.00	6.00	2.00	3.00	4.00	5.00	6.00
10	2.01	3.66	5.49	5.95	6.03	2.02	3.54	4.95	5.32	6.24
30	2.02	3.73	5.71	6.05	6.25	2.03	3.55	4.95	5.33	6.24
60	2.02	3.73	5.76	6.29	6.46	2.04	3.55	4.96	5.34	6.25
120	2.03	3.73	5.81	6.29	6.47	2.04	3.55	4.96	5.34	6.26
240	2.03	3.75	5.89	6.43	6.57	2.05	3.56	4.97	5.36	6.27
360	2.04	3.75	5.96	6.54	6.66	2.05	3.56	4.97	5.36	6.27

2.2.4.5　吸附动力学分析

图 2-2-10 至图 2-2-12 分别为准一级动力学非线性拟合、准二级动力学非线性拟合、Elovich 非线性拟合，在 Cu^{2+} 初始浓度分别为 5mg/L、10mg/L、20mg/L、50mg/L 时，试验中所得最大吸附量 $q_{e,exp}$ 分别为 0.93mg/g、1.93mg/g、3.79mg/g、6.73mg/g。

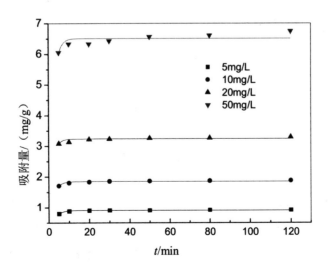

图 2-2-10　准一级动力学非线性拟合

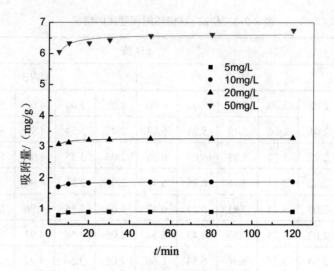

图 2-2-11　准二级动力学非线性拟合

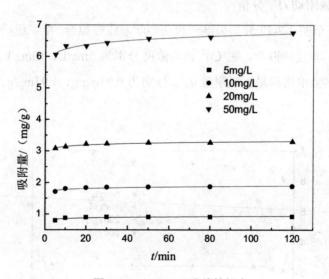

图 2-2-12　Elovich 非线性拟合

从图 2-2-10 至图 2-2-12 可以看出，开始阶段，Cu^{2+} 去除率随着吸附时间增加而迅速增大，当吸附时间超 80min 后，吸附剂表面吸附趋于饱和，去除率增幅逐渐减小，即 AWS 吸附平衡时间为 80min。图 2-2-10 至图 2-2-12 中每一个方程中的相关参数见表 2-2-4。

表 2-2-4 动力学非线性拟合数据

C_0/(mg/L)	$q_{e,exp}$/(mg/g)	准一级动力学非线性拟合			准二级动力学非线性拟合			Elovich 非线性拟合		
		k_1	q_e	R^2	k_2	q_e	R^2	α	β	R^2
5	0.93	0.42	0.91	0.9611	1.49	0.93	0.9336	0.78	0.03	0.6499
10	1.93	0.50	1.85	0.8274	1.06	1.88	0.9906	1.67	0.05	0.8178
20	3.79	0.59	3.24	0.5256	0.85	3.28	0.9256	2.99	0.07	0.9287
50	6.74	0.52	6.51	0.5037	0.30	6.63	0.9088	5.79	0.20	0.9406

R^2 为线性相关系数，下同

从表 2-2-4 中可以看出，在碱改性小麦秸秆对各浓度 Cu^{2+} 吸附效果的动力学非线性拟合中，准二级动力学非线性拟合方程的相关系数 R^2 的值大于准一级动力学非线性拟合方程和 Elovich 非线性拟合方程的相关系数，且 $R^2 > 0.9$，这表明准二级动力学模型比较适合用来描述碱改性小麦秸秆吸附 Cu^{2+} 的过程。在 Cu^{2+} 初始浓度为 5mg/L、10 mg/L、20 mg/L、50 mg/L 的条件下，由准二级动力学模型得到的 q_e 值分别为 0.93mg/g、1.88mg/g、3.28mg/g、6.63mg/g，与实验所得的 $q_{e,exp}$ 值，即 0.93mg/g、1.93mg/g、3.79mg/g、6.73mg/g 相一致，因此推断，该吸附过程发生了化学吸附。有研究认为，吸附剂对于溶液中重金属离子的吸附大致可分为 3 个阶段：第一阶段，吸附与固液界面的形成密切相关，以表面离子吸附为主；第二阶段是初始阶段和后期阶段的一个过渡阶段；第三阶段，吸附与固液界面中发生的离子交换有关，以层间离子交换吸附为主。即表现为经不同的吸附时间后，吸附过程遵循不同的规律，本实验的实验结果与其一致。

2.2.4.6 吸附热力学

图 2-2-13 至图 2-2-15 分别为 Freundlich 模型非线性拟合、Langmuir 模型非线性拟合、Temkin 模型非线性拟合图，从图中可以看出，在 288K、298K 和 308K 的条件下对 Cu^{2+} 的最大吸附量 q_{max} 分别为 9.34mg/g、9.71mg/g、9.97mg/g。

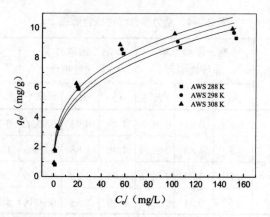

图 2-2-13　以 Freundlich 模型拟合秸秆对 Cu^{2+} 的吸附

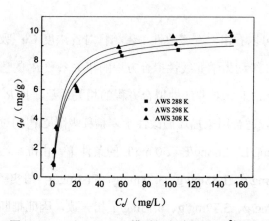

图 2-2-14　以 Langmuir 模型拟合秸秆对 Cu^{2+} 的吸附

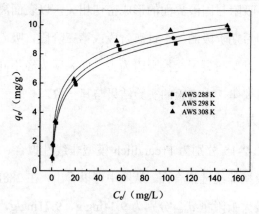

图 2-2-15　以 Temkin 模型拟合秸秆对 Cu^{2+} 的吸附

Freundlich 模型用于固体表面吸附，该方程的建立基础是吸附剂表面为一不均匀表面，吸附剂的吸附点位与金属离子结合能力的强弱取决于其邻近的吸附点位是否存在。通常参数 $1/n$ 的数值一般在 $0\sim1$ 之间，其值的大小表示浓度对吸附量影响的强弱。$1/n$ 越小，吸附性能越好。$1/n$ 在 $0.1\sim0.5$ 之间，则易于吸附；$1/n>2$ 时，难以吸附。从表 2-2-5 可以看出，$1/n$ 数值分别为 0.32、0.32、0.30，在 $0.1\sim$ 0.5 之间，说明 AWS 对 Cu^{2+} 的吸附还是比较容易进行的；其次，在 288K、298K 和 308K 的条件下，相关系数分别 0.9434、0.9531、0.9641，均大于 0.94，故其适用于描述 AWS 对 Cu^{2+} 的吸附过程。

Langmuir 最初描述的是气体分子在金属表面的吸附过程，它的基本假设理论是：吸附位点位置一定，且具有相同的能量，只有一个分子可被一个吸附位点吸附，且它们之间没有相互的作用力，最大吸附量是在溶液分子的单分子层出现在吸附物表面且已达到饱和时出现的，已吸附上的分子也不会转移，吸附能力不会改变，并且显示化学吸附是该吸附剂对金属离子的主要吸附方式，属于单层吸附模式。对于 AWS 对 Cu^{2+} 的吸附过程，Langmuir 吸附等温模型更符合试验数据，可以认为 AWS 对铜离子的吸附过程以单分子层吸附为主。由 Langmiur 模型可得，AWS 在 288K、298K 和 308K 条件下对 Cu^{2+} 的理论饱和吸附量分别为 9.54mg/g、9.81mg/g、10.05mg/g，与实验中得到的最大吸附量 q_{max} 9.34mg/g、9.71mg/g、9.97mg/g 基本相符。

Temkin 模型与 Freundlich 模型一样适用于不均匀表面的吸附，它所描述的能量关系是吸附热随吸附量线性降低，根据式（2-2-8）以 q_e 对 C_e 作图，得到非线性曲线，结果如图 2-2-15 所示。Temkin 等温线参数及相关系数已在表 2-2-5 中列出。由表 2-2-5 可见，Temkin 等温线的 R^2 值比 Langmuir 等温线和 Freundlich 等温线都低，这表明了 Temkin 等温线不适合用来描述 AWS 对 Cu^{2+} 的吸附过程。

表 2-2-5　吸附等温线非线性拟合数据

动力学参数	非线性方程拟合		
	288K	298K	308K
Freundlich 方程			
$k_F/$（mg/g）	1.96	2.11	2.42

续表

动力学参数	非线性方程拟合		
	288K		288K
$1/n$	0.32	0.32	0.30
R^2	0.9434	0.9531	0.9641
Langmuir 方程			
$q_{max}/$（mg/g）	9.54	9.81	10.05
$k_L/$（L/mg）	0.11	0.12	0.14
R^2	0.9826	0.9791	0.9685
Temkin 方程			
A	0.97	1.35	2.17
B	1.69	1.68	1.57
R^2	0.8943	0.8953	0.8887

综上可知，Langmiur 等温吸附模型和 Frendlich 模型比 Temkin 模型能更好地描述 AWS 对 Cu^{2+} 的吸附过程。

2.2.4.7 热力学分析

依据热力学的基本概念，假设存在一个孤立的系统，系统的能量是恒定不变的，既不能获得也不能失去，而熵变是能量转变的唯一推动力。为确定温度对吸附过程的影响和得到对吸附机理的进一步认识，可通过吉布斯方程（2-2-9）和范特霍夫等温式（2-2-10）计算热力学参数，如自由能的变化（ΔG）、焓变（ΔH）、熵的变化（ΔS）。吸附自由能的变化由式（2-2-13）计算：

$$\Delta G = -RT \ln K_c \tag{2-2-13}$$

式中　R——理想气体常数，8.314J/（mol·K）；

　　　T——热力学温度，K；

　　　K_c——平衡常数。

平衡常数 K_c 通过式（2-2-14）计算：

$$K_c = \frac{C_{ad.e}}{C_e} \tag{2-2-14}$$

式中 $C_{ad.e}$——吸附平衡时吸附剂的浓度，mg/L；

$\quad C_e$——吸附平衡溶液的浓度，mg/L。

热力学参数见表 2-2-6，从表 2-2-6 可以看出，ΔH 为正值，表明该吸附过程放热，升高温度有利于吸附，这与试验的平衡吸附量的结果相一致。ΔG 为负值，并且随着温度的升高减小，表明该反应过程是自发过程，ΔG 随温度的升高而降低，表明高温有利于该吸附过程的进行。

表 2-2-6　吸附热力学参数

温度/K	UWS			AWS		
	ΔG/ (kJ/mol)	ΔH/ (kJ/mol)	ΔS/ (kJ/mol·K)	ΔG/ (kJ/mol)	ΔH/ (kJ/mol)	ΔS/ (kJ/mol·K)
288	−13.45	7.59	0.07	−18.94	20.56	0.14
298	−13.70	7.59	0.07	−19.29	20.56	0.14
308	−14.90	7.59	0.07	−21.66	20.56	0.14

2.2.5　结论

（1）单独使用 NaOH 改性时，最佳条件为：NaOH 浓度为 4%，时间为 24h。

（2）在吸附过程中，AWS 的最佳投加量为 5g/L，当 pH 值为 5、温度为 35℃、反应时间为 80min 时，吸附剂对 Cu^{2+} 浓度为 20mg/L 的废水有较好的吸附效果。

（3）对改性小麦秸秆吸附溶液中 Cu^{2+} 的反应动力学过程来说，在准一级动力学模型、准二级动力学模型和 Elovich 动力学模型中，准二级动力学模型能较好地拟合实验数据。

（4）在 288K、298K、308K 的条件下，Langmuir 和 Freundlich 吸附模型均能较好地模拟试验结果，其中 Langmuir 吸附模型的模拟效果最好，吸附量分别达到 9.54mg/g、9.81mg/g、10.05mg/g。

（5）热力学参数表明，小麦秸秆对 Cu^{2+} 的吸附过程是一个自发的吸热过程，升高温度有利于吸附过程的进行。

2.3 氢氧化钠和氯化钠同时改性小麦秸秆对溶液中 Cu^{2+} 的静态吸附研究

2.3.1 正交试验

本实验考察氢氧化钠和氯化钠对小麦秸秆改性后的吸附效果，故本实验先通过正交试验，以对 Cu^{2+} 的去除率为考察指标，考察氢氧化钠的浓度和改性时间，以及氯化钠的浓度和改性时间等因素对吸附效果的影响。

2.3.1.1 实验材料

将收集而来小麦秸秆用蒸馏水冲洗表面的浮土与灰尘，80℃下烘 24h，然后粉碎成粉末状，过 35 目的筛子，再取适量的蒸馏水浸泡 24h，去除杂质，过滤，在 80℃下烘 24h 后再过 35 目的筛子，装入广口瓶中备用。

2.3.1.2 实验条件

取初处理的小麦秸秆 4g，分别用一定浓度的氢氧化钠、氯化钠溶液改性设定时间，然后对其进行干燥，粉碎成粉末状，过 35 目的筛子，装入广口瓶备用。

2.3.1.3 实验设计

本实验正交实验各因素水平见表 2-2-7。

表 2-2-7 正交实验各因素水平

水平	因素			
	A	B	C	D
	氢氧化钠改性时间/h	氢氧化钠浓度/%	氯化钠改性时间/h	氯化钠浓度/（mol/L）
1	12	1	6	0.5
2	24	4	12	1
3	48	8	24	2

2.3.1.4 极差计算及最优方案的选择

正交实验安排及测试结果极差分析见表 2-2-8。表中设计了 9 个不同条件下制备的改性小麦秸秆，分别用这 9 种改性小麦秸秆对含 Cu^{2+} 的废水进行吸附，去除效果列于表 2-2-8 的右边。

表 2-2-8　正交实验 L_9（3^4）安排与测试结果极差分析

试验号	因素				去除率/%
	A	B	C	D	
1	1（12）	1（1）	3（24）	2（1）	97.2
2	1	2（4）	1（6）	1（0.5）	96.4
3	1	3（8）	2（12）	3（2）	97.5
4	2（24）	1	2	1	97.5
5	2	2	3	3	97
6	2	3	1	2	97.6
7	3（48）	1	1	3	96.4
8	3	2	2	2	96.7
9	3	3	3	1	97.2
k_1	97.017	97.041	96.77	97.017	
k_2	97.387	96.696	97.214	97.165	
k_3	96.77	97.436	97.14	96.992	
极差 R	0.616	0.74	0.444	0.173	
因素（主→次）	BACD				
最优组合	A_2	B_3	C_2	D_2	

表 2-2-8 中，k_1、k_2、k_3 表示对应考察因素在各个水平下对含 Cu^{2+} 的废水去除率所得结果的算术平均值，本实验水平总数为 3，如 B 因素 2 水平，k_2=(96.4++97+96.7)/3= 96.696，同理可计算表中其他值 k_1、k_3。

表 2-2-8 中，各因素水平改变对实验结果的影响亦不同。极差 R（$R=K_{max}-K_{min}$）能反映实验中各因素作用的大小，极差 R 越大表明这个因素对样品对应的考察指

标影响也越大，即极差越大对实验结果的影响就越大，极差最大的因素就是最主要的影响因素。根据实验结果分析，氢氧化钠浓度对其影响最大，其次为氢氧化钠改性时间、氯化钠改性时间、氯化钠浓度，即 B>A>C>D。因此，根据去除率可以得出最佳方案为：$A_2 B_3 C_2 D_2$，即对秸秆进行处理时，选择氢氧化钠改性时间为 24h，氢氧化钠浓度为 8%，氯化钠改性时间为 12h，氯化钠浓度为 1mol/L，以此种方式得到的改性小麦秸秆记为 TWS。

2.3.2 吸附剂的表征

2.3.2.1 SEM 分析

由图 2-2-16 可以看出，经过氢氧化钠和氯化钠的处理后，小麦秸秆结构比较紧密、表面光滑、界面清晰，表面出现许多微孔，而未改性秸秆结构松散、表面粗糙，表面附着有许多杂质颗粒，这是因为未改性的秸秆中除了含有纤维素、半纤维素及木质素外，还含有一定比例的灰分、可抽取物等少量有机或无机物，这些物质多包裹在纤维素或木质素的表面。用氢氧化钠和氯化钠处理后，秸秆的半纤维、木质素、灰分以及一些可提取物被有效去除，增加了秸秆间的空隙，使得吸附剂表面许多有用的官能团表面暴露，更有利于吸附过程的进行。

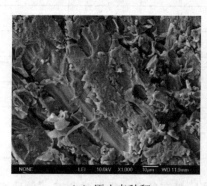

（a）原小麦秸秆　　　　　　　（b）改性小麦秸秆

图 2-2-16　原小麦秸秆和改性小麦秸秆的 SEM 图像

2.3.2.2 TWS 的红外分析

对比图 2-2-17 中的 TWS 和 UWS 的红外光谱图可以看出，经氢氧化钠和氯化钠溶液改性后的小麦秸秆红外光谱图主要有两处变化：一处变化是 1733.16cm⁻¹处-C=O 伸缩振动吸收峰消失，这可能是由于发生了加成反应，使得羧基的双键性减弱；另一处变化是 C-Cl 的伸缩振动峰从 526cm⁻¹ 移至 531cm⁻¹，这说明在氯化钠溶液改性小麦秸秆的过程中，含氯官能团确实发生了变化，使得改性后的小麦秸秆具有活泼的 N-Cl 基团和 C-Cl 基团，N 原子和 Cl 原子都可以提供孤对电子和 Cu^{2+} 配位结合，从而提高了吸附能力。

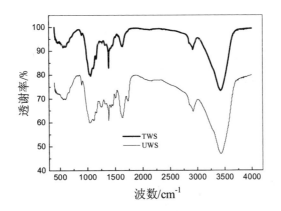

图 2-2-17　TWS 和 UWS 的红外分析

2.3.3　吸附实验内容

2.3.3.1　TWS 的投加量对吸附性能的影响

取 Cu^{2+} 初始浓度为 20mg/L、pH 值为 5 的溶液，在振荡时间为 24h，温度为 25℃，吸附剂投加量为 0.5g/L、1g/L、2g/L、4g/L、10g/L、20g/L 的条件下，考察 TWS 投加量对 Cu^{2+} 去除率的影响，TWS 为正交实验中最佳组合条件下改性得到的秸秆，取样测定滤液中 Cu^{2+} 的浓度。

2.3.3.2　溶液 pH 值对吸附的影响

取 Cu^{2+} 初始浓度为 20mg/L 的溶液，在温度为 25℃，振荡时间为 24h，改性和未改性小麦秸秆用量为实验得到的最佳投加量的条件下，设置系统 pH 值分别为 2、3、4、5、6、7、8、9，取样测定滤液中 Cu^{2+} 的浓度，考察改性吸附剂和未改性吸附剂对 Cu^{2+} 去除率的影响。

2.3.3.3　吸附动力学试验

采用 pH 值为 2.3.3.2 节所得的最佳 pH 值，吸附剂用量为 2.3.3.1 节所得的最佳投加量，温度为 15℃，Cu^{2+}初始浓度分别为 5mg/L、10mg/L、20mg/L、50mg/L，溶液总量均取 1L，在恒温磁力搅拌器上搅拌，通过 0.45μm 滤膜过滤取样，取样时间分别为 5min、10min、20min、30min、50min、80min、120min，测定滤液中 Cu^{2+}的浓度。

2.3.3.4　吸附热力学试验

采用 pH 值为 2.3.3.2 节所得的最佳 pH 值，吸附剂用量为 2.3.3.1 节所得的最佳投加量，温度分别为 288K、298K、308K，振荡时间为 120min，Cu^{2+}初始浓度分别为 5mg/L、10mg/L、20mg/L、50mg/L、100mg/L、150mg/L、200mg/L，取样测定滤液中 Cu^{2+}的浓度。

2.3.4　结果与分析

2.3.4.1　TWS 投加量对 Cu^{2+}去除率的影响

从图 2-2-18 可以看出，当 TWS 投加量从 0.5mg/L 增加到 4mg/L 时，对 Cu^{2+}去除率从 50.4%增加到 96.5%，当 TWS 投加量从 4mg/L 增加到 20mg/L 时，对 Cu^{2+}去除率从 96.5%增加到 97.5%，因此，TWS 投加量小于 4mg/L 时，随着 TWS 投加量的增加去除率增加迅速，TWS 添加量大于 4mg/L 时，随着 TWS 投加量的增加去除率增加缓慢。从经济的角度出发，吸附剂的最佳投加量为 4g/L。

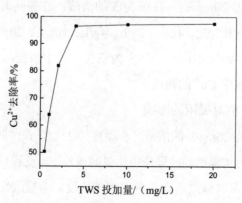

图 2-2-18　TWS 投加量对 Cu^{2+}去除率的影响

2.3.4.2　系统 pH 值对 TWS 吸附 Cu²⁺效果的影响

图 2-2-19 反映了系统 pH 值对 TWS 吸附 Cu^{2+}效果的影响情况。从图 2-2-19 可以看出，当系统 pH 值为 2.0 时，TWS 对 Cu^{2+}的去除率为 6.7%，当系统 pH 值持续增加至 4.0 和 5.0 时，TWS 对 Cu^{2+}的去除率分别增至 93.2%、96.3%，去除效果显著提升；当系统 pH 值持续增加至 6.0 和 7.0 时，TWS 对 Cu^{2+}的去除率分别增至 98.1%、98.4%；当系统 pH 值上升至 9.0 时，TWS 对 Cu^{2+}的去除率为 99.0%，去除效果提升平缓。

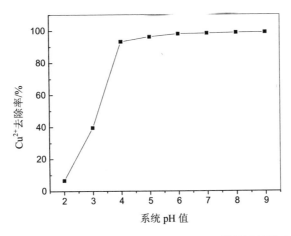

图 2-2-19　系统 pH 值对 TWS 吸附 Cu^{2+}效果的影响

从图 2-2-19 可以看出，当系统 pH 值从 2.0 提高到 5.0 时，TWS 对 Cu^{2+}的去除率由 6.7% 上升至 96.3%，去除率增加了 89.6%。当 pH 值从 5.0 增加到 9.0 时，TWS 对 Cu^{2+}的去除率从 96.3% 增至 99.0%，去除率增加了 2.7%。根据 Cu^{2+}在特定条件下的溶度积常数，当 Cu^{2+}浓度为 20mg/L 时，可以计算出 Cu^{2+}发生沉淀反应的 pH 值为 6.13。当 pH 值大于 6 时，Cu^{2+}会发生沉淀反应，影响秸秆吸附效果的研究，并且 pH 值大于 5 时，Cu^{2+}去除效果增加不显著。因此，为了研究碱处理对小麦秸秆吸附水溶液中 Cu^{2+}的效果，选择系统 pH 值为 5.0。

2.3.4.3　动力学

在一定程度上，吸附动力学模型能够反映 TWS 吸附 Cu^{2+}的机理，而且可以通过静态吸附动力学研究获得吸附剂的吸附速率以及吸附速率控制固液界面上吸附质的滞留时间。图 2-2-20 至图 2-2-22 分别为准一级动力学非线性拟合曲线、准二级动力学非线性拟合曲线、Elovich 非线性拟合曲线。从 3 条动力学拟合曲线可以看出,开始阶段,Cu^{2+} 去除率随着吸附时间增加而迅速增大,当吸附量超过 60min 后,吸附剂表面吸附趋于饱和,去除率增幅逐渐减小。在 Cu^{2+} 浓度为 5mg/L、10 mg/L、20 mg/L、50 mg/L 时,TWS 对 Cu^{2+} 的最大吸附量 q_{max} 分别为 1.164mg/g、2.433mg/g、4.852mg/g、8.047mg/g。图 2-2-20 至图 2-2-22 中每一个方程拟合的相关参数见表 2-2-9。

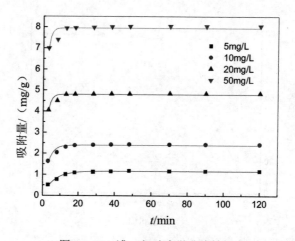

图 2-2-20　准一级动力学非线性拟合

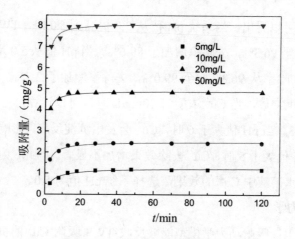

图 2-2-21　准二级动力学非线性拟合

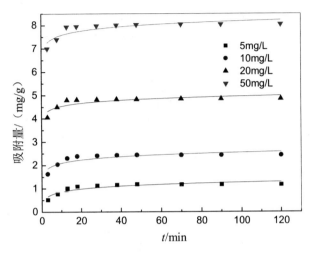

图 2-2-22　Elovich 动力学非线性拟合

　　通常情况下，准一级动力学模型并不能够很好地描述整个接触时间的吸附过程，而是被用来描述吸附过程的初始阶段。由表 2-2-9 可见，准一级动力学模型拟合所得的相关性系数相对较小，这表明了 TWS 对 Cu^{2+} 的吸附不符合准一级动力学模型。从表 2-2-9 可以看出，不同 Cu^{2+} 浓度的溶液在准二级动力学模型拟合所得的相关性系数均大于 0.92，且通过模型计算得到的平衡吸附量 q_e 和实验所得的 q_{max} 也较为接近，这说明准二级动力学模型相对于准一级动力学模型，能够更好地描述 TWS 对 Cu^{2+} 的静态吸附动力学行为，同时，这也说明了 TWS 对 Cu^{2+} 的吸附机理为化学吸附。准二级动力学模型拟合所得的平衡吸附量 q_e 随着 Cu^{2+} 初始浓度的增大而增大，这说明浓度越大，TWS 对 Cu^{2+} 的吸附量越大。通过对 TWS 吸附 Cu^{2+} 的静态吸附动力学研究，可以为今后投加 TWS 的吸附池设计以及污水处理装置的运行提供参数信息，对去除废水中 Cu^{2+} 技术的应用具有重要的实际意义。由表 2-2-9 可见，不同 Cu^{2+} 浓度的溶液在 Elovich 动力学模型拟合所得的相关系数 R^2 的范围为 0.647~0.782，均低于准一级动力学和准二级动力学拟合的相关系数，由此可以得出，Elovich 动力学模型不适合于描述 TWS 对 Cu^{2+} 的静态吸附动力学行为。

表 2-2-9　动力学非线性拟合数据

动力学参数	非线性方程			
	5	10	20	50
准一级动力学拟合				
q_e	1.162	2.396	4.800	7.944
k_1	0.156	0.336	0.606	0.694
R^2	0.973	0.894	0.854	0.792
准二级动力学拟合				
k_2	0.199	0.251	0.329	0.447
q_e	1.256	2.512	4.911	8.104
R^2	0.955	0.968	0.956	0.921
Elovich 动力学拟合				
a	0.466	1.643	4.114	6.969
k	0.173	0.197	0.183	0.265
R^2	0.782	0.713	0.647	0.711

综上可知，在 TWS 对各浓度 Cu^{2+} 吸附效果的动力学拟合中，准二级动力学的拟合相关系数 R^2 值大于准一级动力学方程和 Elovich 方程的相关系数，这表明准二级动力学模型比较适合用来描述 TWS 吸附 Cu^{2+} 的过程。

2.3.4.4　吸附热力学

图 2-2-23 至图 2-2-25 分别为 Freundlich 模型非线性拟合图、Langmuir 模型非线性拟合图、Temkin 模型非线性拟合图，从这 3 个图可以看出，在 288K、298K 和 308K 的条件下对 Cu^{2+} 的最大吸附量 q_{max} 分别为 13.17mg/g、14.43mg/g、15.54mg/g。

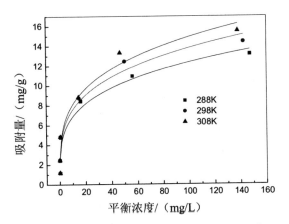

图 2-2-23 以 Freundlich 模型等温拟合 TWS 对 Cu^{2+} 的吸附

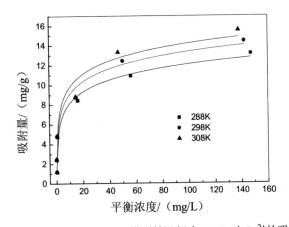

图 2-2-24 以 Langmuir 模型等温拟合 TWS 对 Cu^{2+} 的吸附

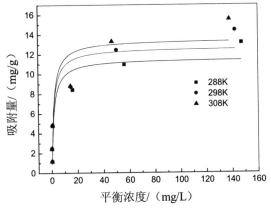

图 2-2-25 以 Temkin 模型等温拟合 TWS 对 Cu^{2+} 的吸附

Langmuir 等温线最初描述的是气体分子在金属表面的吸附过程，适用于单分子层吸附，它假设吸附位点位置一定，且具有相同的能量，只有一个分子可被一个吸附位点吸附，最大离子交换依赖于吸附质分子在吸附剂表面的单分子层饱和程度，已吸附上的分子也不会转移，吸附能力不会改变，离子交换能量是一个恒量，化学吸附是该吸附剂对金属离子的主要吸附方式。从表 2-2-10 中可以看出，其相关系数均大于 0.94，因此，Langmuir 吸附等温模型能够很好地描述 TWS 对 Cu^{2+} 的吸附过程，由 Langmiur 模型可得，AWS 在 288K、298K 和 308K 的条件下对 Cu^{2+} 的理论饱和吸附量分别为 13.528mg/g、14.649mg/g、15.714mg/g，与实验中得到的最大吸附量 13.17mg/g、14.43mg/g、15.54mg/g 基本相符。因此，可以认为 TWS 对 Cu^{2+} 的吸附过程以单分子层吸附为主。

表 2-2-10　吸附等温线非线性拟合数据

热力学参数	非线性方程拟合		
	288K	298K	308K
Freundlich 方程			
k_F/（mg/g）	3.773	4.11	4.335
$1/n$	0.258	0.263	0.268
R^2	0.943	0.948	0.958
Langmuir 方程			
k_L/（L/mg）	0.565	0.590	0.571
q_{max}/（mg/g）	13.528	14.649	15.714
R^2	0.963	0.959	0.948
Temkin 方程			
A	4.097	4.685	5.265
B	1.738	1.887	1.943
R^2	0.895	0.881	0.860

Temkin 模型与 Freundlich 模型一样适用于不均匀表面的吸附，Temkin 等温线

参数及相关系数在表 2-2-10 中列出。由表 2-2-10 可见，Temkin 等温线的 R^2 值比 Langmuir 等温线和 Freundlich 等温线都低，这表明了 Temkin 等温线不适合描述 TWS 对 Cu^{2+} 的吸附过程。

综上可知，Langmiur 等温吸附模型和 Frendlich 模型比 Temkin 模型能更好地描述 TWS 对 Cu^{2+} 的吸附过程，这一结果与由图 2-2-23 至图 2-2-25 得出的结果相一致。

2.3.5　结论

（1）通过正交实验得出对秸秆进行改性处理的最佳条件：氢氧化钠改性时间为 24h，氢氧化钠浓度为 8%，氯化钠改性时间为 12h，氯化钠浓度为 1mol/L，以此种方式得到的改性小麦秸秆记为 TWS。

（2）在吸附过程中，TWS 的最佳投加量为 4g/L，当 pH 值为 5、温度为 308K、反应时间为 60min 时，吸附剂对 Cu^{2+} 浓度为 20mg/L 的废水有较好的吸附效果。

（3）对 TWS 吸附溶液中 Cu^{2+} 的反应动力学过程来说，在准一级动力学模型、准二级动力学模型和 Elovich 动力学模型中，准二级动力学模型能较好地拟合实验数据。

（4）TWS 吸附溶液中的 Cu^{2+} 时，在 288K、298K、308K 的条件下，Langmuir 吸附模型和 Freundlich 吸附模型均能较好地模拟试验结果，其吸附过程以单分子层吸附为主，为化学吸附，吸附过程较易进行，其最大吸附量发生在 308K 时，为 15.54mg/g。

2.4　小麦秸秆对 Cu^{2+} 动态吸附特性的研究

静态吸附结果表明改性的小麦秸秆 TWS 对重金属 Cu^{2+} 的吸附具有一定的效果，吸附柱常被用于实际废水处理中进行连续操作。因此，动态柱吸附实验的研究也很重要，本节将结合静态吸附实验研究结果，建立 TWS 动态吸附柱系统，研究溶液中 Cu^{2+} 在 TWS 上的动态吸附行为，建立吸附柱穿透曲线模型，并拟合动态吸附实验数据。

穿透曲线反映了溶液与吸附剂之间的吸附平衡关系、吸附动力学和传质机理，是固定床动态吸附操作过程中重要的动态特性曲线，也是吸附过程中设计、操作和控制的主要依据，这方面的研究已经有些报道。

钱晓荣通过动态吸附柱实验考察了阳离子木屑纤维素对水体中的 2，4－二氯苯酚的吸附效果，通过改变柱高、流速和填充密度得到了最佳的吸附工艺条件。陈素红通过吸附柱的动态吸附实验研究了改性的玉米秸秆对模拟废水中 Cr（VI）的动态吸附性能，经实验发现 Thomas 模型适用于描述改性玉米秸秆对 Cr（VI）的吸附过程。杨雪静等的实验结果表明，一定量的流速、较高的初始浓度、少量的吸附剂量会导致吸附床的穿透时间变短。

本节主要研究吸附条件（如吸附柱高、初始溶液浓度、进水速度等）对动态吸附行为的影响，并用 Thomas 模型对实验数据进行拟合，得到多个动态吸附的动力学参数。

2.4.1　实验装置

本实验采用自制的动态吸附装置，如图 2-2-26 所示。在一定温度条件下，将一定 Cu^{2+} 浓度的模拟废水以一定的流速由上端进入装有一定量的 TWS 的吸附柱。吸附柱内径为 2cm，高 29cm，在吸附柱底部以及填料层顶部铺一层玻璃棉确保 TWS 改性秸秆被压实，保证 Cu^{2+} 溶液由上而下均匀地通过吸附柱。吸附柱顶部连接进水泵，可以调节 Cu^{2+} 溶液的进水流速；下部用取样管定时取样，测量不同时间流出液中 Cu^{2+} 的质量浓度。

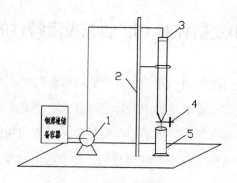

图 2-2-26　动态吸附装置

1－泵；2－铁架台；3－吸附柱进水口；4－出水口旋塞；5－量筒

2.4.2　实验方法

2.4.2.1　TWS 用量对穿透曲线的影响

为了研究滤柱填料层高度对水溶液中 Cu^{2+} 的动态吸附性能的影响，在室温条件下，将吸附柱内分别填充 0.4 g、0.8g 和 1.6 g 的 TWS（其相应的柱高分别为1.3cm、2.5cm、5.0cm），让浓度为 20mg/L Cu^{2+} 溶液以 4.6mL/min 的流速进入吸附柱进行吸附，然后用 10mL 取样管定时取样，将样品稀释后测量剩余溶液的 Cu^{2+}浓度。吸附装置固定在铁架台上。

2.4.2.2　流速对穿透曲线的影响

将浓度为 20mg/L 的 Cu^{2+}溶液分别以 2.5mL/min、4.6mL/min、7.3mL/min 的流速淋过一定柱高的填料层，用 10 mL 取样管定时取样。

2.4.2.3　初始浓度对穿透曲线的影响

将 Cu^{2+}浓度分别为 10mg/L、20mg/L、50mg/L 的溶液以 4.6 mL/min 的流速进入一定高度的吸附柱，用 10 mL 取样管定时取样。

2.4.2.4　穿透曲线模型拟合

近年来，实验室动态柱吸附研究一般是用一些简单的数学模型来模拟分析，动态吸附柱实验的成功设计与穿透曲线有一定的关系。因此，在本研究中，运用Adams-Bohart 模型和 Thomas 模型来拟合动态吸附数据，用来描述动态吸附柱吸附行为及一些参数，本实验中取出水浓度 C_t 与进水浓度 C_0 之比 $C_t/C_0=0.2$ 作为穿透点。

2.4.3　结果与讨论

2.4.3.1　TWS 用量对穿透曲线的影响分析

图 2-2-27 所示为吸附剂用量对穿透曲线的影响，从图 2-2-27 可以看出，当吸附剂用量比较大，即吸附柱高度比较大时，对应的穿透时间也越长。这是由于吸附剂用量越大，吸附量也就越大，达到平衡的时间就会越长。当吸附剂 TWS 用量分别为 0.4g、0.8g、1.6g，即吸附柱高度分别 1.3cm、2.5cm、5.0cm 时，达到穿透点的时间分别为 15min、30min、48min。故在实际运用中适当多的吸附剂用量是可取的，有利于出水达到标准，但吸附剂用量太大，会增大水流阻力和操作成

本，故后续实验选择的 TWS 用量为 0.8g，即以 2.5cm 作为固定柱高。

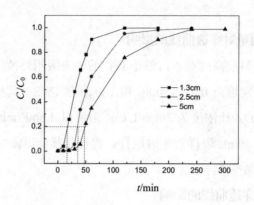

图 2-2-27　吸附剂用量对穿透曲线的影响

2.4.3.2　初始浓度对穿透曲线的影响分析

在填料层高度为 2.5cm、流速为 4.6mL/min，其他条件不变的情况下，初始浓度对 Cu^{2+} 的穿透曲线的影响如图 2-2-28 所示。由图 2-2-28 可以看出，增大进水初始 Cu^{2+} 的浓度，吸附柱床层的穿透曲线变得陡峭，穿透时间加快，穿透点明显提前。当进水 Cu^{2+} 的浓度为 10 mg/L 时，达到穿透点用了 50min 左右，当进水浓度为 20mg/L、50mg/L 时，达到穿透点的时间分别为 30min、15min。产生这种结果的主要原因是，当进水浓度增加时，吸附柱中的吸附剂 TWS 上的吸附质分子很快就达到了饱和，溶液中过多的 Cu^{2+} 不能够再被吸附，故很快吸附柱床层就被穿透。由此可知，TWS 动态吸附柱适于处理低浓度的 Cu^{2+} 废水，该结果与静态吸附实验结果一致。

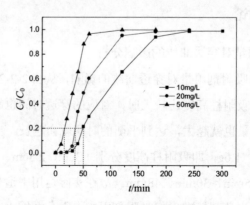

图 2-2-28　初始浓度对穿透曲线的影响

2.4.3.3 流速对穿透曲线的影响分析

图 2-2-29 所示为不同流速对 Cu^{2+} 的穿透曲线的影响。从图 2-2-29 可以明显看出，在其他条件不变的情况下，增大流速，吸附柱床层的穿透时间也随之减小。本实验进水浓度 C_0 为 20mg/L，TWS 质量为 0.8g，即吸附柱高约 2.5cm，当流速分别为 2.5mL/min、4.6mL/min、7.3mL/min 时，到达穿透点的时间分别为 55min、30min、15min。由实验可知对应 3 个流速的穿透时间分别 55min、30min、15min。其出水量 10mL/min 的最大，为 200mL，故后续实验选取 10mL/min 为最佳流速。

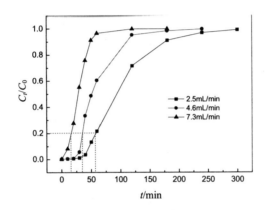

图 2-2-29 流速对穿透曲线的影响

2.4.3.4 穿透曲线模型拟合分析

Thomas 模型作为目前应用最为广泛的一种模型，其假设有平推流作用存在于固定床吸附过程中。Thomas 模型用来描述固定床动态柱吸附过程中的理论性能。其线性表达式为

$$\ln\left(\frac{C_0}{C_t} - 1\right) = \frac{k_{Th} q_0 m}{Q} - k_{Th} C_0 t \qquad (2\text{-}2\text{-}15)$$

式中　k_{Th}——Thomas 模型常数，mL/（min·mg）；

　　　q_0——Thomas 动态吸附能力，mg/g；

　　　t——整个流出时间，min。

根据式（2-2-15），通过 $\ln(C_0/C_t - 1)$ 对 t 作图（图 2-2-30），计算参数 k_{Th} 及 q_0 并将其列于表 2-2-11 中。由表 2-2-11 可见，由 Thomas 模型得到的 R^2 值均大于

0.9，因此，该模型适用于拟合 TWS 对 Cu^{2+} 的动态吸附实验数据。从表 2-2-11 发现，k_{Th} 的参数值随着填料层高度的增加而减小；随着进水浓度的增加而减小；随着流速的增加而增大。这是因为大的进水浓度增加了浓度梯度，也会增加相应的传质推动力，克服空间位阻更容易，金属离子接触隐蔽的活性位点的机会也会增多，从而饱和吸附量就会相应地增大。因此，高进水浓度，低流速，高填料层高度能够促进 TWS 对 Cu^{2+} 的动态吸附过程的进行。Thomas 模型适用于描述 TWS 对 Cu^{2+} 的动态柱吸附行为，说明了吸附剂外表面扩散和内扩散不是反应的速率控制步骤。

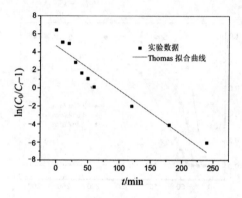

图 2-2-30　TWS 吸附 Cu^{2+} 的 Thomas 模型

表 2-2-11　Thomas 模型拟合曲线各参数数据

初始浓度 C_0/（mg/L）	流速 Q/（mL/min）	柱高 Z/cm	模型参数		R^2
			$k_{Th} \times 10^{-4}$ mL/(min·mg)	$q_0 \times 10^4$ mg/g	
20	4.6	1.3	25.05	2.14	0.922
20	4.6	2.5	24.63	2.19	0.909
20	4.6	5.0	22.44	2.80	0.936
10	4.6	2.5	43.96	2.00	0.913
20	4.6	2.5	24.63	2.19	0.909
50	4.6	2.5	12.76	4.23	0.908
20	2.5	2.5	21.43	1.42	0.901
20	4.6	2.5	24.63	2.19	0.909
20	7.3	2.5	25.61	2.67	0.905

2.4.3.5　Adams–Bohart 模型

Bohart 和 Adams 根据表面反应理论建立的方程可以用来描述动态吸附系统中 C_t/C_0 与时间 t 之间的关系。Adams-Bohart 模型常被用来描述穿透曲线的初始吸附阶段，建立基础是假设吸附平衡不是瞬间发生的。其表达式为

$$\ln\left(\frac{C_t}{C_0}\right) = k_{AB}C_0 t - k_{AB}N_0\left(\frac{Z}{U_0}\right) \tag{2-2-16}$$

式中　C_t、C_0——出水浓度和进水浓度，mg/L；

　　　k_{AB}——动力学常数，L/（mg·min）；

　　　N_0——饱和浓度，mg/L；

　　　Z——固定床填料层高度，cm；

　　　U_0——空塔速率，cm/min，定义为流速 Q（mL/min）与固定床断面面积 A

　　　　　（cm^2）的比例；

　　　t——达到饱和所用的时间。

在进水浓度为 20mg/L、流速为 10mL/min、填料层高度为 2.4cm 的情况下，以 $\ln(C_t/C_0)$ 对 t 作图得到拟合曲线，如图 2-2-31 所示。

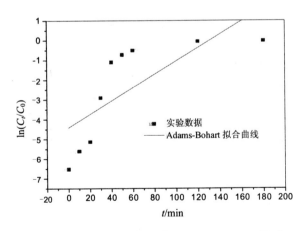

图 2-2-31　TWS 吸附 Cu^{2+} 的 Adams-Bohart 模型

对所有条件下的穿透曲线拟合数据进行分析计算，所得的参数及相关系数列于表 2-2-12。从表 2-2-12 可见，相关系数 R^2 拟合度不高，这表明 Adams-Bohart

模型不能很好地描述 TWS 对 Cu^{2+} 的动态柱吸附行为，但该模型说明随着流速和进水 Cu^{2+} 浓度的增加，参数 k_{AB} 呈减小趋势，但是随着填料层高度的增加而增大。这说明了开始部分的表面传质速率影响了整个动态柱吸附系统的吸附过程。

表 2-2-12　Adams-Bohart 模型拟合曲线各参数数据

初始浓度 C_0/ mg/L	流速 Q/ mL/min	柱高 Z/cm	模型参数		R^2
			$k_{AB} \times 10^{-4}$ L/ (mg·min)	$N_0 \times 10^4$ mg/L	
20	4.6	1.3	18.24	0.57	0.371
20	4.6	2.5	16.90	0.37	0.508
20	4.6	5.0	20.37	0.32	0.670
10	4.6	2.5	17.94	0.17	0.887
20	4.6	2.5	16.90	0.37	0.508
50	4.6	2.5	13.24	0.46	0.323
20	2.5	2.5	19.24	0.17	0.887
20	4.6	2.5	16.90	0.37	0.508
20	7.3	2.5	15.94	0.76	0.323

2.4.4　本章小结

（1）动态吸附实验证实，水流速度越小、填料层高度越高、进水浓度越低，其穿透时间越长，出水浓度比较符合国家排放标准。

（2）穿透曲线模型拟合表明 Thomas 模型能更好地拟合动态吸附的穿透曲线，k_{Th} 的参数值随着填料层高度的增加而减小；随着进水浓度的增加而减小；随着流速的增加而增大。说明低流速、高进水浓度、高填料层高度能够促进 TWS 对 Cu^{2+} 的动态吸附过程的进行。

2.5　结论与展望

2.5.1　结论

本研究利用碱改性小麦秸秆 AWS、氢氧化钠和氯化钠同时改性小麦秸秆 TWS 来处理水溶液中的重金属 Cu^{2+}，并通过静态实验考察了 AWS 和 TWS 吸附 Cu^{2+} 的各个影响因素，同时还使用动态吸附实验考察了 TWS 吸附 Cu^{2+} 的吸附过程，并通过模型拟合得到多个吸附参数。通过对吸附材料制备工艺的优化选择、吸附能力的考察，得到的结论如下：

（1）利用碱改性小麦秸秆对含 Cu^{2+} 模拟废水溶液进行了静态吸附实验，实验过程考察了氢氧化钠浓度、氢氧化钠处理时间、小麦秸秆的投加量和溶液 pH 值对吸附效果的影响，并进行了吸附动力学试验、热力学试验、热力学分析，说明在吸附过程中，AWS 的最佳投加量为 5g/L，当 pH 值为 5、温度为 35℃、反应时间为 80min 时，吸附剂对 Cu^{2+} 浓度为 20mg/L 的废水有较好的吸附效果。对改性小麦秸秆吸附溶液中 Cu^{2+} 的反应动力学过程来说，在准一级动力学模型、准二级动力学模型和 Elovich 动力学模型中，准二级动力学模型能较好地拟合实验数据。在 288K、298K、308K 的条件下，Langmuir 和 Freundlich 吸附模型均能较好地模拟试验结果，其中 Langmuir 吸附模型的模拟效果最好，吸附量分别达到 9.54mg/g、9.81mg/g、10.05mg/g。热力学分析参数表明，小麦秸秆对 Cu^{2+} 的吸附是一个自发的吸热过程，升高温度有利于吸附过程的进行。

（2）正交实验说明，使用氢氧化钠和氯化钠同时对秸秆进行改性处理的最佳条件：氢氧化钠改性时间为 24h，氢氧化钠浓度为 8%，氯化钠改性时间为 12h，氯化钠浓度为 1mol/L，以此种方式得到的改性小麦秸秆记为 TWS。在吸附过程中，TWS 的最佳投加量为 4g/L，当 pH 值为 5、温度为 308K、反应时间为 60min 时，吸附剂对 Cu^{2+} 浓度为 20mg/L 的废水有较好的吸附效果。对 TWS 吸附溶液中 Cu^{2+} 的反应动力学过程来说，在准一级动力学模型、准二级动力学模型和 Elovich 动力学模型中，准二级动力学模型能较好地拟合实验数据。TWS 吸附溶液中的 Cu^{2+}

时，在 288K、298K、308K 的条件下，Langmuir 和 Freundlich 吸附模型均能较好地模拟实验结果，其吸附过程以单分子层吸附为主，为化学吸附，吸附过程较易进行，其最大吸附量发生在 308K 时，为 15.54mg/g。

（3）TWS 对 Cu^{2+} 的动态吸附实验说明，水流速度越小、填料层高度越高、进水浓度越低，其穿透时间越长，出水浓度比较容易达到国家排放标准。穿透曲线模型拟合表明 Thomas 模型能更好地拟合动态吸附的穿透曲线，k_{Th} 的参数值随着填料层高度的增加而减小；随着进水浓度的增加而减小；随着流速的增加而增大。说明低流速、高进水浓度、高填料层高度能够促进 TWS 对 Cu^{2+} 的动态吸附过程的进行。

2.5.2 展望

由于农作物秸秆具有无毒、来源广、环境友好等特点，同时相对于其他吸附剂，还具有成本低廉的优点，因此国内外已经有很多科研工作者利用农业固体废弃物秸秆改性吸附处理重金属废水。本研究利用氢氧化钠和氯化钠对小麦秸秆进行了改性，对这两种改性吸附剂进行了大量的研究，也取得了一定的成果，但是由于实验条件及时间的限制，还有许多研究未能进一步进行。为此，建议在以下几个方面加大研究力度。

（1）对小麦秸秆的改性条件还可以进行更深入和更多样的研究，例如使用其他改性试剂改性小麦秸秆，或者将小麦秸秆进行生物发酵后再进行其他的改性，以期制备出更好、更多、更高效的具有不同吸附功能的小麦秸秆改性材料。

（2）由于本研究中实验室采用的是静态吸附实验和动态柱吸附实验模拟污染物的去除过程，与实际生产中的废水和模拟水样在化学组成以及性质等各方面都存在一定差异，因此在后续的研究过程中，可以选择实际废水水样来考察改性小麦秸秆的吸附性能，为改性小麦秸秆吸附去除废水污染物的实际应用提供更加可靠的技术参数。

（3）吸附剂的解吸能力，以及解吸后再利用时对重金属离子的吸附能力，也是考察吸附剂的一个指标。因此，其再生问题可以作为进一步研究的重点之一。

第 3 章 添加秸秆对污染土壤中重金属 Cu 的

转化迁移影响

3.1 供试样品概况及其测定

3.1.1 研究样品采集情况及特点

3.1.1.1 供试重金属元素及其特性

Cu 是人们早期发现和使用的最古老金属之一，位于元素周期表第四周期 IB 族，其原子量约为 64，密度在固态时为 8.960g·cm^{-3}，融液态时为 8.920g·cm^{-3}，核电荷和电子数均为 29，电子层结构为[Ar]3d104s1，离子半径 0.95A。Cu 在全球土壤中的含量一般在 2～100 mg·kg^{-1} 之间，均值为 20mg·kg^{-1} 左右，我国土壤中 Cu 的含量在 3～300mg·kg^{-1} 之间，均值为 22mg·kg^{-1}。根据土壤环境质量二级标准（GB 15618－1995），pH 值小于 6.5 的农田土壤铜污染标准为≤50mg·kg^{-1}，pH 值为 6.5 及以上的土壤中铜含量的标准为≤100mg·kg^{-1}。

铜的广泛运用使得 Cu 成为我国农田的主要重金属污染元素之一，其主要来源于开采、冶炼、印染、化工、农药化肥的施用、畜禽粪便排放等社会活动。Cu 是一种毒性较小的重金属，它可以造成重金属的污染，却又是很多植物必需的微量元素，低浓度的 Cu 对动植物有益，但当 Cu 含量过高时，不仅可以被农作物吸收而影响粮食生产安全，还有可能通过食物链被生物富集而进入动物、人体，严重影响人畜健康。自然界很少存在铜单质，Cu 容易被水溶解，所以 Cu 在土壤中的存在形式主要为离子态，在某些情况下能与土壤中氧化物、硫化物、碳酸盐反应生成沉淀，或者与有机质产生稳定性良好的螯合物。

3.1.1.2 供试土壤采集情况

本研究所选土壤为河南省郑州市本地的农田表层耕作土壤（采样深度为 0～20cm），郑州地处华北平原南部、黄河中下游、河南省中部偏北，位于黄河以南，嵩山以东，以及黄淮的广袤平原之间，基本能反映黄河平原地区典型农田的土壤特点。

样品采集于郑州马渡农业示范园区，如图 2-3-1 所示，东经 113°42'，北纬 34°44'，水平线在 100m 左右，属于中部平原地区。采样地是北暖温带大陆性季风气候，四季分化较为明显，春季和冬季干旱、少雨、少雪，夏秋季雨水较多、温度高、日照长。郑州年平均温度为 13.5～14.5℃，多年平均降雨量约为 640mm，年度总日照时数为 100 天左右。土壤主要是在近代河流冲积物、黏土、石灰岩上成土发育而成的，是黄淮海中部平原地区的一种重要土壤类型，属于黄潮土。

图 2-3-1　采样地点

3.1.1.3 供试秸秆基本情况

小麦是一种在世界各地广泛种植的三大粮食作物之一，而河南的谷物种植以小麦闻名，省内小麦粮食的生产量极为丰富，占全国小麦总产量的将近 25%。而小麦秸秆中包含有小麦吸收利用的 1/2 以上的产物，秸秆包含氮、磷、钾等多种微量有机元素，是一种可以作为粗饲料、有机肥料的多用途的天然无污染可再生资源。随着科学技术的进步，农业废弃物处理向机械化、成熟化发展，秸秆由从前的大量焚烧、扔弃转换为秸秆还田等多种充分利用的方式。

实验需要的小麦秸秆收集自当地郊区农户，取回秸秆后先用水彻底洗净尘土，然后用粉碎机将其粉碎成段末，通过 40 目的筛子筛匀，再用纯水浸泡约 24h，过滤除去杂质，在 80℃下烘 24h 至干，将需要的小麦秸秆过筛，然后密封保存备用。

3.1.2 主要实验仪器及药品

3.1.2.1 实验主要仪器

本实验用到的主要仪器设备及其规格型号、生产厂家见表 2-3-1。

表 2-3-1 实验用到的主要仪器设备及其规格型号、生产厂家

仪器设备名称	规格型号	生产厂家、产地
电子分析天平	FA1004	上海恒平科学仪器有限公司
数显恒流泵	HL-2B	上海沪西分析仪器有限公司
超级恒温水浴	SYC-15	南京桑力电子设备厂
紫外一可见分光光度计	Lambda	美国 PerkinElmer 公司
pH 计	pHS-3C	上海盛磁仪器有限公司
电热鼓风恒温干燥箱	FN101-0A	湘潭华丰仪器制造有限公司
磁力搅拌器	JJ-1	金坛市华锋仪器有限公司
水浴恒温振荡器	WHY-2	常州普天仪器制造有限公司
生化培养箱	LRH-250-A	广东省医疗器械厂
恒温振荡器	ZH-D	金坛市精达仪器制造有限公司
智能控温电热板	DB-1A	天津市工兴电器厂
多功能粉碎机	ST-07B	上海树立仪器仪表有限公司
电动离心机	TDL-40B	金坛市城东新瑞仪器厂

3.1.2.2 实验主要试剂

外源重金属使用硝酸盐，规格为分析纯；Cu 标准溶液规格为 $500mg \cdot L^{-1}$；实验用水为蒸馏水。本实验中所用到的其他主要药品及其规格见表 2-3-2。

表 2-3-2　实验主要药品及其规格、来源

试剂名称	规格型号	化学式	生产厂家
硝酸铜	分析纯	$Cu(NO_3)_2 \cdot 3H_2O$	天津市科密欧化学试剂有限公司
柠檬酸三铵	分析纯	$C_6H_5O_7(NH_4)_3$	天津市科密欧化学试剂有限公司
氯化铵	分析纯	NH_4Cl	烟台市双双化工有限公司
氨水	分析纯	$NH_3 \cdot H_2O$	开封市芳晶化学试剂有限公司
双环己酮草酰二腙	分析纯	$C_{14}H_{22}N_4O_2$	国药集团化学试剂有限公司
无水乙醇	分析纯	C_2H_5OH	天津市科密欧化学试剂有限公司
乙醛	分析纯	C_2H_4O	莱阳市双双化工有限公司
氯化镁	分析纯	$MgCl_2$	天津市科密欧化学试剂有限公司
乙酸钠	分析纯	$NaOAc$	天津市科密欧化学试剂有限公司
乙酸	分析纯	$C_2H_4O_2$	郑州市化学试剂二厂
盐酸羟胺	分析纯	$NH_2OH \cdot HCl$	天津市科密欧化学试剂有限公司
硝酸	分析纯	HNO_3	天津市科密欧化学试剂有限公司
过氧化氢	分析纯	H_2O_2	天津市科密欧化学试剂有限公司
氢氟酸	分析纯	HF	开封市芳晶化学试剂有限公司
高氯酸	分析纯	$HClO_4$	开封市芳晶化学试剂有限公司

3.1.3　土壤理化性质的测定

pH 值测定可采用直接电位法（土水比为 1:2.5，20℃）、有机质含量测定采用重铬酸钾－浓硫酸外加热法、碱解氮（有效氮）测定使用碱解扩散法、土壤容重测定采用环刀法以及土壤颗粒组成测定采用比重计法。土壤基本性状见表 2-3-3。

表 2-3-3　土壤基本理化性质

土壤类型	pH 值	有机质/$(g \cdot kg^{-1})$	碱解氮/$(mg \cdot kg^{-1})$	容重/$(g \cdot cm^{-3})$	黏粒/$(g \cdot kg^{-1})$	粉粒/$(g \cdot kg^{-1})$	砂粒/$(g \cdot kg^{-1})$
黄潮土	8.61	13.81	49.45	1.23	161.9	404.7	401.3

3.1.4　重金属含量的测定

3.1.4.1　测定方法

双乙醛草酰二腙分光光度法：取样品 2mL 加入 10mL 的比色管中，依次加入 0.4mL 20%的柠檬酸三铵溶液、1mL pH 值为 9.0 的缓冲溶液、1mL 0.2%的 BCO 试剂、1mL 40%的乙醛，然后用蒸馏水稀释至 10mL 刻度，摇匀定容。50℃水浴加热 10min 后取出，冷却至室内常温待测。以蒸馏水为参比，在波长 546nm 处，用 10mm 的比色皿测量其吸光度。用测出的吸光度根据铜标准曲线方程计算出重金属含量。

3.1.4.2　测定原理

铜离子含量的测定采用双乙醛草酰二腙分光光度法。在氨性溶液（pH 值为 8~10）中，铜与双环己酮草酰二腙（BCO）和双乙醛草酰二腙（BAO）反应，会形成摩尔比为 1:2 的有色络合物。

此方法简便、快速、灵敏度高，是可以不用萃取分离的快速分光光度法，形成的蓝紫色络合物容易制取，稳定性好，能持续至少一个星期，其最大吸收波长为 546nm。

3.1.4.3　测定试剂

柠檬酸三铵溶液（400 $mg·L^{-1}$）。

pH 值为 9.0 的缓冲溶液：将 35g 氯化铵（NH_4Cl）溶解于适量水中，再加入 24mL 浓氨水，用蒸馏水稀释至 500mL 容量瓶中定容。

0.2%的双环己酮草酰二腙（简称 BCO）溶液：称取 1g 双环己酮草酰二腙置于 500mL 的容量瓶中，加入 250mL 乙醇溶液（1+1），加水稀释至 500mL，水浴加热至 60~70℃溶解后定容。

40%乙醛水溶液。

铜标准储备液（500$mg·L^{-1}$）：准确称取 1.8906g $Cu(NO_3)_2·3H_2O$，溶解后移入 1000mL 的容量瓶中，摇匀，用蒸馏水定容至标线，此溶液中 Cu^{2+} 的浓度为 50500$mg·L^{-1}$。根据试验需要稀释成不同浓度的重金属溶液。

铜标准使用液（10mg·L⁻¹）：由上述铜标准储备液稀释成 10mg·L⁻¹ 的标准使用液。

3.1.4.4 铜离子的标准曲线绘制

制备 10mg·L⁻¹ 的铜标准使用液，取 8 个 10mL 的具塞比色管，分别移取 0.1mL、0.2mL、0.4mL、0.8mL、1.0mL、1.2mL、1.5mL、2.0mL 铜标准液于比色管中，加水稀释至 5mL，然后向各管中加入 0.4mL 柠檬酸三铵溶液、1.0mL pH 值为 9.0 的缓冲溶液和 1.0mL BCO 溶液，以及 1.0mL 乙醛溶液，加纯水至刻度摇匀定容。50℃水浴加热 10min，取出冷却至室温。以纯水为参比，在 546nm 波长处测量吸光值。以溶液中含铜量为横坐标，以对应测得的吸光值减去空白吸光值为纵坐标，绘制成标准曲线，如图 2-3-2 所示。

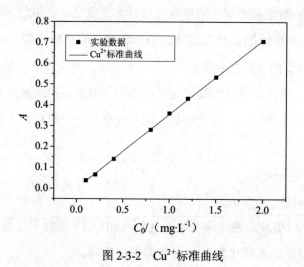

图 2-3-2　Cu²⁺标准曲线

由图 2-3-2 中的拟合直线可知，铜溶液在 0～2.0mg·L⁻¹ 的质量浓度范围内与吸光度的线性关系呈现良好趋势，其线性回归方程是

$$C_0 = 2.81037 \times A + 3.28738 \times 0.0001 \qquad (2\text{-}3\text{-}1)$$

线性相关系数为 0.99965。

式中　A——吸光度；

　　　C_0——重金属 Cu²⁺ 的浓度。

3.1.5　数据处理

本实验主要采用 Origin 8.0 和 Excel 对数据进行统计、分析、拟合与图形处理。

3.1.5.1　吸附动力学模型

吸附动力学模型认为，重金属离子在土壤中的吸附过程随时间变化而变化，是一个动力学过程，化学反应动力学的研究一般与物质浓度、反应时间等参数紧密相关。通过实验，研究不同时间农田土壤对铜离子的吸附量以及秸秆对土壤溶液中重金属吸附的影响，进而找出反应速率变化的规律和物质浓度随时间变化的规律。不同的反应表现出不同的规律，研究这些规律，并运用这些模型所得的结果，从理论上加深对反应历程的认识，从而产生吸附理论，以便用于实验设计、预测实验需要的时间等。

常采用以下动力学模型进行实验数据的拟合：

准一级动力学模型方程为

$$q_t = q_e(1 - e^{-k_1 t}) \tag{2-3-2}$$

准二级动力学模型方程为

$$q_t = k_2 q_e^2 t / (1 + k_2 q_e t) \tag{2-3-3}$$

Elovich 动力学模型方程为

$$q_t = a + k \ln t \tag{2-3-4}$$

双常数动力学模型方程为

$$q_t = e^{(a + k \ln t)} \tag{2-3-5}$$

颗粒间扩散模型方程为

$$q_t = k t^{0.5} \tag{2-3-6}$$

式中　q_e——对 Cu 的吸附平衡容量，$mg \cdot kg^{-1}$；

　　　q_t——不同吸附时间时对 Cu 的吸附容量；

　　　k_1、k_2——准一级动力学模型的速率常数和准二级动力学模型的速率常数，

　　　　　　min^{-1} 和 $kg/(mg \cdot min)$；

　　　t——吸附时间，min

k——吸附速率常数;

a——常数。

吸附动力学模型直接反映了吸附过程中吸附效果随时间变化的情况,可以很好地描述固体吸附剂对溶液中溶质的吸附反应路径及机理,同时还可以根据吸附动力学模型预测吸附进程及吸附结果。吸附动力学模型中,准一级动力学模型和准二级动力学模型不遵循完美、理想的动态反应,它们是采取某一校正方法获得的一种新模型。一级动力学模型是指反应速率与一种反应物浓度呈线性关系,通过机理推理假设,设定边界条件得到的偏微分方程。基于固体吸附量的 Lagergren(拉格尔格伦)一级速率方程的准一级动力学模型是最为常见的,假定吸附受扩散步骤控制,主要运用于液相的吸附动力学,它被认为吸附限制因素是颗粒内部传质阻力。

准二级动力学模型是基于化学吸附机理对吸附速率进行控制的假设,这个假定中的吸附速率是由吸附剂的表面上的空缺数目的平方确定的,此化学吸附涉及共享电子或吸附质与吸附剂之间的电子转移。

Elovich 方程是一种描述一系列如溶质在溶液中的扩散等复相扩散反应机制过程的经验式,它主要适用于土壤或沉积物表面等活化能转变幅度差异明显的反应过程。此外 Elovich 方程还能够揭示某些方程忽略的数据的动态变化过程。

事实上,双常数方程也是一种用 Frendlich 方程修改整合的经验公式。它对于描绘土壤表面异质性的能量分布、较复杂的反应动力学过程非常实用,反映了土壤和矿物表面的吸附点位置对重金属有不同的牵引力。

3.1.5.2 吸附等温线模型

重金属在土壤中的吸附是一个动态的均衡过程,吸附等温模型是常被用来描述土壤对重金属的吸附/解吸的一种办法。一定温度下,在重金属离子进入土壤环境后的土壤溶液与固相之间地吸附反应速率非常高,当吸附趋近于某一定值,土壤溶液中重金属的平衡浓度与重金属吸附量之间的关系曲线被称为吸附等温线。吸附等温线和等温模型宏观地反映了吸附剂和吸附质之间的相互作用,在一定程度上概括了不同重金属浓度的吸附量、吸附强度等方面的特征规律,同时可以优化吸附剂使用条件。

常见采用的热力学平衡模型如下所示：

Langmuir 吸附等温线模型为

$$q_e = q_m k_L C_e /(1 + kC_e) \tag{2-3-7}$$

Freundlich 吸附等温线模型为

$$q_e = k_F C_e^{1/n} \tag{2-3-8}$$

Temkin 吸附等温线模型为

$$q_e = A + B \ln C_e \tag{2-3-9}$$

式中　　q_e——平衡时的吸附量，$mg \cdot kg^{-1}$；

q_m——最大吸附量，$mg \cdot kg^{-1}$；

C_e——平衡时溶液中重金属 Cu^{2+} 的浓度，$mg \cdot L^{-1}$；

k_L——Langmuir isotherm 常数，mg^{-1}（与吸附作用的能量相关）；

k_F——Freundlich isotherm 常数（与吸附剂的吸附容量和强度相关）；

A、B、n——与吸附相关的等温常数。

人们总结的一些用于描述吸附系统的理论当中，Langmuir 模型是最早应用于土壤科学来指导土壤中磷酸盐的吸附规律的，后被经常用于描述吸附、络合反应和土壤分子之间的吸附反应过程，属于理论公式。Langmuir 分子吸附模型是由物理化学家朗格缪尔（Langmuir）于 1916 年根据分子间作用力随间距的增大而减小的现象，提出吸附的首要条件是固体表面与气体分子相接触，模型中假定：

（1）表面吸附是单分子层的，即当在分子的表面出现饱和单层时，产生的最大吸附容量是一个固定值，且吸附的分子不转移。

（2）所有被吸附的物质分子之间不存有相互影响力。

（3）吸附点位是固定不变的，物质表面的吸附作用能力均匀，每个吸附部位只能吸附一个分子。

Langmuir 等温吸附方程适用于均匀固体表面的吸附，在较大的浓度范围内可用，此时能够对实验结果进行良好的表达。

Freundlich 型吸附等温线是基于吸附剂在多相表面上的吸附建立的经验吸附平衡模式，常用于在液相吸附中的数据分析，属于经验公式，并具有较好的适应性。Freundlich 吸附方程既可以应用于单层吸附，也能够很好地用于描述不均匀物质表面的吸附情况。Freundlich 吸附方程比其他等温式更适用于描述低浓度范围的吸附反应机理，它可以在更宽广的重金属浓度条件下对实验结果进行很好的解释概括。Temkin 吸附等温式模型呈现的是一种线性关系，而不是对数关系。

文献报道中，采用吸附等温模型描述土壤对重金属离子吸附的研究有很多。因为不同的研究人员实验利用的土壤及其测试验条件不一致，所得出的数据结果也各不相同；即使模型相同，模型参数差异也较大。R 即用来表示在模型拟合过程中，各类模型线性化后得到的线性回归方程的拟合指数，可以用于判断线性拟合方程是否显著，而检测模型的适用性用确定系数 R^2 表示，R^2 越接近 1，则该模型拟合得越好。

3.2 干湿交替水分模式下农田土壤重金属 Cu 的形态转化

3.2.1 引言

重金属在土壤环境中的状态行为包含土壤固－液界面的化学行为和根系环境的化学行为，这两种行为均涉及土壤中重金属的化学形态变化。目前，重金属总含量作为主要的指数，评价土壤重金属污染，在土壤环境的国家标准中得到广泛应用。但是大量研究证明，重金属元素进入土壤系统后，除了其总量外，重金属的存在形式还在很大程度上决定了重金属的蓄积、转化能力及危害程度。土壤中的 Cu 经溶解、氧化、螯合、沉淀等作用，与土壤中各种物质固相结合重新反应分配，使得重金属 Cu 的存在形态发生改变，由此影响其活性、生物有效性及迁移特征。污染土壤中 Cu 通过土壤－动植物系统进入人体危害其健康，而植物吸收土壤中的 Cu 通常只是吸收 Cu 的某一形态，所以 Cu 全量不可以精确显示其在动植物体内积蓄利用的毒害程度和对环境的影响大小。因此，土壤中 Cu 的各种赋存形态是极为重要的用以测量其环境影响力的指标，研究重金属 Cu 在土壤中的形态比例和分布特征能更准确地评估其对生物的危害。

生活污水和垃圾处理常将重金属带入农田，国内现今的研究实验中，土壤培养通常为单纯持续的干旱或淹水，而干湿交替过程是全球气候变化大背景下陆地生态系统养分循环的主要驱动因子，干湿交替水分才是自然条件下的土壤水分管理方式。而秸秆还田后，由于秸秆自身的吸附效应，以及秸秆腐解产生的有机物及其对土壤理化性状的改变，会体现在土壤中重金属赋存形态的再分配，进而影响其在动植物中的生物有效性以及危害程度。因此，在干湿交替水分模式下，通过形态分析了解重金属在土壤环境中的形态转变的动态过程，为秸秆还田治理和修复污染土壤的环境效力提供理论支撑很有必要。

目前国内对土壤重金属的污染研究多注重于南方土壤，本实验选取位于中部平原地区的河南省郑州市郊区农田土壤，以培养实验模拟干湿交替水分和添加小麦秸秆的条件，研究高低两种含量的重金属污染土壤中 Cu 的形态转变及迁移规律，展示污染土壤中重金属 Cu 的环境行为特点，以期了解秸秆添加对重金属在土壤中存在状态的变化和迁移转化方向的影响。

3.2.2　材料与方法

3.2.2.1　实验材料

实验土壤取自本地郊外的农田土壤表层（0～20cm），体现了我国中部黄河冲积平原农田土壤的特性，土壤室温风化干燥，拣去杂物，经 2mm 土壤筛筛选封存待用。采样地点及理化性质具体见第 2 章。

选用小麦秸秆为实验材料，供试秸秆收集于当地郊区的农户，拣除杂质，经洗净、烘干、粉碎过筛后保存备用。

3.2.2.2　实验装置

（1）500mL 塑料大烧杯，用于培养土壤。

（2）生化培养箱：LRH-250-A，广东省医疗器械厂。

（3）恒温振荡器：ZH-D，金坛市精达仪器制造有限公司。

（4）水浴恒温振荡器：WHY-2，常州普天仪器制造有限公司。

（5）超级恒温水浴：SYC-15，南京桑力电子设备厂。

（6）智能控温电热板：DB-1A，天津市工兴电器厂。

（7）精密 pH 计：PHS-3C，上海盛磁仪器有限公司。

3.2.2.3 实验方法

（1）准备及培养，重复 3 次，步骤如下：

1）称取 500g 土样风干后，过 2mm 筛后将土壤置于 500mL 塑料大烧杯中，且将外源重金属硝酸铜与土壤完全拌合均匀。添加 Cu 的低水平浓度为 100mg·kg⁻¹，高水平浓度为 500mg·kg⁻¹。

2）土壤装填：将小麦秸秆洗净、80℃烘干 24h、粉碎后过 40 目的筛子，称取 1%土壤重量的秸秆即 5g 分别与含不同外源重金属 Cu 添加水平的土壤混合均匀后倒入烧杯中。

3）设置土壤含水量为最大田间持水量，将装好土的烧杯置于温度在 25℃的恒温箱中培养，用穿孔的塑料膜封裹在烧杯外壁以维持通风，采用调节塑料薄膜中孔的数量和尺寸的方式，使得土壤水含量在 30 天后完全蒸干，重新加入蒸馏水，使田间持水量恢复到设定的土壤水分，循环往复。土壤培养实验如图 2-3-3 所示。

图 2-3-3　土壤培养实验

4）对照实验：另取塑料烧杯，不添加秸秆，同样设定高低浓度重金属溶液，与 500g 土壤装入塑料烧杯中，调节土壤水分为最大田间含水量，其他同上。

（2）取样及测定：在首次实验开始添加蒸馏水后的第 5 天、第 15 天、第 30 天、第 45 天、第 60 天采取土样。在采样之前，土壤应均匀混合，以确保其重金属含量的一致性，然后将取出的约 50g 土壤分成两个部分，一部分用于测定土壤

pH 值，另一部分用于形态分析测试。

重金属形态分析根据 Tessier 连续分馏萃取法得到 5 种形态。实验引用一系列中性至酸性直至强酸溶液提取土壤中不同结合形态的金属，以中性氯化镁提取土壤中可交换态金属，以醋酸钠溶液提取碳酸盐态金属，以 25%乙酸作底液的盐酸氢铵溶液浸提铁锰氧化物结合态金属，以硝酸、过氧化氢、20%硝酸底液的乙酸铵溶液浸提有机结合态金属，最后用强酸消解提取残渣态金属。具体操作如下：

1）交换态（EXC）：取样品土样 1g，在土样以及空白样品中按土液比 1:8 加入 8mL pII 值为 7.0 的 1mol·L^{-1} 的 MgCl$_2$ 溶液，室内常温振荡 1h 后，在 3000×g 的条件下离心 20min，提取上清液，置于 10mL 的比色管中待测。

2）碳酸盐态（CAR）：按 1:8 土液比取 8mL 1mol·L^{-1} 的 NaOAc 溶液（pH 值用乙酸溶液调节为 5.0）加入含有上步残土的聚乙烯离心管中，在恒温振荡器中振荡 5h，然后以 3000×g 离心 20 min，提取上清液，置于 10mL 的比色管中待测。

3）铁锰氧化态（OX）：在上步含残土的离心管中，加入 10%土量的 0.04mol·L^{-1} 的用乙酸溶液（体积分数 25%）作底液的 NH$_2$OH·HCl 溶液（调节 pH 值为 2.0），约 96℃水浴加热提取 6h，其间间或搅动，以 3000g×g 离心分离 20min，提取上清液，置于 10mL 的比色管中待测。

4）有机结合态（OM）：取上步残留物，先取 0.02mol·L^{-1} 的 HNO$_3$ 和 30%的 H$_2$O$_2$ 溶液（pH 值调节为 2.0），分别按土液比 1:3 和 1:5 与残土混匀，置于 85℃中水浴提取 2h，再加入土液比为 1:3 的 H$_2$O$_2$ 溶液（调节 pH 值为 2.0），同样 85℃水浴 3h，水浴期间均需间歇搅拌，取下稍冷，加入 5mL 3.2mol·L^{-1} 的 NH$_4$Ac，此溶液中加入 20%的 HNO$_3$ 溶液，然后连续搅拌 30min，以 3000×g 离心 20min，提取上清液，置于 10mL 的比色管中待测。

5）残渣态（RES）：取上步残留物于 50mL 的聚四氟乙烯坩埚中，用水稍润后按 1:10 加入 HNO$_3$，加盖静置过夜，第 2 天分别加入 5mL 和 3mL 的 HF 和 HClO$_4$ 溶液并混匀，在控温电热板上加热 1h 左右后，开盖加热以除硅，其间应经常摇动坩埚。当冒浓厚白烟时，加盖使坩埚上的黑色有机碳化物充分分解消失。然后开盖驱赶白烟并蒸至黏稠状，温热溶解，待冷却后，用水冲洗转移至 50mL 的容量瓶中摇匀定容待测。

3.2.3 结果与讨论

3.2.3.1 农田土壤中重金属背景值及形态分布

农田土壤中背景重金属 Cu 含量及形态分布比例见表 2-3-4。

表 2-3-4 供试土壤重金属 Cu 含量及形态分布比例

土壤	Cu 含量 / (mg·kg⁻¹)	可交换态 /%	碳酸盐结合态 /%	铁锰氧化物态 /%	有机结合态 /%	残渣态 /%
黄潮土	29.78	0.83	16.08	14.79	6.96	61.34

由表 2-3-4 可以看出：在未受污染的碱性农田土壤中，重金属 Cu 含量低于《土壤环境质量标准》（GB 15618－1995）中的二级标准 100mg·kg⁻¹。在没有外源重金属 Cu 添加的农田土壤中，Cu 分布比例从高到低依次为残渣态、碳酸盐结合态、铁锰氧化物态、有机结合态、可交换态。

郑州农田土壤中重金属 Cu 的形态以残渣态为主，在 60% 以上，这被相关研究证实，表明无污染或低污染土壤中的重金属大多呈残渣态。通常来说，该形态重金属的含量可以代表 Cu 元素在土壤中的背景值。农田土壤中重金属 Cu 的交换态所占比例很低，低于 1%。这也与某些研究报道的结果相同。

3.2.3.2 外源重金属在土壤中的形态转化趋势

在高低两种外源 Cu 和秸秆施加的条件下，土壤中重金属形态分布的动态变化见表 2-3-5 至表 2-3-8。

表 2-3-5 无秸秆条件下低浓度外源 Cu 在土壤中的形态变化

总量 / (mg·kg⁻¹)	时间 /d	可交换态 /%	碳酸盐结合态 /%	铁锰氧化物态 /%	有机结合态 /%	残渣态 /%
98.67	5	16.66	35.50	12.95	7.19	27.70
99.40	15	13.45	37.57	13.42	7.59	27.97
99.56	30	12.60	36.31	14.05	8.18	28.86
100.45	45	11.22	35.32	14.77	9.15	29.54
101.64	60	10.13	34.16	15.98	10.08	29.65

注 各形态比例为平均值，下同。

表 2-3-6　添加小麦秸秆条件下低浓度外源 Cu 在土壤中的形态变化

总量 /(mg·kg^{-1})	时间 /d	可交换态 /%	碳酸盐结合态 /%	铁锰氧化物态 /%	有机结合态 /%	残渣态 /%
101.72	5	16.68	32.96	12.74	8.45	29.17
104.34	15	13.46	34.57	13.23	8.96	29.79
104.68	30	12.63	33.53	13.90	9.36	30.58
105.28	45	11.63	32.34	14.71	10.02	31.30
106.22	60	10.40	31.21	15.73	11.20	31.46

表 2-3-7　无秸秆条件下高浓度外源 Cu 在土壤中的形态变化

总量 /(mg·kg^{-1})	时间 /d	可交换态 /%	碳酸盐结合态 /%	铁锰氧化物态 /%	有机结合态 /%	残渣态 /%
499.11	5	27.75	38.67	15.89	9.68	8.01
526.05	15	23.91	42.12	16.23	9.70	8.04
528.35	30	20.74	43.98	16.78	10.14	8.36
520.13	45	20.28	42.11	17.60	10.61	9.40
510.63	60	19.70	41.01	18.19	11.25	9.85

表 2-3-8　添加小麦秸秆条件下高浓度外源 Cu 在土壤中的形态变化

总量 /(mg·kg^{-1})	时间 /d	可交换态 /%	碳酸盐结合态 /%	铁锰氧化物态 /%	有机结合态 /%	残渣态 /%
516.44	5	27.66	37.97	15.66	10.60	8.10
540.98	15	23.58	41.56	16.09	10.68	8.08
545.57	30	20.69	43.11	16.56	11.11	8.53
537.83	45	20.01	41.42	17.30	11.74	9.52
528.91	60	19.43	40.12	17.88	12.54	10.04

由表 2-3-5 至表 2-3-8 可以看出，随着培养时间的推移，土壤溶液中 Cu 的形态随时间显著变化。土壤重金属 Cu 总含量随着时间的增长而增加，重金属形态随时间变化的趋势类似，均提高了铁锰氧化物态、有机结合态、残渣态重金属含量，而降低了可交换态的重金属含量。当可交换态的重金属在土壤中逐渐转化为碳酸盐结合态、铁锰氧化态重金属，过渡至有机态和残渣态重金属时，重金属的不稳定性和动物、植物的可利用性会受到消极影响，这个过程即可称为老化。

1. 可交换态重金属

如表 2-3-5 至表 2-3-8 所列，土壤中可交换态重金属 Cu 的相对含量随培养时间的增长急剧下降。表明进入土壤中的交换态重金属最为活跃，随时间逐渐转变为其他形态的重金属。在第 5 天取样时，无论哪种处理方式，可交换态 Cu 的含量比例均较高，超过了 15%，之后迅速降低，到第 30 天时，可交换态重金属下降幅度达到 5%，甚至更高，其他形态仅为 2%。而在培养实验完成后，可交换态重金属比例相较培养初期下降得十分剧烈，达到了一个较低的浓度，在低浓度重金属添加水平下，可交换态 Cu 在总量中的占比甚至下降到 11% 以下（接近 10%）。在研究整个培养过程后可以发现，前 30 天内的可交换态重金属分布比例转变幅度明显高于后 30 天。这也反映以往文献的报道，在 30 天内，土壤中外源重金属的可交换态比例的 17% 可以转化为 EDTA 提取态或残渣态。

2. 碳酸盐结合态

在郑州碱性农田土壤中，碳酸盐结合态重金属 Cu 的比例随培养时间有一个先小幅上升后缓慢下降的过程，表明重金属 Cu 在土壤中先由可交换态转变为碳酸盐结合态，然后碳酸盐结合态在与土壤中铁锰氧化物、有机物和黏土矿物等发生吸附、凝聚反应后转变成为铁锰氧化物态、有机结合态和残渣态，且最开始可交换态向碳酸盐结合态的转换比碳酸盐结合态向另外形态的转变趋势更强，后期呈现相反状态，转化为难利用态的趋势显著增强。重金属浓度水平和秸秆的添加使得碳酸盐结合态比例的变化速度与幅度也有所差别，高浓度土壤重金属 Cu 含量的碳酸盐结合态比例在第 30 天开始下降，低浓度水平在第 15 天就开始下降。这可能是整个培养过程土壤中的碳酸盐对重金属的固持作用均较强，以致碳酸盐结合态的比例较高，至少在总量的 30%以上，而重金属的过高浓度使得碳酸盐对其沉淀作用减弱，吸附点位减少。

3. 铁锰氧化物态

在培养过程中，铁锰氧化物态重金属比例在农田土壤中随着时间的增长呈缓慢上升趋势。土壤中的铁锰氧化物具有对重金属在农田土壤中固持和吸附成分的再分布产生重大影响的作用。在土壤中添加秸秆和改变土壤中重金属 Cu 浓度与未污染（对照）土壤相比，铁锰氧化物态 Cu 的变化趋势类似，差异不大。

4. 有机结合态

有机结合态重金属的含量随着培养时间的延长而提高。土壤有机质中的有机胶体能与重金属 Cu 发生络合反应，有机胶体的表面有很强的亲和能力，可与重金属元素反应生成有机结合态重金属，从而影响土壤中重金属 Cu 的赋存比例。有研究报道，随着有机质含量的变化，土壤中的有机态重金属与其呈正相关趋势，有机质含量的提高可促进碳酸盐结合态转变为有机结合态；有机质成分会加快铁锰离子解离出铁锰氧化物的速度，使其转化成有机结合态重金属。

5. 残渣态

残渣态重金属比例随着培养时间有所增大，但变化较小，受秸秆还田的影响较小。有关报道认为，在较短的一段培养时间内，重金属离子在土壤硅酸盐和矿物晶格中的移动相对困难，因此残渣态重金属的形态分布基本维持一致。

3.2.3.3　外源重金属浓度水平对其形态分布的影响

图 2-3-9 所示为培养实验结束后，在干湿交替水分处理模式下高低两种重金属污染水平的土壤中的各形态重金属的比例分布。

综合数据分析，外源重金属 Cu 的添加水平会对农田土壤中重金属的形态分布有较大程度的影响。土壤污染程度不同，Cu 赋存形态亦不同，各形态存在比例也各有偏差。在不同外源重金属添加水平的土壤中，Cu 均主要以碳酸盐结合态存在，但在重度污染土壤中，各形态 Cu 的比例分布为碳酸盐结合态>可交换态>铁锰氧化物态>有机结合态>残渣态；而在轻度污染的土壤中则为碳酸盐结合态>残渣态>铁锰氧化物态>可交换态>有机结合态。

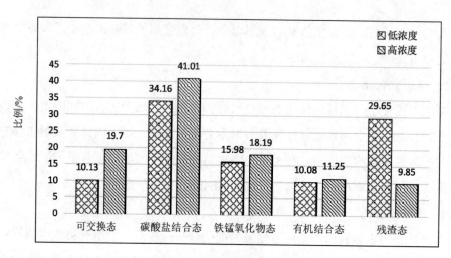

（a）无秸秆

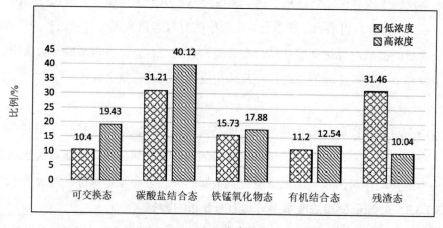

（b）小麦秸秆

图 2-3-9　高低两种重金属污染水平的土壤中的各形态 Cu 的比例分布

　　图 2-3-10 所示为未添加小麦秸秆时可交换态外源重金属在农田土壤中的变化趋势，由图 2-3-10 可知，外源重金属的添加含量较低时，可交换态 Cu 在培养伊始的所占比例超过 15%，到培养完成后所占比例低于 11%（接近 10%）；而污染程度较高的土壤中可交换态重金属 Cu 的比例为重金属总量的 27%以上，在培养到 60 天时比例下降到 20%以下。在培养结束后，高浓度添加水平条件下可交换态 Cu 的比例比低浓度添加条件下的高出 9%以上。

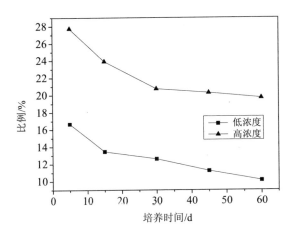

图 2-3-10　不同浓度下土壤中的可交换态 Cu 的比例变化

　　如图 2-3-11 所示，外源重金属的添加含量较低时，在培养 15 天之前，碳酸盐结合态重金属的比例略有增加，15 天后开始逐渐降低；而在高浓度外源重金属 Cu 添加的土壤中，碳酸盐态重金属的比例在 30 天之后才呈回落趋势。这可能由于低浓度 Cu 提高微生物活性，使得碳酸盐结合态 Cu 向其他形态 Cu 转变的能力较高浓度条件下更强，从而更快地降低了土壤碳酸盐结合态 Cu 的比例。无秸秆的土壤培养结束时，碳酸盐结合态重金属的比例在高浓度条件下超过 41%，比低浓度水平增加了 7%。

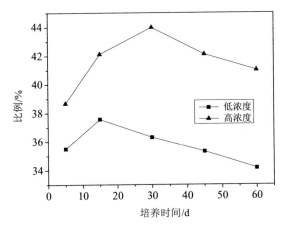

图 2-3-11　不同浓度下土壤中的碳酸盐结合态 Cu 的比例变化

如图 2-3-12、图 2-3-13 所示，农田土壤中的铁锰氧化物态 Cu 和有机结合态 Cu 随着培养时间和外源重金属的增加呈现缓慢上升趋势，但速率和幅度较小。

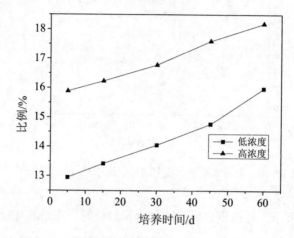

图 2-3-12　不同浓度下土壤中的铁锰氧化物态 Cu 的比例变化

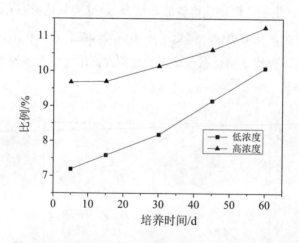

图 2-3-13　不同浓度下土壤中的有机结合态 Cu 的比例变化

如图 2-3-14 所示，随着培养的结束，在低浓度重金属添加条件下，残渣态 Cu 的比例很高，超过 29%，高浓度添加条件下与低浓度添加条件下相差显著，降低到了 10% 以下。显然随外源重金属的加入，大部分残渣态重金属 Cu 转变成其他赋存形态，下降幅度超过了 19%。

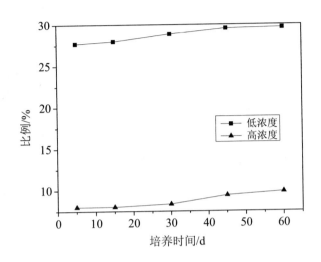

图 2-3-14　不同浓度下土壤中的残渣态 Cu 的比例变化

　　综上所述，随着外源重金属含量的逐渐增大，土壤中可交换态重金属 Cu 的比例明显升高，而残渣态重金属的比例则随之大幅度下降。未添加外源重金属时，重金属 Cu 以残渣态为主，在遭受污染后显著下降。研究认为，未污染土壤（原土）中的重金属处于一个平衡状态，当进入土壤的外源重金属含量较低时，残渣态相对比例随其总量增加而降低，受重金属总量影响，各形态的含量和分布会趋向于背景重金属状态；但当外源重金属的含量升高，更难以向紧结合态过程转化时，土壤重金属形态会向一个全新的形态分布转变。

3.2.3.4　秸秆添加对土壤中重金属形态分布的影响

　　图 2-3-15 所示为培养实验结束后，在干湿交替水分处理模式下不同秸秆添加水平的土壤中的各形态重金属的分布情况。

　　综合数据分析，小麦秸秆的添加水平会在一定程度上影响土壤重金属的形态分布。在培养结束后发现，未添加秸秆条件下，高低浓度外源重金属添加水平的土壤中重金属 Cu 均以碳酸盐结合态为主；而经小麦秸秆处理后，高浓度外源 Cu 添加水平时依然以碳酸盐结合态为主，低浓度外源 Cu 添加水平时转变为以残渣态为主。

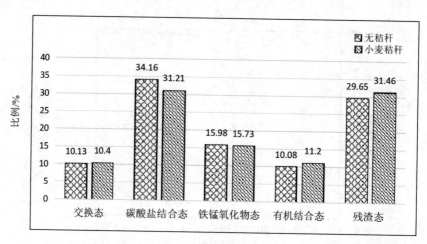

（a）低浓度

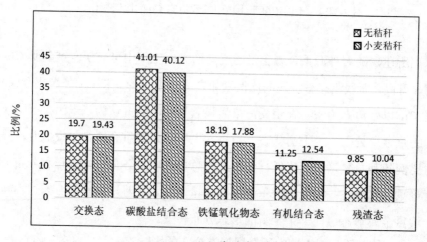

（b）高浓度

图 2-3-15　不同秸秆添加水平的土壤中的各形态 Cu 的比例分布

　　如图 2-3-16 所示，在低浓度外源重金属添加水平下，可交换态重金属在土壤中的比例随秸秆的添加而增加，而在高浓度重金属添加水平下，可交换态重金属相对含量却随着秸秆的添加而减少，但两者变化幅度均不大。这可能由于低浓度添加水平提高了小麦秸秆的活性，增大了其对可交换态重金属 Cu 的溶出作用等。

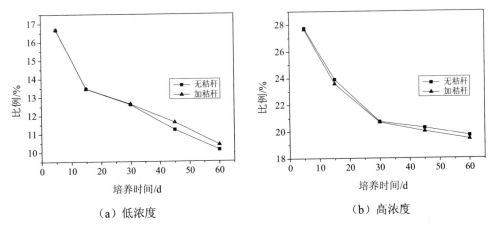

（a）低浓度　　　　　　　　　（b）高浓度

图 2-3-16　秸秆添加对可交换态 Cu 在低浓度和高浓度土壤中的比例变化的影响

如图 2-3-17 所示，随着小麦秸秆的添加，高低浓度外源重金属 Cu 进入土壤后的碳酸盐结合态 Cu 的比例均相应减少。这与某些研究有类似趋势：碳酸盐结合态重金属与有机物质含量呈现负相关性，但趋势不太明显。当外源重金属添加浓度较低时，施用秸秆引起的碳酸盐态重金属比例的下降幅度大于高浓度的重金属 Cu 添加水平。而当高浓度外源重金属添加使得碳酸盐结合态重金属的比例上升时，添加小麦秸秆对土壤中碳酸盐结合态比例的增幅较未加秸秆更为强烈，变化幅度甚至超过 9%。

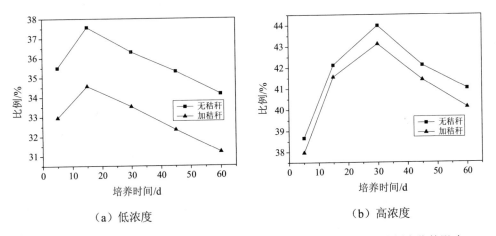

（a）低浓度　　　　　　　　　（b）高浓度

图 2-3-17　秸秆添加对碳酸盐结合态 Cu 在低浓度和高浓度土壤中的比例变化的影响

如图 2-3-18、图 2-3-19 所示，铁锰氧化物态 Cu 在土壤中的比例随着秸秆的添加而减少，有机态 Cu 的比例随秸秆的添加而增加。其中有机态 Cu 的比例在低浓度添加土壤中的升高幅度低于在高浓度添加土壤中的升高幅度。

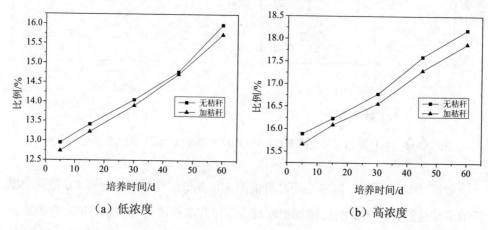

（a）低浓度　　　　　　　　（b）高浓度

图 2-3-18　秸秆添加对铁锰氧化物态 Cu 在低浓度和高浓度土壤中的比例变化的影响

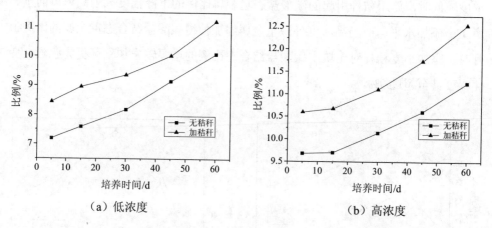

（a）低浓度　　　　　　　　（b）高浓度

图 2-3-19　秸秆添加对有机态 Cu 在低浓度和高浓度土壤中的比例变化的影响

如图 2-3-20 所示，残渣态 Cu 在高低浓度外源重金属添加水平的土壤中均随秸秆的添加相应增加。添加秸秆引起的残渣态比例的增加幅度在低浓度 Cu 进入土壤时大于在高浓度 Cu 进入土壤时。秸秆施用比重金属 Cu 添加水平升高对残渣态重金属比例下降的影响更大，下降幅度超过了 21%。

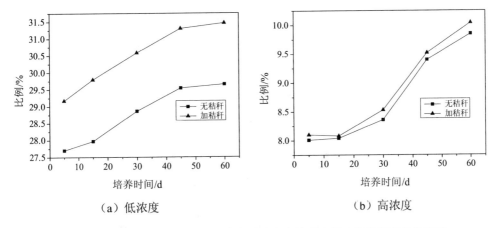

（a）低浓度　　　　　　　　　　　（b）高浓度

图 2-3-20　秸秆添加对残渣态 Cu 在低浓度和高浓度土壤中的比例变化的影响

综上所述，随着秸秆的添加，土壤中重金属 Cu 的总含量大幅增加，各形态存在比例也稍有不同。碳酸盐结合态、铁锰氧化物态的比例随着秸秆的添加而减少，有机结合态、残渣态则相应增加，而可交换态在低浓度重金属添加条件随秸秆的添加而增加，高浓度时却相应减少。这可能是因为秸秆产生的可溶性有机质（DOM）中含有大量的功能基团，比固相有机质具有更多的活性点位，可以与土壤中的重金属通过络合和螯合作用，形成有机－金属配合物，从而提高重金属的可溶性。随着时间的延长，秸秆腐解的产物与土壤中 Cu 生成的稳定络合物相应增加，土壤重金属总量也随之增加。

3.2.3.5　土壤环境变化对重金属形态分布的影响分析

秸秆的添加以及重金属浓度水平可改变土－水环境的 pH、Eh，进而对重金属 Cu 形态的转化产生影响。重金属 Cu 各种形态的化学转换分布和重金属有效性可以说很大程度上由土壤酸碱度调配。土壤 pH 值是对重金属 Cu 在土壤中的有效性，即其化学形态以及吸附解吸行为影响最大的一个因素。

表 2-3-9、表 2-3-10 为在干湿交替水分处理模式下于高低浓度外源重金属土壤培养过程中添加秸秆引起的 pH 值的变化情况。从表 2-3-9、表 2-3-10 可以看出，在几乎整个培养实验中，土壤 pH 值随着实验时间的延长而增大；而当进入土壤的外源重金属 Cu 浓度水平逐渐提高时，pH 值呈下降趋势；小麦秸秆的添加对 pH 值的作用较小，但有一定变化，添加秸秆的土壤 pH 值与不加秸秆的相比小幅度

降低；且在低浓度外源重金属土壤环境中，秸秆添加引起的土壤 pH 值的下降幅度高于重金属污染程度更重的农田土壤。研究认为在低浓度重金属 Cu 条件下，微生物更为活跃，可加快秸秆等有机物料腐解产生有机质，从而改变土壤中 pH 值、Eh 值以及重金属 Cu 的形态分布转化。实验表明重金属添加浓度的升高和小麦秸秆的施用均会促进土壤酸碱度向中性土水环境转变。

表 2-3-9   低浓度重金属条件下秸秆处理引起土壤 pH 值的变化情况

处理	培养时间/d				
	5	15	30	45	60
无秸秆	8.53	8.56	8.65	8.73	8.83
2%麦秸	8.41	8.48	8.51	8.60	8.73

表 2-3-10   高浓度重金属条件下秸秆处理引起土壤 pH 值的变化情况

处理	培养时间/d				
	5	15	30	45	60
无秸秆	8.35	8.53	8.49	8.59	8.69
2%麦秸	8.26	8.37	8.38	8.50	8.66

土壤 pH 值对重金属 Cu 有效性的影响并不是单一递进的关系。这方面的研究文献已有很多，Li 认为，土壤中可交换态重金属含量随着 pH 值降至 7 而逐渐变大，碳酸盐态重金属容易随着 pH 值向 7 靠近而溶出进入环境，而在 pH 值大于 7 或氧化环境下，有机质氧化分解，可造成少量有机结合态 Cu 溶出释放；刘霞等研究表明，交换态重金属含量与土壤 pH 值呈现明显的反向性，碳酸盐结合态、铁锰氧化态和有机结合态这三态则与 pH 值正相关；邓朝阳等研究却发现重金属可交换态与 pH 值呈不显著的正相关性；杨忠芳认为某些土壤中可交换态重金属含量在碱性条件下与土壤 pH 值呈负相关，而碳酸盐结合态、铁锰氧化物态、有机结合态却均出现随土壤 pH 值增加而上升的情况。

综合研究反映，培养结束后，随着秸秆添加和重金属 Cu 含量增加引起碱性土壤 pH 值降低时，轻污染程度土壤中交换态重金属含量增大，与 pH 值呈负相关，与刘霞、杨忠芳等人的研究相一致；在高浓度重金属添加条件下，可交换态重金属的比例均随秸秆的添加、pH 值的下降而减小，与 pH 值呈正相关，与邓朝阳的研究吻合。不同含量外源重金属 Cu 进入土壤时，碳酸盐结合态、铁锰氧化物态重金属的比例随秸秆添加、pH 值减小而逐渐减小，与 pH 值呈正相关，与刘霞、杨忠芳的研究相符；当小麦秸秆埋入土壤，碳酸盐结合态、铁锰氧化物态重金属相对占比随重金属含量的升高、pH 值减小而增大，与 pH 值呈负相关；有机结合态重金属相应增加，与 pH 值呈负相关，与以上研究均不相符，而这应该是与秸秆腐解形成机质增强了有机结合态重金属的结合性有关。

影响重金属行为的另一个重要因素是土壤 Eh 值。土壤 Eh 值不同，土壤中重金属的形态和离子浓度等也会相应发生变化，这一参数能够改变重金属结合物还原溶解在土壤中的难易程度，由此改变土壤剖面的重金属形态及分布。据研究，Eh 值对重金属 Cu 的形态影响与 pH 值有一致性。

3.2.4　小结

综合研究结果得出以下结论：

（1）在未添加重金属的情况下，农田土壤中重金属 Cu 主要以残渣态存在。其中，残渣态 Cu 的比例在 65%以上，可交换态 Cu 的比例低于 2%。

（2）当实验时间延长时，可交换态 Cu 在土壤中的相对含量随之急剧下降，碳酸盐结合态 Cu 的比例随培养时间的延长先小幅上升后缓慢下降，铁锰氧化态、有机结合态 Cu 占比呈缓慢上升趋势，残渣态 Cu 比例有轻微变化。

（3）外源重金属 Cu 的添加浓度对重金属的形态转换有较大程度的影响。随着重金属含量的逐渐增大，土壤中可交换态重金属 Cu 的比例明显升高，而残渣态重金属的比例则随之大幅度下降，其他形态增长幅度较缓慢。当土壤逐渐遭受重金属污染时，其形态随之转化为紧结合态，且转化能力随污染程度的升高有所减弱。

（4）小麦秸秆的添加会在一定程度上影响土壤重金属的形态分布。随着秸秆的添加，土壤中重金属 Cu 的总含量大幅增加，碳酸盐结合态、铁锰氧化物态重金属 Cu 的比例随着秸秆的添加而减小，有机结合态、残渣态重金属 Cu 的比例则相应增大，而可交换态重金属 Cu 的比例在低浓度重金属添加条件下随秸秆的添加而增大，高浓度时却相应减小。其中土壤 pH 值几乎随实验时间的延长而迅速增大，重金属添加浓度的升高和小麦秸秆的施用均会促进土壤酸碱度向中性转变。

3.3　添加秸秆对土壤重金属 Cu 吸附与解吸特征的影响

3.3.1　引言

对重金属环境行为关注的焦点是重金属进入地表水和地下水的风险和在土壤－植物－动物、人体这一生物系统中迁移、传输的能力，而这主要取决于重金属 Cu 在土壤溶液中的浓度。一方面，重金属在土壤溶液中的含量对重金属吸附于土壤表面和解吸脱离释出土壤有一定的影响；另一方面，吸附－解吸这一过程可以掌控金属元素的溶解度和迁移性，直接影响着动植物吸收利用重金属产生的营养素或污染物在食物链中迁移传递的程度等。

土壤重金属离子之间的吸附和交换是土壤最重要的化学反应过程之一，重金属吸附是最普遍和最主要的土壤保蓄机理，因为这一过程，土壤才能对重金属元素具有一定的自我净化能力和环境承载力。土壤对重金属吸附－解吸的控制，使得重金属离子与土壤溶液处于一个动态平衡的状态。重金属 Cu 在农田土壤中的这一过程是影响土水系统中重金属的迁移性和行为变动的重要因素。

有许多因素影响着土壤对重金属的吸附，包括吸附质的理化性质、土壤的组成结构和外部环境的因素（如温度、降雨、反应时间）等。在对污染土壤的修复处理方式中，秸秆还田是最直接和生态的方式，国外对此早有研究。秸秆可以通过在土壤中腐解产生的有机小分子物质，与重金属 Cu 离子发生吸附、结合、团聚及交换等反应，对土壤与重金属间的吸附－解吸过程产生一定作用，从而改变重金属在土壤溶液中的浓度水平和环境生物可利用性。

因此，为了有效地预防和控制重金属对农田土壤的污染，有必要研究重金属进入农田土壤以及秸秆还田之后的吸附－解吸行为，探讨重金属元素 Cu 的吸解特性，为减小重金属污染物对农田土壤的环境影响力，确定土壤生态容量提供理论基础和科学依据。本实验选择了我国中原地区具有代表性的农田土壤和秸秆，对土壤中重金属 Cu 的吸附—解吸行为及其影响因素进行了研究和预测。

3.3.2　材料和方法

3.3.2.1　实验材料

实验土壤取自河南省郑州市郊外的农田土壤表层（0～20cm），体现了我国中部黄河冲积平原农田土壤的特性，土壤室温风化干燥，拣去杂物，经 2mm 土壤筛筛选封存待用。采样地点及理化性质具体见第 2 章。

选用小麦秸秆为实验材料，供试秸秆收集于当地郊区的农户，拣除杂质，经洗净、烘干、粉碎过筛后保存备用。

3.3.2.2　实验装置

（1）超级恒温水浴：SYC-15，南京桑力电子设备厂。

（2）恒温振荡器：ZH-D，金坛市精达仪器制造有限公司。

（3）UVmini1240 紫外可见分光光度计（Shimadzu）：Lambda，美国 PerkinElmer 公司。

（4）磁力搅拌器：JJ-1，金坛市华锋仪器有限公司。

（5）电动离心机：TDL-40B，金坛市城东新瑞仪器厂。

（6）电子分析天平：FA1004，精确度达 0.001g，上海恒平科学仪器有限公司。

3.3.2.3　实验方法

1. 吸附实验

（1）小麦秸秆的投加量影响：称取过 2mm 筛的农田土 5g 于 100mL 的锥形瓶中，再移取 40 mg·L^{-1} 的重金属溶液 50mL，然后分别投加小麦秸秆 0.005g、0.01g、0.025g、0.05g、0.075g、0.1g、0.15g、0.2g（即为干土质量的 0.1%、0.2%、0.5%、1%、1.5%、2%、3%、4%）于锥形瓶中混合均匀，放入设置温度为 25℃的恒温振荡器中，以 150r·min^{-1} 振荡 24h，取样液用微孔滤膜（0.45μm）过滤，采用双乙醛草酰二腙分光光度法测定滤液中重金属 Cu 的浓度。

（2）温度影响：分两组投加农田土 5g 于锥形瓶中，一组加入 0.2g 的小麦秸秆，再准确移取 40 mg·L^{-1} 的 Cu 溶液 50mL，混匀后分别在 15℃、25℃、35℃ 3 个温度下以 150r·min^{-1} 振荡 24h，取样过滤测定重金属 Cu 的浓度。

（3）吸附动力学：取锥形瓶分两组加入 50mL 浓度为 40mg·L^{-1} 的 Cu 溶液，然后称取 5g 农田土加入各瓶，其中一组投加 0.2g 小麦秸秆，并充分混匀，溶液在恒温（25℃）振荡器中以 150r·min^{-1} 振荡 5min、10min、30min、60min、120min、240min、480min、720min、1440min 后取出过滤，并测定提取液中的重金属 Cu 的浓度。

（4）吸附等温线：将 5g 农田土投入盛有 50mL 浓度分别为 1mg·L^{-1}、2mg·L^{-1}、5mg·L^{-1}、10mg·L^{-1}、20mg·L^{-1}、30mg·L^{-1}、40mg·L^{-1}、60mg·L^{-1}、80mg·L^{-1}、100mg·L^{-1} 的重金属溶液（即 10mg·kg^{-1}、20mg·kg^{-1}、50mg·kg^{-1}、100mg·kg^{-1}、200mg·kg^{-1}、300mg·kg^{-1}、400mg·kg^{-1}、600mg·kg^{-1}、800mg·kg^{-1}、1000mg·kg^{-1} 土）的三角瓶中，另取一组添加 5g 土和 0.2g 小麦秸秆，其他同上，在 25℃ 下振荡 24h 后，取样液采用微孔滤膜（0.45μm）过滤并测定滤液中重金属 Cu 的浓度。

重金属吸附量按以下公式计算：

$$q_t = (C_0 - C_1)V / m \qquad (2\text{-}3\text{-}10)$$

式中　q_t——t 时刻的吸附量，mg·kg^{-1}；

　　　C_0、C_t——重金属 Cu 的初始浓度和 t 时刻的浓度，mg·L^{-1}；

　　　V——移取的溶液体积，mL；

　　　m——吸附剂用量，g。

2. 解吸实验

取上面吸附等温实验结束后离心管下层剩余的过滤固体，分别加入 10mL 0.01mol·L^{-1} 的 NaNO$_3$ 溶液（设置 pH 值与土壤本身相同），摇晃聚乙烯离心管，使管内残土分散，然后置于 25℃ 的恒温振荡器中，以 200r·min^{-1} 转速间歇振荡 24h，在 4000×g 下离心 20min 后过滤，用紫外分光光度计（双乙醛草酰二腙分光光度法）测定滤液中 Cu 的吸光度并算得其浓度。解吸实验共进行 4 次（由预实验可知，解吸经过 4 次 24h 的持续振荡后，解吸量会逐渐平稳，趋于一个较小的数值），通过以下公式将 4 次得出的解吸量相加，计算以获得土壤对重金属的解吸量。

重金属解吸量：

$$S = \left\{ \sum_{i=1}^{4} [C_i(V_{i-1} + V_i) - C_{i-1}V_{i-1}] \right\} / m \qquad (2\text{-}3\text{-}11)$$

式中　S——重金属解吸量；

　　　C_{i-1}——前一提取液的浓度，$mg \cdot L^{-1}$；

　　　C_i——后一提取液的浓度，$mg \cdot L^{-1}$；

　　　V_{i-1}——前一级残留液体积；

　　　V_i——后一级提取液的体积；

　　　m——土壤重量，g。

3.3.3　结果与讨论

3.3.3.1　农田土壤对 Cu 的吸附

1. 小麦秸秆的投加量对吸附的影响

　　小麦秸秆投加量对土壤 Cu 吸附特性的影响结果如图 2-3-21 所示，秸秆还田最直接的效应是腐解带入大量溶解性有机质（DOM）到土壤中，以及增加溶解性有机碳（DOC）含量，DOM、DOC 强大的活跃度会改变土壤如 pH 值等的理化性质，其自身也会与重金属吸附结合，降低土壤固相对重金属的吸持性能，进而影响重金属 Cu 在农田土壤中的环境行为。

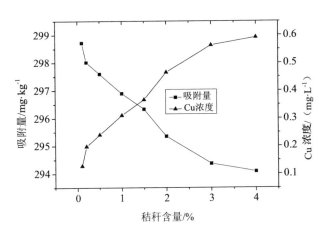

图 2-3-21　小麦秸秆投加量对土壤 Cu 吸附特性的影响

由图 2-3-21 可以看出，不同秸秆含量的处理对土壤吸附 Cu 的行为造成了显著影响。与对照实验相比，在模拟污染的土壤上，未添加小麦秸秆时，测得重金属 Cu 在土壤溶液中的浓度含量较小，这表明重金属进入土壤之后，重金属离子与土壤官能团发生络合、吸附反应而被固持结合，而经过秸秆填埋处理后的农田土壤，其溶液中的重金属 Cu 浓度明显比前者更高，且土壤对重金属的吸附量随着土壤中秸秆的增加而逐渐降低，进入土壤溶液中的重金属 Cu 含量则随之增加，直到投加量增大到 5g 土壤的 4%即 0.2g 时，吸附量变化逐渐稳定，趋于一个平衡状态，溶液中重金属浓度也渐进平稳。这表明秸秆的投入可明显促进土壤重金属的溶出活性，降低土壤对 Cu 的固定，并在土壤重金属浓度升高到一定程度时逐渐减缓最终趋近于一个定值。因此确定小麦秸秆的投加量为 0.2g，以便后续单因素实验的进行。

2. 温度对吸附的影响

温度对土壤 Cu 吸附的影响如图 2-3-22 所示。温度是影响重金属吸附的重要环境因素之一，可以对土壤中有效重金属离子浓度产生影响。

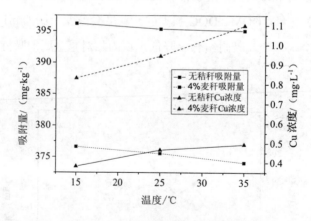

图 2-3-22　温度对土壤 Cu 吸附的影响

从图 2-3-22 可以看出，随着外界环境温度的提升，供试土壤对重金属 Cu 的吸附能力逐渐下降，而土壤溶液中重金属含量随之上升，说明温度的升高会降低土壤对 Cu 的吸附速率和吸附容量。而小麦秸秆的添加使得土壤溶液中重金属的浓度相较未添加秸秆时升高，土壤对重金属 Cu 的吸附量下降，这可以显示，添加秸秆促进了重金属活度的增强，对土壤吸附固定重金属有反向、抑制作用，且温度上升会提高秸秆对重金属 Cu 的竞争吸附能力，所以表现为环境温度越高，重金属吸附量越低，土壤溶液中重金属浓度越大。但因为在 15℃、25℃、35℃这 3 个温度下土壤对重金属 Cu 的吸附影响相差不大，因此取后续实验温度为室温 25℃即可。

3. 小麦秸秆对 Cu 的吸附动力学特征

吸附动力学曲线描述了土壤对重金属 Cu 的吸附量随吸附时间变化的过程，在室温 25℃下，供试土壤经过不同时间吸附后，溶液中 Cu 吸附量与时间的关系如图 2-3-23 所示。

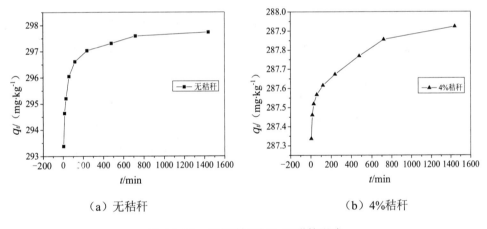

（a）无秸秆　　　　　　　　　　（b）4%秸秆

图 2-3-23　反应时间对 Cu 吸附的影响

从图 2-3-23 可以得出，反应开始阶段，在 60min 之前土壤对 Cu 的吸附量随着吸附时间延长而迅速提升，此时吸附量达到 296.05mg·kg^{-1}，吸附率为 98.68%，随着吸附时间的延长，吸附时间超过 240min 后，由于土壤吸附近似于饱和状态，吸附量增加幅度随时间更加平缓，当吸附时间达到 1440 min 即 24 h 时，土壤对重金属 Cu 的吸附基本稳定，溶液浓度提升缓慢，吸附量基本处于相对平衡阶段，此时土壤对 Cu 的吸附量为 297.74mg·kg^{-1}，Cu 吸附率为 99%以上。而在加入小麦秸秆之后，60min 时，土壤对重金属 Cu 的吸附量增加幅度相较无秸秆添加更加缓慢，此后延伸至整个吸附过程也更为平缓，吸附结束时，土壤 Cu 的吸附量为 287.92mg·kg^{-1}，Cu 吸附率为 97%以上，略低于纯土对 Cu 的吸附。这说明小麦秸秆促进了土壤中重金属的溶出，使土壤溶液中重金属含量提升，降低了土壤固相对重金属 Cu 的吸附能力。

因此可以用两个反应阶段来描述重金属 Cu 在农田土壤上的吸附动力学行为，吸附反应初期，土壤对重金属的吸附量急剧上升，这叫作吸附的高速反应时期，此时土壤表面的吸附点位相对较多，土壤对重金属 Cu 的吸附能力较强，吸附反应相对迅速；经过一段时间之后，农田土壤吸附量逐渐减缓，吸附速度减慢，据研究这是因为重金属离子可以被土壤固相表面结合吸附的点位数目是一恒定值，土壤表面可被占领的吸附点位随着反应时间延长越来越少，当土壤中的高结合能点位被占领，低结合能点位也逐渐被覆盖，吸附达到平衡，此时称为慢速反应阶段，造成了这种先快后慢的吸附反应现象。而小麦秸秆分解产物中所含有的小分子量物质占据了重金属离子的吸附点位，使得重金属 Cu 溶出，增加了土壤溶液中的重金属浓度，使土壤吸附量降低。

为了进一步分析在未加以及添加秸秆条件下农田土壤对 Cu 的吸附机制变化规律和吸附特点，研究在不同时间农田土壤对 Cu 的吸附量以及秸秆对土壤溶液中重金属吸附的影响，进而找出反应速率变化的规律和物质浓度随时间变化的规律。通常运用以下模型方程进行拟合：

准一级动力学模型方程：

$$q_t = q_e(1 - e^{-k_1 t}) \tag{2-3-12}$$

准二级动力学模型方程：

$$q_t = k_2 q_e^2 t / (1 + k_2 q_e t) \tag{2-3-13}$$

Elovich 动力学模型方程：

$$q_t = a + k \ln t \tag{2-3-14}$$

双常数动力学模型方程：

$$q_t = e^{(a + k \ln t)} \tag{2-3-15}$$

式中　q_e——对 Cu 的吸附平衡容量，mg·kg^{-1}；

　　　q_t——不同吸附时间时对 Cu 的吸附容量，mg·kg^{-1}；

k_1——准一级动力学模型的速率常数，min^{-1}；

k_2——准二级动力学模型的速率常数，$kg/(mg·min)$；

t——吸附时间，min；

k——吸附速率常数；

a——常数。

土壤 Cu 吸附量与时间的变化关系可以用以上 4 个动力学模型进行拟合，得到的拟合图形以及相关参数如图 2-3-24、图 2-3-25 所示，农田土壤对 Cu 的吸附动力学模拟参数见表 2-3-11。

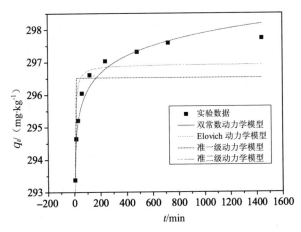

图 2-3-24 未加秸秆时农田土壤对重金属 Cu 的吸附动力学模拟

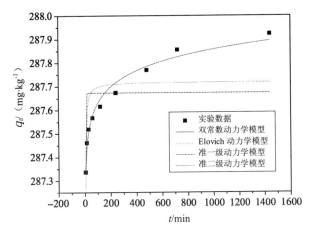

图 2-3-25 添加秸秆时农田土壤对重金属 Cu 的吸附动力学模拟

表 2-3-11   农田土壤对 Cu 的吸附动力学模拟参数

秸秆含量		无秸秆	4%麦秸
准一级动力学模型	q_e	296.523	287.673
	k_1	0.909	1.350
	R^2	0.422	0.256
准二级动力学模型	q_e	296.932	287.719
	k_2	0.048	0.443
	R^2	0.752	0.533
Elovich 动力学模型	a	292.548	287.169
	k	0.775	0.100
	R^2	0.957	0.978
双常数动力学模型	a	5.679	5.660
	k	0.003	3.47E-4
	R^2	0.956	0.978

由图 2-3-24、图 2-3-25 和表 2-3-11 可以看出，在设定的实验浓度、温度和时间范围内，在准一级动力学模型、准二级动力学模型、Elovich 动力学模型和双常数动力学模型这 4 种动力学模型中，准一级动力学模型、准二级动力学模型对其拟合的效果不佳，以准一级动力学模型最差，而 Elovich 动力学模型和双常数动力学模型均能较好地拟合未加秸秆和添加秸秆时土壤对重金属 Cu 的吸附动力学行为，相关系数 R^2 在 0.95 以上，其中以 Elovich 动力学模型的拟合数据更好；而反映土壤吸附速度的参数 k，明显在添加麦秸之后减小，土壤吸附速率降低，与实验现象相符；Elovich 方程这一经验式，描述的是如土壤和沉积物表面上反应过程中活化能转变较大的类型，本实验亦证明了这一点，说明土壤对 Cu 的吸附属于一复均相扩散过程。

4.3.1.4 吸附等温曲线的拟合

土壤对 Cu 的吸附等温线如图 2-3-26 所示。

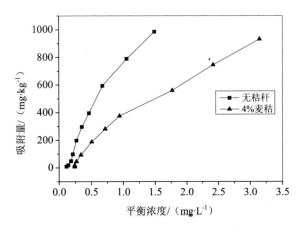

图 2-3-26　25℃下土壤对 Cu 的吸附等温线

由图 2-3-26 可知，在设定的等温吸附实验范围内（0～1000 mg·kg⁻¹），该农田土对 Cu 的等温吸附曲线几乎呈直线急速上升。在初始 Cu 浓度较低时，随着平衡浓度的增大，重金属吸附量迅速增加，这时主要是吸附点位较多的专性吸附；当外源重金属初始浓度升高时，土壤对其吸附能力逐渐降低，使吸附等温线呈现平缓趋势，专性吸附逐渐转变为非专性吸附，添加小麦秸秆强化了这一趋势，使吸附等温线变得更加平缓。说明实验设置的最高含量 1000mg·kg⁻¹ 虽然远超《土壤环境质量标准》（GB15618－1995）中的二级标准，即农田土壤（pH 值≥7.5）铜的限制含量为 100mg·kg⁻¹，但相对该土壤还是较低，远未达到最大吸附量。在添加秸秆以后，土壤溶液重金属浓度明显升高，吸附量随之显著下降，表明土壤对重金属的吸附固定，随着浓度增大和添加秸秆，吸附点位慢慢减少，同时秸秆的添加还对重金属 Cu 的溶出有促进作用，并随着浓度的增加溶出效应逐渐降低。

为了描述在 25℃下，重金属被农田土壤吸附的吸附量与土壤溶液中重金属的平衡浓度之间的动态过程，反映重金属的不同浓度和小麦秸秆的添加对吸附量、吸附强度的影响，可用以下等温吸附模型来拟合表达。

Langmuir 等温线方程：

$$q_e = q_m k C_e / (1 + k C_e) \qquad (2\text{-}3\text{-}16)$$

Freundlich 等温线方程：

$$q_e = k C_e^{1/n} \qquad (2\text{-}3\text{-}17)$$

Temkin 等温线方程：

$$q_e = A + B \ln C_e \tag{2-3-18}$$

式中　q_e——平衡时的吸附量，mg·kg^{-1}；

　　　q_m——最大吸附量，mg·kg^{-1}；

　　　C_e——Cu 的平衡吸附浓度，mg·L^{-1}；

　　　k——吸附常数；

　　　A、B、n——经验常数。

等温模型拟合效果及相关拟合参数如图 2-3-27、图 2-3-28 和表 2-3-12 所示。通过表 2-3-12，比较两种模型的相关指数（R^2），发现 Langmuir 方程的拟合效果更佳，参数 R^2 更高，尤其是添加小麦秸秆的 Langmuir 等温模拟 R^2 达到 0.978，但土壤对 Cu 的吸附用 Langmuir、Freundlich 方程这两种吸附等温式均能较好地拟合，两者拟合优度系数在不同土壤处理下均高于 0.95，而 Temkin 吸附等温线模型却不能对其进行拟合；Langmuir 方程的吸附常数 k 越高说明吸附剂与吸附质分子亲和能力越强，稳定性越好，当添加小麦秸秆时，k 的数值减小，说明秸秆对土壤吸附重金属 Cu 的稳定进行有消极抑制作用，拟合结果与实验现象吻合。等温模拟符合两种模型，说明可能农田土壤固相表面对重金属 Cu 存在多种吸附方式，吸附类型包括单分子层吸附、不均匀表面吸附等。

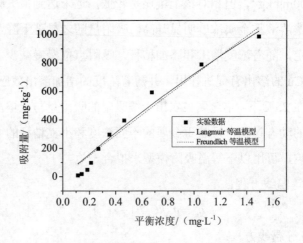

图 2-3-27　未加秸秆时农田土壤对重金属 Cu 的吸附等温模拟

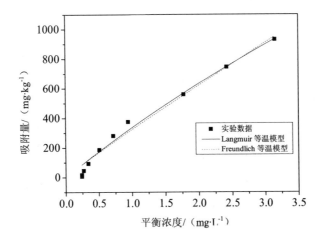

图 2-3-28　添加秸秆时农田土壤对重金属 Cu 的吸附等温模拟

表 2-3-12　土壤对 Cu 等温吸附方程的拟合参数

秸秆含量	Langmuir 等温模型			Freundlich 等温模型		
	q_m	k	R^2	k	$1/n$	R^2
无秸秆	6538.099	0.124	0.955	713.355	0.969	0.950
4%麦秸	5450.328	0.066	0.978	323.419	0.942	0.975

3.3.3.2　农田土壤对 Cu 的解吸

　　吸附和解吸行为是进入土壤后重金属 Cu 的一个绝对会发生的反应。图 2-3-29 所示为不同秸秆处理时农田土壤 Cu 吸附量与解吸量之间的关系曲线。

　　图 2-3-29 和表 2-3-13、表 2-3-14 显示了不同土壤处理方式下，重金属 Cu 的吸附量与解吸量、解吸率之间的关系，随外源重金属初始浓度的增加也不尽相同，与吸附等温曲线相比，农田土壤对重金属 Cu 的固定性能越强，相对吸附量越大，则解吸能力越弱，解吸量和解吸率越小，土壤溶液中浓度增加越慢，这说明重金属 Cu 被解吸释放在土壤溶液中的速率、含量与重金属和土壤的吸附结合能力呈现负相关性。在添加低浓度外源重金属 Cu 后，大部分重金属离子稳固吸附在农田土壤中拥有高结合能的专性吸附点位，重金属的解吸量和解吸率较低，解吸剂很难解吸下重金属 Cu，解吸增长有所滞后；当重金属初始浓度逐

渐增大，土壤表面吸附点位逐渐被占据时，吸附曲线趋于平衡，吸附达到一定程度的饱和，重金属吸附率降低，而农田土壤的重金属 Cu 的解吸曲线是呈向上弯曲的态势（Cu 的解吸量随着重金属在土壤中吸附量的增大而升高），这说明随着土壤中重金属稳定性的下降，重金属从农田土壤解吸出的能力越来越强，解吸量和解吸率上升得越来越快；且随着小麦秸秆的添加，重金属解吸量和解吸率增长得更加快速，使得重金属 Cu 易于解吸出土壤，解吸过程随之加快，根据研究，秸秆的添加会改变土壤的各项理化性状，使土壤 pH 值下降，进而对土壤吸附/解吸重金属的能力产生影响。

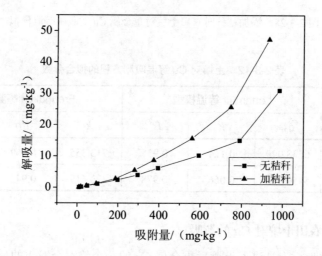

图 2-3-29　不同秸秆处理时农田土壤 Cu 吸附量与解吸量之间的关系曲线

表 2-3-13　无秸秆条件下土壤对 Cu 的吸附解吸

初始浓度/ （mg·kg^{-1})	10	20	50	100	200	300	400	600	800	1000
吸附量/ （mg·kg^{-1})	9.42	19.00	49.00	99.00	197.88	296.61	395.07	592.54	788.60	981.01
解吸率/%	0.98	1.09	1.11	1.20	1.24	1.35	1.57	1.73	1.91	3.16

注　解吸率=解吸量/吸附量，下同。

表 2-3-14 秸秆还田条件下土壤对 Cu 的吸附解吸

初始浓度/(mg·kg⁻¹)	10	20	50	100	200	300	400	600	800	1000
吸附量/(mg·kg⁻¹)	8.52	17.32	45.09	93.03	187.70	281.42	374.60	559.48	745.43	930.18
解吸率/%	1.24	1.32	1.29	1.34	1.51	1.96	2.32	2.80	3.45	5.09

总的来说，重金属 Cu 在土壤中的解吸过程与其吸附行为有很大关系，在加进土壤的重金属 Cu 浓度较低的条件下，Cu 被土壤固相结合得非常牢固，而难以解吸进入土壤溶液中，大规模迁移也很难发生，范围较小，生物有效性也相对较低。但是，随着加入 Cu 浓度的增加，土壤对重金属 Cu 的解吸率也随之增大，秸秆的添加使得 Cu 在土壤中解吸比例增大，土壤重金属的解吸率变高，说明在添加秸秆的情况下土壤对 Cu 的吸附能力减弱，重金属移动性更强而容易被解吸出来，因而进入土壤后有迁移扩散的风险。

3.3.4 小结

综合研究结果，得出以下结论：

（1）对于 50 mL 重金属 Cu 的质量浓度为 40 mg·L⁻¹ 的溶液，土壤溶液中重金属浓度随秸秆添加量的增加而提高，而增长幅度降低符合动力学趋势，这与有关研究中秸秆的添加提高了土壤中 DOC、DOM 的含量，从而增大了土壤溶液中重金属浓度的结果相一致。

（2）在小麦秸秆的投加量为 0.4g，吸附时间为 24h 时，温度的升高反而抑制了土壤对 Cu 溶液的吸附，这表明温度的提升对小麦秸秆溶出土壤中的重金属有促进作用，但变化趋势不是很大。

（3）重金属 Cu 在土壤中的吸附量随着反应时间和外源重金属浓度的升高而增大，并逐渐平缓。在动力学模型和等温模型对 Cu 吸附的拟合中，以 Elovich 动力学模型更符合土壤中 Cu 的动力学吸附过程，等温吸附以 Langmuir 吸附方程为最佳，属于单分子层吸附，两者相关系数均达到了 0.95 以上。

（4）在实验设定的条件范围内，重金属 Cu 的解吸量、解吸率都随着重金属在土壤中吸附量的上升而提高，重金属 Cu 的解吸比例与土壤对重金属的吸附结合性能呈负相关，并随着秸秆的添加，解吸速率和解吸量更大，土壤吸附能力降低。

3.4　污染土壤中 Cu 的淋溶特性及释放动力学的模拟研究

3.4.1　引言

目前，我国重金属污染的农业生态环境形势依然不容乐观，尤其是一些大中型城市近郊区的农田土壤污染非常严重。被污染土壤中的重金属元素可以通过淋溶作用进入水体，被农业作物所吸收富集，进而进入人体，威胁人类健康。淋溶作用是指表层污染物随下渗水流沿土壤剖面自地表向下进入土壤深处的运动，是土壤中可溶物在土—水颗粒间络合、溶解或分配的一种综合现象。

以往的研究认为外源重金属进入土壤后，不同于平常的挥发性污染物会腐化降解去除，重金属能被强烈地吸附，它们容易积累在土壤的表面，而难以在地下环境中产生迁移，因此重金属离子通过迁移渗滤进入地下水体的研究很少引起人们的重视。但随着野外田间实验和室内土柱模拟研究的深入探讨发现，在降雨、降雪以及农业灌溉等活动下，滞留在土壤表层的重金属元素可能会不同程度地随水渗滤下去，有一部分则出现在深层土壤中进而造成地下水污染，给人类健康和环境带来潜在危害。

淋溶是对重金属元素在土水系统中的行为以及最后归宿形成影响的关键因子之一。若重金属离子容易与土壤颗粒结合，一般会积累在农田土壤表层，反之，就可能被淋洗溶出，对环境造成二次破坏。通过研究吸附与淋溶之间的关系，就能够对存在于土壤中的重金属元素的状况有所了解。

因此在模拟降水作用下，对 Cu 污染土壤中重金属的淋溶及释放规律进行研究分析，有助于详细说明重金属 Cu 在土壤中的运移能力和吸附转换机理，对农产品安全生产等具有重要的理论研究意义和实际应用价值；同时对添加秸秆后的土壤 Cu 的淋溶行为进行研究，可以为重金属 Cu 污染农田土壤上是否可以进行秸秆还田、秸秆循环利用以及污染土壤的修复改良提供理论依据。本实验选取了我国河南省郑州市郊区农田土壤和小麦秸秆，通过土柱实验模拟降水淋溶条件，探究不同污染程度和秸秆添加对农田土壤中重金属的淋溶及释放模式的影响。

3.4.2 材料和方法

3.4.2.1 实验材料

实验土壤取自河南省郑州市郊外的农田土壤表层（0～20cm），体现了我国中部黄河冲积平原农田土壤的特性，土壤室温风化干燥，拣去杂物，经 2mm 土壤筛筛选封存待用。采样地点及理化性质具体见第 2 章。

选用小麦秸秆为实验材料，供试秸秆收集于当地郊区的农户，拣除杂质，经洗净、烘干、粉碎过筛后保存备用。

3.4.2.2 实验装置

（1）土柱：高为 5cm，内径为 2cm 的聚乙烯管。

（2）数显恒流泵：HL-2B，上海沪西分析仪器有限公司。

（3）UVmini1240 紫外可见分光光度计（Shimadzu）：Lambda，美国 PerkinElmer 公司。

（4）超级恒温水浴：SYC-15，南京桑力电子设备厂。

（5）电子分析天平：FA1004，精确度达到 0.001g，上海恒平科学仪器有限公司。

3.4.2.3 实验方法

1. 污染土壤的制备

表 2-3-15 所列为我国土壤环境质量标准。根据土壤环境质量标准及我国农田重金属的可能污染状况，本研究设置的污染土壤水平为 Cu 100mg·kg^{-1}、400mg·kg^{-1}，Cu 的污染水平为碱性土壤的环境质量二级和三级标准峰值。将农田土与重金属按设置条件充分混合后自然风干，过 2mm 筛后备用。

表 2-3-15　我国土壤环境质量标准

单位：mg·kg^{-1}

重金属元素	一级	二级			三级
	自然背景	pH<6.5	6.5≤pH≤7.5	pH>7.5	pH>6.5
Cu	35	50	100	100	400

2. 土柱装填

根据实际农田土壤的容重进行装填。土柱填装时先铺一层石英砂（事先用去离子水冲洗）作为反滤层，装填土壤后，用压实装置使土壤符合实验设置的高度，确保实验土体的容重接近自然土体的体积密度或与其一致，且颗粒均匀排列在土柱中。然后在土柱的上端加盖一层石英砂以防土粒溅出，并在两端反滤层之上加定量中速滤纸，避免堵塞出水口。

3. 设置淋溶液

本实验所用农田土壤来自中原地区，其年平均降雨量约为 640mm，排除地表径流造成的雨水流失，每年平均降雨量的大概 60%即为进入土壤的设定水量。设置本实验的淋溶量为 400mL，约为实验土 3 年以上的平均降水量。

4. 淋溶实验

在开始实验前，先注入少量蒸馏水润湿土柱，使其田间持水量达到 100%，然后从土柱顶部持续加入蒸馏水进行淋溶，淋溶速度通过恒流蠕动泵来控制，定量采集土柱下端出流的淋滤液，同时检测重金属含量，当累计淋溶量达到 400mL 后停止实验。填装好的土柱实验装置如图 2-3-30 所示。

5. 淋出液中重金属累计释放量的计算

$$q = \sum_{i=1}^{n} C_i V / m \qquad (2\text{-}3\text{-}19)$$

式中　q——模拟淋溶液中重金属累计释放量，mg·kg^{-1}；

C_i——第 i 次采样的淋溶液中重金属的浓度，mg·L^{-1}；

V——淋溶液体积（本实验设定为 40mL）；

m——供试土壤质量，g。

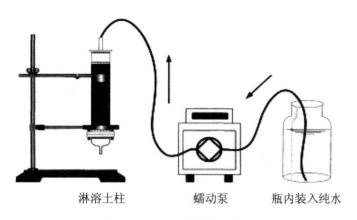

淋溶土柱 蠕动泵 瓶内装入纯水

图 2-3-30 土柱实验装置

土柱内重金属释放率为

$$K = q/S \times 100\% \qquad (2\text{-}3\text{-}20)$$

式中　K——土柱内重金属释放率;

　　　q——模拟淋溶液中重金属累计释放量，$mg \cdot kg^{-1}$;

　　　S——实验土柱内重金属的初始总含量，$mg \cdot kg^{-1}$。

3.4.3　结果与讨论

3.4.3.1　淋溶过程污染土壤中重金属的释放特征

模拟淋溶降水条件下土壤重金属的动态释放规律如图 2-3-31 所示。

如图 2-3-31 所示，整个淋溶过程可分为两个阶段：淋溶量累计达到 160mL 之前为第一阶段，在这个阶段，土壤出流液中测得重金属浓度较高，且随着淋溶液体积的增加急速降低，这个时期属于重金属 Cu 的快速淋溶时期；160mL 之后是淋溶的第二个阶段，这个时期的释放速率逐渐降低，释放量逐渐减少，直至达到一个相对稳定的释放水平，此时采集的淋出液中的重金属浓度的变化很小，且维持在一个相对较低的浓度水平，这个阶段属于平衡释放时期。土壤重金属的淋出速度主要取决于装填土柱中淋溶液的迁移速率，这与土柱高度、用土量、土壤性质、土壤污染水平和外源添加物等有关。

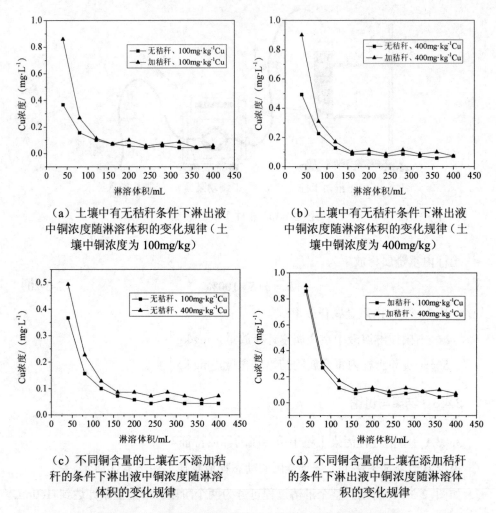

（a）土壤中有无秸秆条件下淋出液
中铜浓度随淋溶体积的变化规律（土
壤中铜浓度为 100mg/kg）

（b）土壤中有无秸秆条件下淋出液
中铜浓度随淋溶体积的变化规律（土
壤中铜浓度为 400mg/kg）

（c）不同铜含量的土壤在不添加秸
秆的条件下淋出液中铜浓度随淋溶
体积的变化规律

（d）不同铜含量的土壤在添加秸秆
的条件下淋出液中铜浓度随淋溶体
积的变化规律

图 2-3-31　模拟淋溶降水条件下土壤重金属的动态释放规律

　　相对于低浓度污染土壤的淋溶特征来看，高浓度污染水平的淋出液中的重金属浓度略高于低浓度污染水平，添加秸秆以后，两个浓度水平释放特征逐渐接近，可能对于实验设置的重金属含量足够秸秆和土壤对其进行吸附。而比较同一浓度重金属条件，添加秸秆以后，淋出液中重金属 Cu 含量明显升高，这可能是小麦秸秆促进了重金属活性的增强，使土壤对重金属元素 Cu 的吸附性能降低，加快了重金属的溶出速度，使更多的重金属 Cu 从土壤中分离释放出来，然后溶出速度逐渐放缓，在后期释放中两者重金属浓度相近。

结合土壤重金属的动力学释放过程与《地下水水质标准》（GB/T 14848－93）中的表（表 2-3-16）可以发现，在淋溶初期即快速释放阶段，土壤淋出液中的重金属 Cu 浓度较高，几乎均在 0.05mg·L^{-1} 以上，大于水质 II 类标准，这可能会影响环境及地下水的水质，随着淋溶液体积的增加和时间的推移，重金属浓度下降，威胁随之降低。整体来看，实验农田土壤 Cu 的溶出量较低，在释放结束后采集的土壤淋出液中，测得重金属浓度总体比 III 级水质的最低标准 1.0mg·L^{-1} 小，说明这种土壤的环境净化能力较强，不会对环境造成极大威胁，但加入秸秆和土壤污染水平升高以后风险变大，需要引起注意。

表 2-3-16　《地下水水质标准》（GB/T 14848－93）中的表

单位：mg·L^{-1}

重金属元素	I 类	II 类	III类	IV类	V 类
Cu	<0.01	≤0.05	≤1.0	<1.5	>1.5

3.4.3.2　重金属的累计释放量和释放率特征

不同污染程度的农田土壤中，重金属的累积释放量与淋溶液体积的关系如图 2-3-32 至图 2-3-35 所示。淋溶过程中重金属 Cu 的具体累计释放量以及释放率见表 2-3-17 至表 2-3-20。

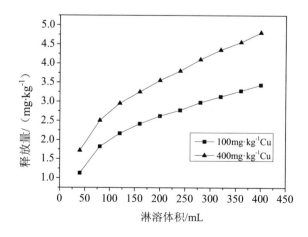

图 2-3-32　无秸秆添加条件下重金属 Cu 在不同污染土壤中的累积释放量

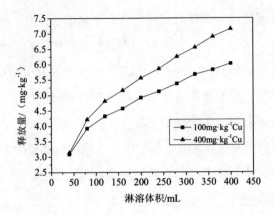

图 2-3-33　添加麦秸条件下重金属 Cu 在不同污染土壤中的累积释放量

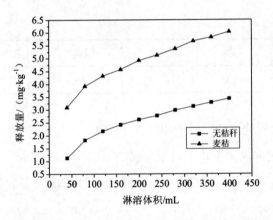

图 2-3-34　低浓度外源 Cu 水平下不同秸秆处理土壤中重金属的累积释放量

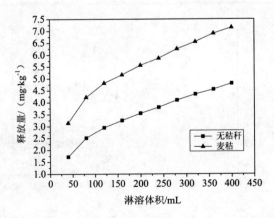

图 2-3-35　高浓度外源 Cu 水平下不同秸秆处理土壤中重金属的累积释放量

表 2-3-17　低浓度无秸秆添加条件下重金属的累积释放量和释放率

累积淋溶体积/mL	40	80	120	160	200	240	280	320	360	400
释放量/（mg·kg^{-1}）	1.13	1.82	2.17	2.42	2.62	2.77	2.98	3.13	3.28	3.43
释放率/%	0.87	1.40	1.67	1.86	2.02	2.14	2.29	2.41	2.53	2.64

表 2-3-18　低浓度添加小麦秸秆条件下重金属的累积释放量和释放率

累积淋溶体积/mL	40	80	120	160	200	240	280	320	360	400
释放量/（mg·kg^{-1}）	3.09	3.92	4.32	4.57	4.92	5.12	5.37	5.67	5.82	6.03
释放率/%	2.38	3.02	3.33	3.52	3.79	3.95	4.14	4.37	4.49	4.64

表 2-3-19　高浓度无秸秆添加条件下重金属的累积释放量和释放率

累积淋溶体积/mL	40	80	120	160	200	240	280	320	360	400
释放量/（mg·kg^{-1}）	1.72	2.51	2.95	3.25	3.55	3.80	4.10	4.35	4.55	4.80
释放率/%	0.40	0.58	0.69	0.76	0.83	0.88	0.95	1.01	1.06	1.12

表 2-3-20　高浓度添加小麦秸秆条件下重金属的累积释放量和释放率

累积淋溶体积/mL	40	80	120	160	200	240	280	320	360	400
释放量/（mg·kg^{-1}）	3.14	4.22	4.81	5.16	5.56	5.86	6.25	6.55	6.90	7.15
释放率/%	0.73	0.98	1.12	1.20	1.29	1.36	1.45	1.52	1.61	1.66

以上结果表明，重金属的释放量与淋溶液的溶出特征相一致，模拟降水作用下的重金属 Cu 呈现前期快速释放、后期释放速率变缓的两个阶段。比较 4 种土壤处理方式，实验结束后，累积释放量以添加秸秆的重度污染土壤的最高，无秸秆添加的低浓度污染土壤最低，释放率以添加秸秆的低污染土壤的最高，无秸秆添加的高浓度污染土壤最低，释放量的排列顺序为高浓度加秸秆＞低浓度加秸秆＞高浓度无秸秆＞低浓度无秸秆，释放效率的大小顺序为低浓度加秸秆＞低浓度无秸秆＞高浓度加秸秆＞高浓度无秸秆。这说明土壤污染程度的高低和小麦秸秆

的施用对模拟淋溶作用下重金属的释放影响都很大，外源 Cu 浓度的增加提高了释放量却降低了相对释放率，而添加秸秆使重金属 Cu 的释放量和释放率均上升；低浓度时重金属离子处于高结合能吸附点位上，随着浓度的提高，吸附点位相对减少，低结合能点位上的重金属更易被释放出来，使释放量增加；秸秆影响淋溶特性的原因可能是小麦秸秆的分解产物可与土壤中重金属 Cu 离子发生陪补效应，竞争土壤中的有效吸附位点，其提高的 DOC 亦激活了重金属离子的活性，从而促进了重金属释放量的增多以及释放率的提高，同时添加秸秆降低了土壤 pH 值，增加了 H^+ 的竞争吸附力，使吸附于土壤上的重金属易于解吸。结果也显示，农田土对重金属 Cu 的吸附能力和重金属的释放率呈反向趋势，即该重金属的释放率随着土壤对重金属吸附性能的增强而逐渐降低。

3.4.4 小结

综合研究结果，得出以下结论：

（1）土柱模拟降水实验可分为两个阶段：淋溶量累计达 160mL 之前为第一阶段，测得出流液重金属浓度较高，且随着淋溶液体积的增加急速降低，这个过程属于重金属 Cu 的快速淋溶时期；160mL 之后是淋溶的第二个阶段，这个时期的释放速率逐渐降低和释放量逐渐减少，直至达到一个相对稳定的释放水平，且维持在一个相对较低的浓度，这个阶段属于平衡释放时期。重金属含量的提高和秸秆的添加会导致土壤重金属 Cu 释放量的增加，而高浓度的外源 Cu 却会让释放率降低。土壤性质、外源添加种类、测验方法等都可能对土壤重金属释放率的变化造成影响。

（2）淋滤模拟实验表明，在快速释放期间土壤淋溶液中的重金属 Cu 浓度较高，污染程度较高的农田土壤和秸秆还田作用有可能对环境及地下水造成较大威胁，但随着淋溶液体积的增加和时间的推移，重金属浓度下降，威胁随之降低，整体重金属的最高浓度比Ⅲ级水质的最低标准 $1.0mg \cdot L^{-1}$ 小。因此，主要在淋溶初期出流液浓度较高时，以及污染程度较高的土壤和直接秸秆还田时期严格关注，不要忽视重金属迁移和溶出带来的环境风险。

3.5 总结和展望

3.5.1 主要结论

本部分选择了我国河南省郑州市郊区的农田土壤和小麦秸秆，采用土壤培养模拟和降水模拟考察了干湿交替水分条件下农田土壤 Cu 的形态转化方向，研究了重金属 Cu 在土壤中吸附/解吸行为以及淋溶、释放特性，分析了土壤污染水平和秸秆对土壤重金属 Cu 的化学形态的影响和该重金属元素在土壤中的吸附、淋溶规律。综合结果，我们主要可以得出以下结论：

（1）在干湿交替水分管理模式下，重金属在农田土壤中形态转化的实验结果表明，随着重金属含量的逐渐增大，土壤中可交换态重金属 Cu 的比例明显升高，而残渣态重金属 Cu 的比例则随之大幅度下降，其他形态重金属 Cu 增长幅度较缓慢；当土壤逐渐遭受重金属污染时，其形态随之转化为紧结合态，且转化能力随污染程度的升高有所减弱。小麦秸秆的添加一定程度上影响了土壤重金属的形态分布：碳酸盐结合态、铁锰氧化物态重金属 Cu 的比例随着秸秆的添加而减小，有机结合态、残渣态重金属 Cu 的比例则相应增大，而可交换态重金属 Cu 的比例在低浓度重金属添加条件下随秸秆的添加而增大，高浓度时却相应减小。其中土壤 pH 值几乎随实验时间的延长而迅速增大，重金属添加浓度的升高和小麦秸秆的施用均会促进土壤酸碱度向中性转变。

（2）在实验设定的条件范围内，土壤对重金属 Cu 的吸附随着加入时间和重金属浓度的增长而增强，随着温度升高和秸秆的添加而减弱，最终趋于平稳；在动力学模型和等温模型对 Cu 吸附的拟合中，以 Elovich 动力学模型更符合土壤中 Cu 的动力学吸附过程，等温吸附以 Langmuir 吸附方程为最佳，属于单分子层吸附，两者相关系数均达到了 0.95 以上；重金属 Cu 的解吸量、解吸率都随着重金属在土壤中吸附量的上升而提高，重金属 Cu 的解吸比例与土壤对重金属的吸附结合性能呈负相关，并随着秸秆的添加，解吸速率和解吸量更高，土壤吸附能力降低。

（3）室内土柱模拟降水淋溶实验表明，在淋溶量累计达 160mL 之前的重金属快速释放时期，出流液中的重金属浓度偏高，大于水质Ⅱ类标准，且随着淋溶液体积的增加急速降低；160mL 之后是淋溶的平衡释放时期，这个阶段的释放速率逐渐降低，释放量逐渐减少，直至达到一个相对稳定的释放水平，且维持在一个相对较低的浓度；重金属 Cu 的释放率会随着土壤对重金属吸附性能的增强而逐渐降低；土壤污染程度的加重和秸秆的添加都对淋溶作用下重金属的释放有较大影响，导致了土壤重金属释放量的增大，而高浓度 Cu 降低了释放率。

3.5.2　主要创新点和特色

本部分的主要创新点和特色如下：

（1）研究了干湿交替水分管理条件下，农田土壤中重金属 Cu 的形态转化及其动态变化规律，此类研究较少见，以往研究多在持续淹水或干旱水分条件下进行。

（2）采用了添加生物质材料小麦秸秆的方式，研究了其对重金属形态的分布转化影响、对土壤重金属吸附/解吸的作用和对模拟淋溶的释放特征的影响，对秸秆还田具有现实指导意义。

3.5.3　不足与展望

本部分的不足与展望如下：

（1）由于条件和人员的关系，本部分只研究了一种重金属、农田土和秸秆类型的土壤环境化学行为，未进行其他及多种重金属、秸秆复合污染情况下的研究。希望在系统收集前人研究资料和成果的基础上，在实验设计时更加全面地了解不同地带性土壤中多种重金属的各种环境化学行为。

（2）由于实验设备条件和人员的客观原因，未能检测土壤性质对培养土壤重金属 Cu 的形态和吸附淋溶的影响，因而缺少土壤性质与重金属形态转变之间关系的深入分析。在今后的工作中，可以将土壤性质与形态分析结合起来，研究如 pH 值、有机质、CEC、游离铁、无定形铁、黏粒、粉粒、砂粒含量的影响，以推动重金属污染机理研究向更深一步发展。

（3）因为时间和工作量的影响，本部分未模拟雨水组成成分，只用纯水对污染土壤中重金属的释放进行了研究。因此开展模拟不同酸度降雨条件下不同类型污染土壤中重金属的迁移、淋溶及释放特征研究是下一步的工作重点。

第 4 章　结论

4.1　本部分观点总结

本部分介绍了秸秆生物质资源在改善水和土壤环境方面的一些应用研究，主要考察了秸秆处理水资源及土壤中污染重金属的效果，主要得到了以下结论：

（1）利用碱改性小麦秸秆 AWS、氢氧化钠和氯化钠同时改性小麦秸秆 TWS 来处理水溶液中的重金属 Cu^{2+}，发现改性的小麦秸秆的吸附效果比未改性的有较大的提高，同时改性后的小麦秸秆对 Cu^{2+} 浓度为 20mg/L 的废水有较好的吸附效果。吸附是以单分子为主的化学吸附过程，升温有利于吸附反应的发生。对秸秆的改性使秸秆中引入了羟基或氯离子基团，从而提高了秸秆对水溶液中重金属离子的吸附性能。

（2）研究了河南省郑州市近郊农田土壤中重金属 Cu 在高低两种初始铜浓度以及添加和不添加小麦秸秆条件下的迁移情况。模拟了干湿交替水分模式和淋溶洗脱两种条件下土壤中 Cu 的转化过程。结果表明，土壤中 Cu 浓度的升高会不同程度地增加土壤中可交换态（EXC）Cu、碳酸盐结合态（CAR）Cu、铁锰氧化态（OX）Cu 和有机结合态（OM）Cu 的含量，而残渣态（RES）Cu 的含量则显著降低；小麦秸秆则会导致土壤中 CAR Cu 和 OX Cu 的含量降低，OM Cu 和 RES Cu 的含量增加。土壤酸碱度实验表明，EXC Cu 组分与土壤酸碱度呈负相关，OX Cu、OM Cu、RES Cu 组分与土壤酸碱度呈正相关，CAR Cu 组分随土壤 pH 值的升高呈抛物线关系。pH 值的变化表明土壤 Cu 浓度的增加和小麦秸秆的添加都会提高土壤中的可溶性 Cu 含量，但随着培养时间的延长，土壤中的可溶性 Cu 含量会逐渐降低。同时，在高低两种 Cu 浓度的淋溶条件下，秸秆的加入使可溶性 Cu 的浸出量和浸出率提高。分析结果发现小麦秸秆的加入虽然能使 Cu 转化为残渣态 Cu 等较为稳定的组分，但重金属在转化过程中更容易溶于淋溶水中。因此，秸秆还田应综合考虑当地的土壤污染条件。

4.2　工作建议

以上研究工作验证了秸秆在水污染和土壤污染领域的应用潜力，证实和扩展了秸秆作为一种廉价的可再生资源的应用范围，其在减少其对环境的污染的同时又实现治理环境污染的目的。然而，上述研究只是对其应用的初步探析，接下来的研究中应该扩大秸秆治理重金属的范围，同时延长其在水或土壤中的作用时间，观察其长期效应，以确定其对水和土壤污染的实际影响。

参考文献

[1] Arias-Estevez M, Novoa-Munoz JC, Pateiro M, etc. Influence of aging on copper fractionation in an acid soil [J]. Soil Sci, 2007, 172(3): 225-232.

[2] BarmanDN, Haque MA, Kang TH, etc. Effect of mild alkali pretreatment on structural changes of reed (Phragmites communis Trinius) straw [J]. Environ. Technol, 2014, 35: 232-241.

[3] Bichot A, Delgenès JP, Méchin V, etc. Understanding biomass recalcitrance in grasses for their efficient utilization as biorefinery feedstock [J]. Rev Environ Sci Bio, 2018, 17(4): 707-748.

[4] Bradl H B. Adsorption of heavy metal ions on soils and soils constituents [J]. J Colloid and Interf Sci, 2004, 277(1): 1-18.

[5] Brazauskiene DM, Paulauskas V, Sabiene N. Speciation of Zn, Cu, and Pb in the soil depending on soil texture and fertilization with sewage sludge compost [J]. J Soil Sediment, 2008, 8(3): 184-192.

[6] Bulut Y, Baysal Z. Removal of Pb (II) from wastewater using wheat bran [J]. Journal of environmental management, 2006, 78(2): 107-113.

[7] Chand R, Narimura K, Kawakita H, etc. Grape waste as a biosorbent for removing Cr(Vl) from aqueous solution [J]. J Hazard Mater, 2009, 163(1): 245-250.

[8] Cooper C, Burch R. Mesoporous Materials for Water Treatment Processes [J]. Water Res, 2007, 33(18): 3689-3694.

[9] Cui YS, Du X, Weng LP, etc. Effects of rice straw on the speciation of cadmium (Cd) and copper (Cu) in soils [J]. Geoderma, 2008, 146(2): 370-377.

[10] Dang VBH, Doan HD, DangVT, etc. Equilibrium and kinetics of biosorption of

cadmium(Ⅱ) and copper(Ⅱ) ions by wheat sraw [J]. BioresourTechnol, 2009, 100: 211-219.

[11] Dermont G, Bergeron M, Mercier G, etc. Soil washing for metal removal: A review of physical/chemical technologies and field applications [J]. J Hazard Mater, 2008, 152(1): 1-31.

[12] Du M, Li Q, Wang L. Adsorption removal of Pb^{2+} and Cd^{2+} on lignocellulose-gacrylic acid/montmorillonite nanocomposite from aqueous solutions [J]. Desalin Water Treat, 2014, 06: 1-9.

[13] Ebrahimi R, Maleki A, Shahmoradi B, etc. Elimination of arsenic contamination from water using chemically modified wheat straw [J]. Desalin Water Treat, 2013, 51(10-12): 2306-2316.

[14] Essington ME. Environmental soil chemistry [J]. Soil Sci, 1997, 162(3): 229-231.

[15] Eduardo MJ, Jose MF, Makus P, etc. Availability and transfer to grain of As, Cd, Cu, Ni, Pb and Zn in a barley agri-system: Impact of biochar, organic and mineral fertilizers [J]. Agr Ecosyst Environ, 2016, 219: 171-178.

[16] Fan T, Ye WL, Chen HY, etc. Review on contamination and remediation technology of heavy metal in agricultural soil [J]. Ecol Environ Sci, 2013, 10: 1727-1736.

[17] Gambrell RP. Trace and toxic metals in wetlands -areview [J]. J Environ Qual, 1994, 23(5): 883-891.

[18] Ghaneian MT, Ghanizadeh G, Alicadeh MTH. Equilibrim and kinetics of phosphorous adsorption onto bone charcoal from aqueous solution [J]. Environ Technol, 2014, 35: 882-890.

[19] Gondek K, Baran A, Kopec M. The effect of low-temperature transformation of mixtures of sewage sludge and plant materials on content, leach ability and toxicity of heavy metals [J]. Chemosphere, 2014, 32(117): 33-39.

[20] Han CM, Wang LS, Gong ZQ. Chemical forms of soil heavy metals and their environmental significance [J]. Chinese JEcol, 2005, 24(12): 1499-1502.

[21] Han RP, Han P, Cai ZH, etc. Kinetics and isotherms of Neutral Red adsorption on peanut husk [J]. J Environ Sci, 2008, 20: 1035–1041.

[22] Han RP, Zhang LJ, Song C, etc. Characterization of modified wheat straw, kinetic and equilibrium study about copper ion and methylene blue adsorption in batch mode [J]. Carbohyd Polym, 2010, 79: 1140-1149.

[23] Han RP, Zhang JJ, Han P, etc. Study of equilibrium, kinetic and therodynamic parameters about methyleneblue adsorption onto natural zeolite [J]. Chem Eng J, 2009, 145(3): 496-504.

[24] Huang L, Chen B, Pistolozzi M. Inoculation and alkali coeffect in volatile fatty acids production and microbial community shift in the anaerobic fermentation of waste activated sludge [J]. Bioresour Technol, 2014, 153: 87-94.

[25] Huang YZ, Hao XW, Lei M, etc. The remediation technology and remediation practice of heavy metals-contaminated soil [J]. J Agro-Environ Sci, 2013, 32(03): 409-417.

[26] Impellitteri CA, Saxe JK, Ccchran M, etc. Predicting the bioavailability of copper and zinc in soils: Modeling the partitioning of potential bilavailable copper and zinc from solid to soil solution [J]. Environ Toxicol Chem, 2003, 22(6): 1380-1386.

[27] Jalali M, Khanlari ZV. Effect of aging process on the fractionation of heavy metals in some calcareous soils of Iran [J]. Geoderma, 2008, 143(1-2): 26-40.

[28] Kabra K, Chaudhary R, Sawhney RL. Effect of pH on solar photocatalytic reduction and deposition of Cu(II), Ni(II), Pb(II) and Zn(II): Speciation modeling and reaction kinetics [J]. J Hazard Mater, 2007, 149(3): 680-685.

[29] Kolodynska D, Wnetraak R, Leahy JJ, etc. Kinetic and adsorptive characterization of biochar in metal ions removal [J]. Chem Eng J, 2012, 197: 295-305.

[30] Laiigmuir I. The constitution and fundamental properties of solids and liquids [J]. J Am Chem Soc, 1916, 38: 2221-2295.

[31] Leleyter L, Probst JL. A new sequential extraction procedure for the speciation

of particulate trace elements in river sediments [J]. Inter J Environ An Chem, 1999, 73(2): 109-128.

[32] Lei L, Plank J. A concept for a polycarboxylate superplasticizer possessing enhanced clay tolerance [J]. Cement Concrete Res, 2012, 42: 1299-1306.

[33] Lei L, Plank J. Synthesis, working mechanism and effectiveness of a novel cycloaliphatic superplasticizer for concrete [J]. Cement Concrete Res, 2012, 42: 118-123.

[34] Liu X, Guan JN, Lai HH. Performances and working mechanism of a novel polycarboxylate superplasticizer synthesized through changing molecular topological structure [J]. J Colloid Interf Sci, 2017, 504: 12-24.

[35] Li JX, Yang XE, He ZL, etc. Fractionation of lead in paddy soils and its bioavailability to rice plants [J]. Geoderma, 2007, 141(3): 174-180.

[36] Li WZ, Ju MT, Liu L, etc. The effects of biomass solid waste resources technology in economic development [J]. Energy Procedia, 2011, 5: 2455-2460.

[37] Ma YB, Uren NC. Transformations of heavy metals added to soil-application of a new sequential extraction procedure [J]. Geoderma, 1998, 84(1-3): 157-168.

[38] Meng J, Tao M, Wang L, etc. Changes in heavy metal bioavailability and speciation from a Pb-Zn mining soil amended with biochars from co-pyrolysis of rice straw and swine manure [J]. Sci Total Environ, 2018, 633: 300-307.

[39] Meng Y, Jost C, Mumme J, etc. An analysis of single and two stage, mesophilic and thermophilic high rate systems for anaerobic digestion of corn stalk [J]. Chem Engineer J, 2016, 288: 78-86.

[40] Miao SY, DeLaune RD, Jugsujinda A. Influence of sediment redox conditions on release/solubility of metals and nutrients in a Louisiana Mississippi River deltaic plain freshwater lake [J]. Sci Total Environ, 2006, 371(1-3): 334-343.

[41] Musyoka SM, Mittal H, Mishra SB. Effect of functionalization on the adsorption capacity of cellulose for the removal of methyl violet [J]. Int J Biol Macromol, 2014, 65 : 389-397.

[42] Mukherjee A, Zimmerman AR, Harris W. Surface chemistry variations among a series of laboratory-produced biochars [J]. Geoderma, 2011, 163(3): 247-255.

[43] Nagy B, Manzatu C, Maicaneanu A. Effect of alkaline and oxidative treatment on sawdust capacity to removal Cd(II) from aqueous solutions: FTIR and AFM study [J]. J Wood Chem Technol, 2014 (34): 301-311.

[44] Nogueira P, Melao M, Lombardi A, etc. Natural DOM Affects Copper Speciation and Bioavailability to Bacteria and Ciliate [J]. Arch Environ Con Tox, 2009, 57(2): 274-281.

[45] Novoa-Munoz JC, Queijeiro JMG, Blanco-Ward D, etc. Total copper content and its distribution in acid vineyards soils developed from granitic rocks [J]. Sci Total Environ, 2007, 378(1): 23-27.

[46] Okamoto H, Kitagawa Y, Minowa T, etc. Thermochemical conversion of spent grain into fuels [J]. Kagaku Kogaku Ronbun, 1999, 25(1): 73-78.

[47] Peng HD, Chen HZ, Qu YS, etc. Bioconversion of different sizes of microcrystalline cellulose pretreatment by microwave irradiation with/without NaOH [J]. Appl Energ, 2014, 117: 142-148.

[48] Pehlivaii E, Cetin S. Sorption of Cr(VI) ions on two Lewatit-anion exchange resins and their quantitative determination using UV-visible spectrophotometer [J]. J Hazard Mater, 2009, 163: 448-453.

[49] Qadee R. Adsorption behavior of ruthenium ions on activated charcoal from nirtic acid medium [J]. Colloid Surface A, 2007, 293(1-3) : 217-223.

[50] Quevauviller P, Rauret G, Griepink B. Single and sequential extraction in sediments and soils [J]. Inter J Environ An Chem, 1993, 51(1-4): 231-235.

[51] Ragauskas AJ. The path forward for biofuels and biomaterials [J]. Science, 2006, 311: 484-489.

[52] Rule KL, Comber SDW, Ross D, etc. Diffuse sources of heavy metals entering an urban Wastewater eatehment [J]. Chemosphere, 2006, 63(l): 64-72.

[53] Sastre J, Hernandez E, Rodriguez R, etc. Use of sorption and extraction tests to

predict the dynamics of the interaction of trace elements in agricultural soils contaminated by a mine tailing accident [J]. Sci Total Environ, 2004, 329: 261-281.

[54] Serencam H, Ozdes D, Duran C. Assessment of kinetics, thermodynamics, and equilibrium parameters of Cu (II) adsorption onto Rosa canina seeds [J]. Desalin Water Treat, 2014, 52: 3226-3236.

[55] Shuman LM, Hargrove WL. Effect of tillage on the distribution of manganese, copper, iron, and zinc in soil fractions [J]. Soil Sci Soc Am J, 1985, 49(5): 1117-1122.

[56] Sindhu R, Biond P, Pandey A. Biological pretreatment of lignocellulosic biomass-An overview [J]. Bioresource Technol, 2016, 199: 76-82.

[57] Sizmur T, Fresno T, Akgul G, etc. Biochar modification to enhance sorption of inorganics from water [J]. Bioresource Technol, 2017, 246: 34-47.

[58] Song W, Chen BM, Liu L. Soil heavy metal pollution of cultivated land in China [J]. Res Soil Water Conserv, 2013, 2: 293-298.

[59] Thomas HC. Heterogeneous ion exchange in a flowing system [J]. J Am Chem Soc, 1944, 66: 1664-1666.

[60] Tessier A, Campbell PGC, Bisson M. Sequential extraction procedure for the speciation of particulate trace metals [J]. Anal chem, 1979, 51(7): 844-851.

[61] Ullah S, Pakkanen H, Lehto J, etc. A comparable study on the hot-water treatment of wheat straw and okra stalk prior to delignification [J]. Biomass Convers Bior, 2018, 8(2): 413-421.

[62] Usman ARA. The relative adsorption selectivities of Pb, Cu, Zn, Cd and Ni by soils developed on shale in New Valley, Egypt [J]. Geoderma, 2008, 144(1): 334-343.

[63] Vecino X, Devesa-Rey R, Villagrasa S, etc. Kinetic and morphology study of alginate-vineyard pruning waste biocomposite vs. non modified vineyard pruning waste for dye removal [J]. J Environ Sci, 2015, 12: 158-167.

[64] Wang BE, Hu YY. Comparison of four supports for adsorption of reactive dyes by immobilized Aspergillus fumigatus beads [J]. Environ Sci, 19(4): 451-457.

[65] Wang S, Gao B, Zimmerman B, etc. Removal of arsenic by magnetic biochar prepared from pinewood and natural hematite [J]. Bioresource Technol, 2015, 175: 391-395.

[66] Wan MW, Kan CC, Rogel BD, etc. Adsorption of copper (II) and lead (II) ions from aqueous solution on chitosan-coated sand [J]. Carbohyd Polym, 2010, 80: 891-899.

[67] Weng CH, Lin YT, Hong DY, etc. Effective removal of copper ions from aqueous solution using base treated black tea waste [J]. Ecol Eng, 2014, 67: 127-133.

[68] Wolborska A. Adsorption on activated carbon of para-nitrophenol from aqueous solution [J]. Water Res, 1989, 23(1): 85-91.

[69] Wu DM, Yu XL, Chu SS, etc. Alleviation of heavy metal phytotoxicity in sewage sludge by vermicomposting with additive urban plant litter [J]. Sci Total Environ, 2018, 633: 71-80.

[70] Yang X, Liu JJ, Mcgrounther K, etc. Effect of biochar on the extractability of heavy metals(Cd, Cu, Pb, and Zn) and enzyme activity in soil [J]. Environ Sci Pollut Res, 2016, 23: 974-984.

[71] Yoon YH, Nelson JH. Application of gas adsorption kinetics. I. A theoretical model for respirator cartridge service time [J]. American Industrial Hygiene Association Journal, 1984, 45(8): 517-524.

[72] Yazid H, Amour L, Terkmani A, etc. Biosorption of lead from aqueous solution by biologically activated date pedicels: batch and column study [J]. Desalin Water Treat, 2012, 01: 1-10.

[73] Yusof AM, Malek NANN. Removal of Cr(VI) and As(V) from aqueous solutions by HDTMA-modified zeolite Y [J]. J Hazard Mater, 2009, 162(2): 1019-1024.

[74] Zhang DF, Ju BZ, Zhang SF. Dispersing mechanism of carboxymethyl starch as

water-reducing agent [J]. J Appl Polym Sci, 2007, 105(2): 486-491.

[75] Zhang DF, Ju BZ, Zhang SF, etc. The study on the synthesis and action mechanism of starchsuccinate half ester as water-reducing agent with super retarding performance [J]. Carbohyd Polym, 2008, 71(1): 80-84.

[76] Zhang XK, Wang HL, HeLZ, etc. Using biochar for remediation of soils contaminated with heavy metals and organic pollutants [J]. Environ Sci Pollut Res, 2013, 20: 8472-8483.

[77] Zhang HF, Huang HL, Sun YF, etc. Application of water reducing agent in concrete of engineering materials [J]. Advanced Material Res, 2012, 578: 87-90.

[78] Zhao YL. Synthesis modification research on aliphatic series high efficiency reducing water agent [J]. Appl Chem Industry, 2013, 42(9): 1740-1741.

[79] Zhu J, Wang W T, Wang X L, etc. Green synthesis of a novel biodegradable copolymer base on cellulose and poly(p-dioxanone) in ionic liquid [J]. Carbohyd Polym, 2009, 76(1): 139-144.

[80] 鲍桐，廉梅花，孙丽娜，等. 重金属污染土壤植物修复研究进展[J]. 生态环境，2008，17（2）：858-865.

[81] 毕于运. 秸秆资源评价与利用研究[D]. 北京：中国农业科学院，2010.

[82] 柏彦超，陈国华，路平，等. 秸秆还田对稻田渗漏液 DOC 含量及土壤 Cd 活度的影响[J]. 农业环境科学学报，2011，30（12）：2491-2495.

[83] 蔡佳亮，黄艺，郑维爽. 生物吸附剂对废水重金属污染物的吸附过程和影响因子研究进展[J]. 农业环境科学学报，2008，27（004）：1297-1305.

[84] 曹心德，魏晓欣，代革联，等. 土壤重金属复合污染及其化学钝化修复技术研究进展[J]. 环境工程学报，2011，5（7）：1441-1453.

[85] 陈晨. 添加秸秆对污染土壤重金属活度的影响及对水体重金属的吸附效应[D]. 扬州：扬州大学，2008.

[86] 陈春彩，黄整，陈波，等. 金属铜的晶体结构与热力学性质的第一性原理计算[J]. 原子与分子物理学报，2012，29（5）：891-896.

[87] 陈国华. 秸秆还田对土壤 Cd 活度及水稻 Cd 积累的影响[D]. 扬州：扬州大

学，2012.

[88] 陈恒宇，郑文，唐文浩. 改良剂对 Pb 污染土壤中 Pb 形态及植物有效性的影响[J]. 农业环境科学学报，2008，01：170-173.

[89] 陈花果，郭冀峰，逮延军. 重金属废水处理技术现状与展望[C]. 全国水处理技术研讨会论文集，2003，9：83-89.

[90] 陈红，叶兆杰，方士. 不同状态 MnO_2 对废水中 As^{3+} 的吸附性能研究[J]. 中国环境科学，1998，18（2）：126-130.

[91] 陈金龙，张全兴，徐建平，等. 树脂吸附法处理高浓度混甲酚生产废水的研究[J]. 南京大学学报，1995，31（4）：595

[92] 陈明波，汪玉璋，杨晓东，等. 秸秆能源化利用技术综述[J]. 江西农业学报，2014，（12）：66-69.

[93] 陈素红. 玉米秸秆的改性及其对六价铬离子吸附性能的研究[D]. 济南：山东大学，2012.

[94] 陈学永，张爱华. 土壤重金属污染及防治方法研究综述[J]. 污染防治技术，2013，26（3）：41-44.

[95] 陈智远，石东伟，王恩学，等. 农业废弃物资源化利用技术的应用进展[J]. 中国人口·资源与环境，2010，20（12）：112-116.

[96] 成永霞，赵宗生，王亚洲，等. 河南省某铅冶炼厂附近农田土壤重金属污染特征[J]. 土壤通报，2014，45（6）：1505-1510.

[97] 崔玉侠，王玉军，周东美，等. 草甘膦对重金属污染土壤中铜、锌淋溶的研究[J]. 土壤，2009，41（5）：840-843.

[98] 代天飞. 成都平原土壤重金属形态特征及其生物有效性研究[D]. 成都：四川农业大学，2006.

[99] 戴志刚，鲁剑巍，鲁明星，等. 油菜秸秆用量对淹水培养土壤表层溶液理化性质的影响[J]. 水土保持学报，2010，24（1）：197-201.

[100] 邓朝阳，朱霞萍，郭兵，等. 不同性质土壤中镉的形态特征及其影响因素[J]. 南昌大学学报（工科版），2012，34（4）：341-346.

[101] 丁明，曾桓兴. 铁氧体工艺处理含重金属污水研究现状及展望[J]. 环境科

学，2007，13（2）：21-23.

[102] 丁琼，杨俊兴，华珞，等. 不同钝化剂配施硫酸锌对石灰性土壤中镉生物有效性的影响研究[J]. 农业环境科学学报，2012，31（2）：312-317.

[103] 杜晓林. 小清河污灌区土壤重金属形态分析及生物有效性研究[D]. 济南：山东大学，2012.

[104] 贾乐，朱俊艳，苏德纯. 秸秆还田对镉污染农田土壤中镉生物有效性的影响[J]. 农业环境科学学报，2010，29（10）：1992-1998.

[105] 贾学萍. 土壤重金属污染的来源及改良措施. 现代农业科技，2007，09：197-199.

[106] 房增强. 铅锌矿区土壤重金属污染特征及稳定化研究[D]. 北京：中国矿业大学，2016.

[107] 费维扬. 面向21世纪的溶剂萃取技术[J]. 化工进展，2000（1）：11-13.

[108] 付丰连. 物理化学法处理重金属废水的研究进展[J]. 广东化工，2010（4）：115-117.

[109] 付桂珍. 黏土矿物颗粒复合材料的制备及处理电镀工业废水的研究[D]. 武汉：武汉理工大学，2009.

[110] 高利伟，马林，等. 中国作物桔秆养分资源数量估算及其利用状况[J]. 农业工程学报，2009，25（7）：173-179.

[111] 高廷耀，顾国维. 水污染控制工程. 北京：高等教育出版社，1999.

[112] 高秀丽. 重金属污染及污染秸秆施用对土壤质量影响的研究[D]. 郑州：河南工业大学，2012.

[113] 古一帆，何明，李进玲，等. 上海奉贤区土壤理化性质与重金属含量的关系[J]. 上海交通大学学报（农业科学版），2009，27（6）：601-605.

[114] 顾永祚，晏奋杨. 废水中微量铜的测定[J]. 四川大学学报（自然科学版），1981，18（1）：114-137.

[115] 顾永祚，晏奋杨. 双乙醛草酰二脎分光光度法-II废水中微量铜的测定[J]. 四川大学学报（自然科学版），1981，18（1）：137-143.

[116] 关天霞，何红波，张旭东，等. 土壤中重金属元素形态分析方法及形态分

布的影响因素[J]. 土壤通报，2011，42（2）：503-512.

[117] 国际环境与发展研究所，世界资源研究所. 世界资源[M]. 北京：能源出版社，2007.

[118] 郭平，宋杨，谢忠雷，等. 冻融作用对黑土和棕壤中 Pb、Cd 吸附/解吸特征的影响[J]. 吉林大学学报（地球科学版），2012，42（1）：226-232.

[119] 郝汉舟，靳孟贵，李瑞敏，等. 耕地土壤铜、镉、锌形态及生物有效性研究[J]. 生态环境学报，2010，19（1）：92-96.

[120] 何余生，李忠，奚红霞. 气固吸附等温线的研究进展[J]. 离子交换与吸附，2004，20（4）：376-384.

[121] 黄益宗，郝晓伟，雷鸣，等. 重金属污染土壤修复技术及其修复实践[J]. 农业环境科学学报，2013，32（3）：409-417.

[122] 黄界颖. 秸秆还田对铜陵矿区土壤 Cd 形态及生物有效性的影响机理[D]. 合肥：合肥工业大学，2013.

[123] 胡少平. 土壤重金属迁移转化的分子形态研究[D]. 杭州：浙江大学，2009.

[124] 胡晓霞，李进贤，崔峰，等. 农作物秸秆青贮对农村卫生影响的调查研究. 职业与健康，2003，19（5）：88-89.

[125] 胡勇有，涂传青. 镀铬废水治理、资源回用技术及进展[J]. 电镀与环保，2008，19（3）：28-32.

[126] 降光宇. 磷矿粉修复矿区复合重金属污染土壤的效应研究[D]. 北京：中国地质大学，2012.

[127] 蒋绍阶，杜成银，刘宗源. 膜法在水处理中的优势及应用[J]. 重庆建筑大学学报. 2003，25（6）：79-82.

[128] 江志阳. 秸秆不止用在还田[N/OL]. 中国科学报，（2015-01-28）[2020-04-10]. http://www.cas.cn/zjs/201501/t20150128_4305956.shtml.

[129] 李博，刘述平. 含铜废水的处理技术及研究进展[J]. 矿产综合利用，2008，05：33-38.

[130] 李静，依艳丽，李亮亮，等. 几种重金属（Cd，Pb，Cu，Zn）在玉米植株不同器官中的分布特征[J]. 中国农业通报，2006，22（4）：244-247.

[131] 李克斌，王勤勤，党艳，等. 荞麦皮生物吸附去除水中 Cr（VI）的吸附特性和机理[J]. 化学学报，2012，70（7）：929-937.

[132] 李平，王兴祥，郎漫，等. 改良剂对 Cu、Cd 污染土壤重金属形态转化的影响[J]. 中国环境科学，2012，32（7）：1241-1249.

[133] 李庆波. 某冶炼工厂周围农田土壤重金属污染状况及其对细菌群落影响[D]. 郑州：郑州大学，2017.

[134] 李月华，郝月皎，李娟茹，等. 秸秆直接还田对土壤养分及物理性状的影响[J]. 河北农业科学，2005，9（4）：25-27.

[135] 林玉锁. Langmuir，Temkin 和 Freundlich 方程应用于土壤吸附锌的比较[J]. 土壤，1994，10：169-272.

[136] 刘斌，赵阿娟，杨虹琦，等. 外源砷在 3 类土壤转化形态及其烟株中的分布[J]. 中国农学通报，2013，29（13）：100-105.

[137] 刘春萍，曲荣军，刘庆俭，等. 多胺型螯合树脂对重金属离子的吸附性研究[J]. 离子交换与吸附，1998，14（6）：533-545.

[138] 刘剑彤，肖邦定，陈珠金. 曝气混凝一体法去除碱性废水中砷的研究[J]. 中国环境科学，2004，17（2）：184-187.

[139] 刘淼，董德明. 光催化法处理电镀含铬废水的研究[J]. 吉林大学学报（自然科学版），2010，33（4）：98-102.

[140] 刘霞，刘树庆，王胜爱. 河北主要土壤中 Cd 和 Pb 的形态分布及其影响因素[J]. 土壤学报，2003，40（3）：393-400.

[141] 梁丽萍. 秸秆类生物吸附剂的制备及其对溶液中六价铬离子的吸附性能研究[D]. 兰州：兰州理工大学，2011.

[142] 柳淑蓉. UV-B 辐射和水分对秸秆降解及土壤有机碳转化的影响[D]. 武汉：华中农业大学，2012.

[143] 鲁安怀. 环境矿物材料在土壤、水体、大气污染治理中的利用[J]. 岩石矿物学杂志，2009，12：295-296.

[144] 鲁敏，关晓辉. 细菌纤维素对重金属离子的吸附机理研究[J]. 化学工程，2012，40（9）：29-33.

[145] 卢龙,雷良城,林锦富,等. 矿物表面特征和表面反应的研究现状及其应用[J]. 桂林工学院学报, 2002, 22 (3): 354-358.

[146] 路文涛,贾志宽,张鹏,等. 秸秆还田对宁南旱作农田土壤活性有机碳及酶活性的影响[J]. 农业环境科学学报, 2011, 03: 522-528.

[147] 毛金浩,刘引烽,杨红,等. 丝瓜络的化学改性及其对金属离子的吸附[J]. 水处理技术, 2008, 34 (007): 46-50.

[148] 慕平,张恩和,王汉宁,等. 不同年限全量玉米秸秆还田对玉米生长发育及土壤理化性状的影响[J]. 中国生态农业学报, 2012, 20 (3): 291-296.

[149] 潘艳婷,徐秋兰. 水稻秸秆还田技术应用效果分析[J]. 农业研究与应用, 2011, 04: 13-15.

[150] 陕红,李书田,刘荣乐. 秸秆和猪粪的施用对土壤镉有效性的影响和机理研究[J]. 核农学报, 2009, 23 (1): 139-144.

[151] 沈锋. 典型铅锌冶炼区农田土壤重金属污染及植物化学联合修复研究[D]. 西安: 西北农林科技大学, 2017.

[152] 宋善军. 典型多氯联苯在土壤中的吸附动力学及热力学研究[D]. 济南: 山东大学, 2010.

[153] 宋伟,陈百明,刘琳. 中国耕地土壤重金属污染概况[J]. 水土保持研究, 2013, 20 (2): 293-298.

[154] 苏光明,胡恭任,毛平平,等. 模拟酸雨对泉州市交通区表层土壤重金属淋溶的累积释放特征[J]. 地球与环境, 2013, 41 (5): 512-517.

[155] 孙胜龙,龙振永,蔡保丰. 非金属矿物修复环境机理研究现状[J]. 地球科学进展, 1999, 10: 475-477.

[156] 孙文彬,李必琼,赵秀兰. 不同秸秆与城市污泥好氧堆肥过程中重金属质量分数及形态变化[J]. 西南大学学报(自然科学版), 2012, 34 (3): 90-94.

[157] 孙卫玲,倪晋仁. 兰格缪尔等温式的适用性分析——以黄土吸持铜离子为例[J]. 环境化学, 2002, 01: 37-44.

[158] 师兰. 新型吸附材料的制备及对重金属离子和染料吸附性能研究[D]. 长春: 吉林大学, 2014.

[159] 王彬武. 基于社会-生态系统框架的土壤重金属风险分区与防控对策研究[D]. 北京：中国农业大学，2015.

[160] 王昌全，代天飞，李冰，等. 稻麦轮作下水稻土重金属形态特征及其生物有效性[J]. 生态学报，2007，27（3）：889-897.

[161] 王丹，魏威，梁东丽，等. 土壤铜、铬（VI）复合污染重金属形态转化及其对生物有效性的影响[J]. 环境科学，2011，32（10）：3113-3120.

[162] 王凡. 长期秸秆还田及施用粪肥对小麦产量和矿质营养品质及重金属的影响[D]. 西安：西北农林科技大学，2016.

[163] 王金贵，吕家珑，曹莹菲. 镉和铅在 2 种典型土壤中的吸附及其与温度的关系[J]. 水土保持学报，2011，25（6）：254-259.

[164] 王金贵. 我国典型农田土壤中重金属镉的吸附-解吸特征研究[D]. 西安：西北农林科技大学，2012.

[165] 王立群，罗磊，马义兵，等. 不同钝化剂和培养时间对 Cd 污染土壤中可交换态 Cd 的影响[J]. 农业环境科学学报，2009，28（6）：1098-1105.

[166] 王美，李书田，马义兵，等. 长期不同施肥措施对土壤铜、锌、镉形态及生物有效性的影响[J]. 农业环境科学学报，2014，08：1500-1510.

[167] 王明娣，刘芳，刘世亮，等. 不同磷含量和秸秆添加量对褐土镉吸附解吸的影响[J]. 生态环境学报，2010，19（4）：803-808.

[168] 王清华，王文中，马丙尧，等. 不同氮磷配比对白蜡生长和土壤性状的影响[J]. 中国农学通报，2013，29（1）6：1-6.

[169] 王绍文，姜风有. 重金属废水治理技术[M]. 北京：冶金工业出版社，2005.

[170] 王荣. 我国秸秆综合利用现状分析与发展对策[J]. 现代商业，2013，28（5）：277.

[171] 王小文，张雁. 水污染控制工程[M]. 北京：煤炭工业出版社，2002.

[172] 王艳. 黄土对典型重金属离子吸附解吸特性及机理研究[D]. 杭州：浙江大学，2012.

[173] 王媛华，苏以荣，李杨，等. 稻草还田条件下水田和旱地土壤有机碳矿化特征与差异[J]. 土壤学报，2011，05：979-987.

[174] 王洋，刘景双，郑娜. 土壤 pH 值对冻融黑土重金属锌赋存形态的影响[J]. 干旱区资源与环境，2010，01：163-167.

[175] 魏赛，吕晶晶. 我国粮食主产区秸秆资源量估算与利用[J]. Economic Analysis，2013，19：56-58.

[176] 魏伟，张绪坤，祝树森，等. 生物质能开发利用的概况及展望[J]. 农机化研究，2013，35（3）：7-11.

[177] 肖娜. 生物吸附法处理重金属废水的研究进展[J]. 玉溪师范学院学报，2006，22（3）：34-38.

[178] 徐涛，史季春. 重金属废水化学处理法的研究现状[J]. 中国环境管理，2011，（3）：29-31.

[179] 徐龙君，袁智. 外源镉污染及水溶性有机质对土壤中 Cd 形态的影响研究[J]. 土壤通报，2009，40（6）：1442-1445.

[180] 杨凯. 东莞菜稻菜轮作对土壤 Cd、Pb、As 形态分布及其生物有效性的影响[D]. 武汉：华中农业大学，2013.

[181] 杨建军. 污染土壤重金属分子形态及其根际转化机制研究[D]. 杭州：浙江大学，2011.

[182] 杨忠芳，陈岳龙，钱镶，等. 土壤 pH 对镉存在形态影响的模拟实验研究[J]. 地学前缘，2005，12（1）：252-260.

[183] 叶常明. 水污染理论与控制[M]. 北京：学术书刊出版社，2008.

[184] 尤冬梅. 农田土壤重金属污染检测及其空间估值方法研究[D]. 北京：中国农业大学，2014.

[185] 有机农业. 我国多地土壤污染严重 修复迫在眉睫[EB/OL].（2015-01-29）[2020-04-10]. http://www.cnoa360.com/index.html.

[186] 于芳. 小麦秸秆对溶液中铅、镉离子吸附性能的研究[D]. 西安：西北大学，2013.

[187] 张宏，张敬华. 生物吸附的热力学平衡模型和动力学模型综述[J]. 天中学刊，2009，24（5）：19-22.

[188] 张建梅，韩志萍，王业军. 重金属废水的治理和回收综述[J]. 湖州师范学

院学报，2002，24（3）：48-52.

[189] 张晶，于玲玲，辛术贞，等. 根茬连续还田对镉污染农田土壤中镉赋存形态和生物有效性的影响[J]. 环境科学，2013，34（2）：685-691.

[190] 张敏，丁芳芳，李成涛，等. 不同处理方法及改性剂对秸秆纤维/PBS 复合材料性能的影响[J]. 复合材料学报，2011（1）：14-17.

[191] 张明怡. 秸秆还田技术对土壤环境的影响研究进展[J]. 黑龙江农业科学，2009，03：135-137.

[192] 张赛. 冻融作用对我国东北典型农田黑土重金属 Cd 迁移转化的影响[D]. 长春：吉林大学，2014.

[193] 张永江. 蛋壳膜生物材料和粉末活性炭对砷、铬的吸附及其应用研究[D]. 重庆：西南大学，2010.

[194] 张志凯. 木质纤维素生物质废弃物干法消化预处理与过程调控研究[D]. 北京：中国科学院大学，2016.

[195] 章燕豪. 吸附作用[M]. 上海：上海科学技术文献出版社，1987.

[196] 章明奎，唐红娟，常跃畅. 不同改良剂降低矿区土壤水溶态重金属的效果及其长效性[J]. 水土保持学报，2012，26（5）：144-148.

[197] 郑国璋. 农业土壤重金属污染研究的理论与实践[M]. 北京：中国环境科学出版社，2007.

[198] 郑顺安，郑向群，张铁亮，等. 土壤重金属形态研究动态及展望[A]. 中国环境科学学会. 2011 中国环境科学学会学术年会论文集（第二卷）[C]. 中国环境科学学会，2011，5.

[199] 郑顺安. 我国典型农田土壤中重金属的转化与迁移特征研究[D]. 杭州：浙江大学，2010.

[200] 周领. 秸秆类型和土壤性质对 CO_2-C 释放速率和土壤 pH 影响的研究[D]. 杭州：浙江大学，2010.

[201] 周珊，陈斌，王佳莹，等. 改性竹炭对氨氮的吸附性能研究[J]. 浙江大学学报，2007，33（5）：584-590.

[202] 朱灵峰，龚诗雯，郭毅萍，等. 小麦秸秆对农田土壤中重金属 Cu 吸附的影

响[J]. 江苏农业科学，2016，44（1）：326-328.

[203] 朱统泉，吴大付. 河南小麦生产现状分析[J]. 陕西农业科学，2014，62（1）：78-81.

[204] 陈德翼，郑刘春，党志，等. Cu^{2+}和 Pb^{2+}存在下改性玉米秸秆对 Cd^{2+}的吸附[J]. 环境化学，2009，28（3）：379-382.

[205] 刘婷，杨志山，朱晓帆，等. 改性稻草秸秆对重金属 Pb^{2+}吸附作用研究[J]. 环境科学与技术，2012，35（12）：41-44.

[206] 刘恒博，徐宝月，李明明，等. 改性小麦秸秆对水中 Cd^{2+}吸附的研究[J]. 水处理技术，2013，39（4）：15-19.

[207] 龚志莲，李勇，陈钰，等. 改性小麦秸秆吸附 Cu^{2+}的动力学和热力学研究[J]. 地球与环境，2014，42（4）：561-566.